U0831546

煤炭高等教育“十四五”规划教材

岩层控制学

第二版

主　编　贾喜荣　弓培林
参　编　李建忠　李　慧　牛少卿

中国矿业大学出版社
· 徐州 ·

内容提要

本书是关于岩层控制理论及其工程应用的教学用书，全书分为煤层巷道锚固、长壁工作面采场矿压、煤层冲击地压和采掘工程中的能量转换及其对工程稳定性的影响，共四章。书中内容反映了国际上在岩层控制方面的理论研究成果和较成熟的工程应用技术；反映了作者自1983年以来创立的采场薄板矿压理论、巷道顶板岩层剪胀锚固理论和煤柱临界宽度计算方面的理论研究成果，以及作者在煤柱设计计算、煤层巷道锚固强度设计计算、长壁工作面支架工作阻力设计计算、煤层巷道围岩稳定性分级方案、采煤工作面顶板来压强度分级方案等方面的理论研究成果、工程应用成果、工程测试成果和在煤层冲击地压机理方面的分析结果。

本书可作为采矿工程、矿山安全工程、地质工程专业的本科生、研究生的教学用书，也可作为相关工程技术人员的技术参考书。

图书在版编目(CIP)数据

岩层控制学 / 贾喜荣，弓培林主编. — 2版. — 徐州：中国矿业大学出版社，2025.5

ISBN 978-7-5646-3638-8

Ⅰ.①岩… Ⅱ.①贾… ②弓… Ⅲ.①岩层控制—高等学校—教材 Ⅳ.①TD325

中国版本图书馆CIP数据核字(2017)第185709号

书　　名　岩层控制学
主　　编　贾喜荣　弓培林
责任编辑　王美柱
责任校对　张海平
出版发行　中国矿业大学出版社有限责任公司
　　　　　　(江苏省徐州市解放南路　邮编 221008)
营销热线　(0516)83885370　83884103
出版服务　(0516)83995789　83884920
网　　址　http://www.cumtp.com　**E-mail**:cumtpvip@cumtp.com
印　　刷　江苏淮阴新华印务有限公司
开　　本　787 mm×1092 mm　1/16　**印张** 12.5　**字数** 320 千字
版次印次　2025 年 5 月第 2 版　2025 年 5 月第 1 次印刷
定　　价　35.00 元
(图书出现印装质量问题，本社负责调换)

导　语

固体力学：研究可变形固体在外界因素作用下所产生的力学效应。

如：应力-应变；载荷-位移（包括变形、破坏、运动、声响等）。

固体力学理论：对固体力学问题客观规律的解析表达（并非定性描述）。

特征：① 具有一套逻辑完备的体系；② 需要与事实的一致。

固体力学研究内容（四大主题）：物性、结构、载荷、强度准则。

固体材料的物理力学性质、工程结构、工程结构的载荷、工程结构的稳定性判据。

人工材料工程：多属定解问题，即物性、结构、载荷和强度准则，通常均具有确定性，如桥梁工程。

地质材料工程：多属不定解问题，即物性、结构、载荷和强度准则，通常并不具有确定性，如隧道工程。

岩层控制学：本质上属固体力学范畴，所解决的问题多属地质材料工程问题；岩层控制学是岩石力学的组成部分。

序 言

岩石力学是应用科学的一个领域，人们承认它是一门自成体系的工程学科仅数十年的时间。岩石力学概念在相关领域的应用，已被公认为具有工业价值。这样的领域涉及地面和地下建筑工程、采矿工程、地热能采收以及有害废料的地下隔离等。如同其他工程学科一样，人们对工程设计的严密性与精确性的迫切要求，促进了岩石力学的迅速发展。目前，相关领域可以进行专门的岩石工程设计，并在相当程度上满足了工程要求。

煤层地下开采中的岩石力学问题属岩石地下工程范畴，由于其独特的工程特性，现已形成矿井岩石力学研究的一个专门学科——这里称之为岩层控制学。岩层控制这一术语的应用，可追溯到1951年在比利时列日(Liege)召开的第一届国际岩层控制会议(the First International Conference on Strata Control)。在广义上，岩层控制是指在一定开采技术条件下，为保障地下采矿工程以及受其扰动的地面建筑工程的稳定与安全所采取的一系列技术措施的统称。

岩层控制学专门研究煤层地下开采中的岩石力学问题，它之所以成为一门学科，是由于煤层地下开采问题，既是一种独特的地质材料工程问题，又是一种最为复杂的岩石力学问题。

① 巷道围岩最大变形量可能超过巷道跨度的20%。这种大变形，在隧道工程、水电工程和其他地面工程中是无法容忍的。

② 承载能力高达10 000 kN/架的采煤工作面支架，既要保障控顶区内顶板岩层的持续平衡和稳定，又要对脱离控顶区的顶板岩层瞬间卸载，并使其自由下沉和垮落。支架要经受反复的承载和转载的双重考验。

③ 目前，煤层的开采深度已经超过1 000 m。随着开采深度的增加，沉积岩地层的承载力和工程结构的稳定性将经受更大的考验；同时，随之伴生的冲击地压问题更加凸显；深部开采对岩层控制理论和工程设计提出新的更高的要求。

④ 岩层控制理论研究方面，同样存在岩石材料工程所面临的更加复杂的不定解问题，许多理论问题并没有真正解决。

地下采矿工程中的岩石力学问题，之所以受到岩石力学工程领域的特殊关注：其一是因为岩体性态的许多有趣形式，正是在地下采矿工程中才得以充分表现；地下采矿工程中出现围岩的极限承载、大变形甚至过载失稳和自由垮落等现象，在其他岩石工程中是难以直观感受到的；地下矿井常常是观测岩体不同组成部分极限状态的理想场所。其二，地下采矿工程中的岩石力学问题是最为复杂的岩石工程问题。地下采矿一直是岩石力学进展的强大推动力。

岩层控制这门新兴学科自20世纪70年代创立以来，已在煤矿开采的应用中取得了重大进展。这除了煤层地下开采中的工程需求和技术进步外，在很大程度上还得益于有关学术组织及其学术会议的推动作用。自1981年起，每年一度的“国际采矿岩层控制会议”在美国西弗吉尼亚州摩根城和中国举行；与此同时，自1981年以来，每两年一度的中国“煤矿采场矿压理论与实践讨论会”一直在持续举办。

通常情况下，土木工程中的结构受力与变形规律基本实现了理论化，甚至在一定意义上已经达到完美的程度，而岩石地下工程却远非如此。岩体是天然地质体，而非人工加工的工程构件或构筑物；岩石的工程强度往往表现为残余强度，其值处于一个小于峰值大于零的区间内。因此，围岩载荷与位移间的关系会存在各种不同的状况，而且已不再是经典力学意义上的应力-应变关系，这就为建立工程结构的载荷与位移间的本构关系带来极大困难。

在工程设计方面，地下工程与土木工程同属工程结构的可靠度设计问题，但在问题的难易程度上，两者截然不同。土木工程可靠度设计中，通常是在工程构件的物理力学性质指标、工程构件几何尺寸及工程结构、工程结构载荷和强度准则确定的情况下，对工程结构的可靠度进行校核，即土木工程结构可靠度设计多属定解问题；而在地下工程设计中，多数情况是在物性（围岩物理力学性质指标）、结构（围岩承载结构）、载荷（围岩作用于支护系统上的载荷）和强度准则均难以确定情况下，进行围岩的加固与支护设计，并对工程结构的可靠度作出判断，即地下工程结构可靠度设计往往属于不定解问题。

在地下工程加固与支护设计中，围岩的物理力学性质指标是工程结构可靠度计算的基本参数；围岩承载结构的特征是建立力学模型的理论依据；围岩作用于支护系统上载荷的量值是围岩控制研究的核心；强度准则是判定围岩稳定性的理论依据。物性、结构、载荷、强度准则，构成了岩石地下工程可靠度的理论研究和工程设计研究的四大主题。“四大主题”和“一个核心（载荷）”的学术思想，是我们在研究岩石力学与岩层控制学中一贯遵循的基本理念和基本原则。岩石力学与岩层控制学的核心内容是在已确定的围岩强度准则的基础上，研究回采巷道和采煤工作面两种作业空间的支护强度以及煤层冲击地压等其他动力灾害问题。

在岩层控制学中，所谓的矿山压力是指工程结构和支护系统所承担的载荷；所谓的矿山压力显现是指工程结构在矿山压力作用下产生的变形、破坏以及其他力学效应，即采场矿压研究的本质依然是研究采场围岩的载荷-位移关系。但工程实际中，在未获得载荷-位移间本构关系的情况下，往往对载荷和位移进行分别处理。

就开采技术水平和工程实际要求而言，岩层控制学研究所涉及的基本问题至少应包括：

① 回采巷道煤柱合理尺寸的设计计算与确定；

② 回采巷道围岩锚固参数设计计算与锚固方案的确定；

③ 回采巷道底鼓的防治；

④ 采煤工作面支架工作阻力设计计算与确定；

⑤ 煤层冲击地压防治。

目前，岩层控制尽管早已从采矿工艺上升为工程科学，但在通常的采矿工程设计中，岩石力学基本原理的应用仍不够普及。H. D. Dahl(1978)曾强调指出：“尽管岩层控制技术水平已经大大提高，但它并没有成为工程设计的依据，人们还在照搬设计手册上的东西。”

这种科学原理应用于矿山工程实践比较迟缓的主要原因在于：对于一个矿井的工程设计而言，岩层控制原理只能确定一个设计方案是否比另一个更好，人们很难衡量生产过程中采用岩层控制原理会对生产成本产生多大影响，也很难确定开采条件的变化究竟是设计问题还是地质条件问题，而地质条件是千变万化的；此外，岩层控制的有些概念是否正确尚有疑问，甚至还存在理论求解与工程实际相悖、真理与谬误长期并存的现象；还有，工程设计和现场应用方面的人员之间缺少相互的技术交流。

目前，通常把煤矿地下开采中的岩石力学内容划分为两大部分：一部分是重点研究开拓系统中的岩石力学问题，俗称为井巷地压问题，其特点是工程结构位于各种岩层之中，工程断面积通常为 20 m^2 左右，而一个矿井开拓巷道的长度可能会达数千米到数十千米，要贯穿各种岩层，会遇到各种不同的工程问题，工程的服务年限可达数年到数十年。另一部分是重点研究回采系统中的岩石力学问题，即岩层控制问题。回采系统中的采区巷道和采煤工作面的显著特点是工程结构位于煤层之中，回采巷道的服务年限仅几年，巷道变形量可能会超过其断面直径的10%；采煤工作面空间的服务时间可以用小时计，且要求控顶区内顶板岩层保持稳定，控顶区外的顶板岩层自由变形、垮落。由于回采系统中的工程环境和工程结构与开拓系统的不同，回采系统中涉及的岩石力学问题，远比开拓系统中复杂困难得多。

本书是在2011版《岩层控制》基础上修订完成的。本书对《岩层控制》部分内容在结构上进行了适当的调整，拓展了煤层巷道锚固方面的内容。全书共分为4章。第一章“煤层巷道锚固”，由李建忠修订；第二章“长壁工作面采场矿压”，由李慧修订；第三章“煤层冲击地压”和第四章“采掘工程中的能量转换及其对工程稳定性的影响”，由牛少卿修订。全书由贾喜荣和弓培林审核定稿。

在内容组织方面，意在培养学生用数学、力学方法来解决岩石力学与岩层控制学问题，提高学生的分析问题和解决问题的能力。希望学生能够在严格遵循基本力学原理的同时，注重对岩石力学原理的理解和工程应用的把握。书中对一些数学、力学公式进行了详细的推导，以利于学生重点掌握表达式中的结论及其工程价值。

本书反映了作者多年来在岩层控制学方面的系统的研究成果，同时也体现了作者对岩层控制这门学科的理解和探讨。全书在注重基本概念、基本内容和结构体系的同时，重点阐述岩层控制学的理论体系和工程设计计算方法。

希望本书能够成为相关专业的在校学生和现场工程技术人员在岩层控制学及其工程设计和工程管理方面的有益读本。

在此，对提供帮助和书中引用材料所涉及的个人和组织表示感谢，对为本书编辑出版付出辛劳的团队深表敬意和感谢。

限于水平和经验，书中难免存在不妥之处，恳请读者批评指正。

编　者

2024年12月于太原

目　次

第一章 煤层巷道锚固

第一节 引 言

岩石锚固工程的起源,可以追溯到距今1 300多年前的乾陵地宫墓道的加固工程。

乾陵建于公元684年,公元706年武则天与唐高宗合葬时才最后完工。这座帝王陵墓是十八座唐陵中唯一没有被盗的一座。乾陵的坚固性经受了历次地震、盗掘与时间的考验。

1957—1960年间的考古发掘显示:乾陵地宫墓道位于梁山主峰东南半山腰部位,全部在天然的斑状石灰岩岩体内开凿。乾陵地宫墓道由堑壕和石硐两部分组成,全长63.1 m。根据当时的试掘,坑道呈斜坡形,南宽北窄,宽处达4 m,窄处仅为2.8 m,堑壕深17 m。

考古勘查也证明,乾陵地宫墓道全部用石灰岩石条填砌,层叠于墓道口直至墓门。石条由南往北顺坡层叠扣砌,共39层,平面裸露410块,39层用石条8 000余块。相邻石条之间用蝶形铸铁栓板拉固,形成岩板结构;上下石条之间凿孔,并用铸铁杆贯穿,从而使得各层岩板形成整体的坚固结构。铸铁栓板、铸铁杆与石条之间的缝隙均用熔铅灌注。

乾陵地宫墓道封石的锚固结构如图1-1所示[①]。

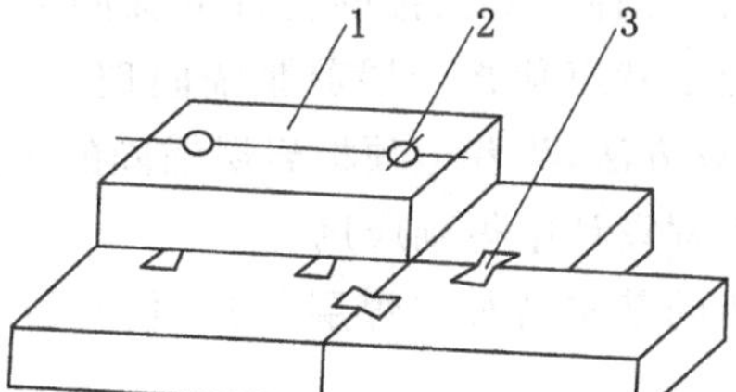

(a) 墓道封石锚固结构

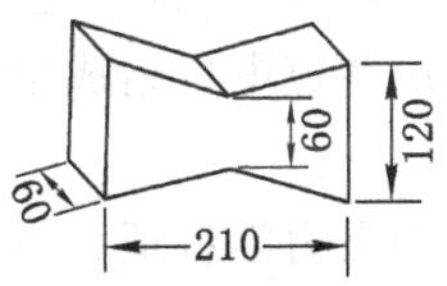

(b) 铸铁栓板结构

1—石灰岩石条;2—铸铁杆;3—铸铁栓板。

图1-1 乾陵地宫墓道封石锚固结构示意图

石灰岩石条:平均块度为1.0 m×0.4 m×0.7 m,质量约为700 kg,精细加工,缝隙严密平直。

铸铁栓板:是一种蝶形榫,与开凿在相邻两块石条上的一对燕尾槽构成石卯铁榫结构。其质量为10.5 kg,起每层石条间的横向锚固作用。

铸铁杆:是一种ϕ70 mm的铸铁锚杆,间距0.25~2.66 m,按石条缝隙疏密设置,起层

① 弭庆录,等:《唐代锡铁锚杆加固原理之分析》,会议资料,1982年。

与层间的竖向锚固作用。

锚固剂：熔铅，层厚 5～8 mm，在石条与铸铁栓板或铸铁杆间起固结、充填和消减集中应力的作用。

近代的岩石锚杆首次使用的资料已无法考证，较多的文献认为早在 1872 年始用于英国北部威尔士露天页岩矿。1943 年前，W. W. Weigel 就在工程和采矿杂志（*the Engineering and Mining Journal*）上阐述过锚杆被系统地用于基础加固的情况。1947 年，岩石锚杆技术在美国推广。1956 年，我国开始在煤矿岩巷中使用锚杆支护。

巷道围岩锚固是目前煤层巷道支护与加固中首选技术方案。锚杆、锚索的作用是连接岩体中的不连续结构面，提高锚固岩层的整体强度，有效地利用被加固围岩的自承载能力，改善巷道围岩的稳定性。巷道围岩加固系统的设计，取决于岩层结构和不连续结构面特征、岩石的工程地质特征、围岩应力状态、巷道尺寸及在整个服务期间所能承受的变形程度等。巷道围岩加固机理，包括围岩-支护相互作用这一重要原理。

尽管锚固技术在煤矿巷道支护与加固中得到广泛应用和迅速发展，并且已成为不可或缺的一种巷道支护方式，但目前在锚固参数确定方法上，大多采用工程类比方法，并没有从理论上得到充分的论证。在工程实践中，支护成本、工程进度、支护效果和合理支护参数难以确定的状况始终存在。加大支护强度，势必增加支护成本、降低施工速度和工程进度。

近年来，在工程应用的同时，锚固技术的理论和工程测试研究也得到重视。煤层巷道顶板岩层剪胀锚固理论是笔者在锚固参数量化设计计算方面提出的一种新的锚固理论。

剪胀锚固理论：将锚固构件（锚杆、锚索）和巷道顶板裂隙体岩层所构成的力学系统，简化为三铰拱锚固结构力学模型；根据岩层剪胀力学原理，分析研究锚固岩层的稳定性与岩层物理力学性质指标、岩层的剪胀特性、岩层锚固强度、锚固构件的锚固力、锚固岩层厚度、巷道跨度等相关因素之间的关系。其构建了巷道顶板岩层剪胀锚固理论模型，建立了相应的数学、力学关系方程和岩层锚固强度计算方法，为巷道顶板岩层锚固的工程设计提供新的锚固理论和技术支持。该理论已在一些工程设计中得到应用。

层状结构是煤层巷道围岩组成结构的基本特征。煤层与其顶、底板岩层属不同力学性质的层状介质。

煤层巷道具有如下力学特征：

工程结构特征：巷道顶板岩层可视为弯曲应力作用下的组合板结构，巷道煤柱（帮）可视为垂直应力作用下的墙体结构，巷道底板岩层可视为受煤柱载荷作用的基础结构。

载荷特征：巷道顶板载荷为有限载荷，巷道煤柱（帮）载荷为覆岩荷重，巷道底板载荷为承载煤柱在半无限体中的传递载荷。

强度特征：根据巷道顶板岩层、巷道煤柱和巷道底板岩层各自不同的受力状况，应具有相应的稳定性判据。

煤层巷道围岩稳定的必要条件：巷道顶板岩层、巷道煤柱和巷道底板岩层三者必须同时保持稳定，任何一方失稳，都会导致巷道围岩的整体失稳。因此在煤层巷道支护与加固设计中，要分别对三者进行稳定性评价，确定其支护与加固方案。

巷道两煤帮可视为墙体结构，其载荷可视为覆岩荷重；巷道两煤帮强度可视为柱（墙）体强度；巷道两煤帮的锚固强度和稳定性判据，可以借助郎肯（Rankine）强度准则来确定（类似于土力学中的深基坑问题)。

对于煤层底板的稳定性,人们已认识到其重要性,并进行了许多专门的研究工作,但在研究合理的底板稳定性分析方法方面做得还很不够。底板破坏将会给作业区和设备通道畅通、生产巷道稳定性和矿井安全生产带来很多困难。因此在矿井开采设计中,了解煤层底板承载能力是十分重要的。

工程观察和试验研究结果表明,在底板岩层中含有大量黏土,特别是蒙脱石的区域,极易发生底鼓,而且岩层含水率对这类底板的承载能力有严重影响。通常底鼓有三种模式:

① 底板岩层从煤柱下挤出;

② 由于减除竖向约束,底板岩层隆起;

③ 煤柱或支架压入底板岩层。

解决底板失稳问题,通常采用三种方法:

① 对底板岩层进行锚固;

② 在巷道底板跨中开切垂直槽,释放高水平应力;

③ 使巷道轴线方向平行于最大水平应力的方向。

巷道底板可视为基础结构:其载荷取决于覆岩荷重,该载荷可视为半无限体载荷;其强度可视为半无限体强度;其稳定性判据可以借助普朗特尔(L. Prandtl,1920)极限承载力假定进行分析(类似于土力学与地基基础问题)。

巷道锚固参数的设计,类似于钢筋混凝土结构中的钢筋配置方案的设计,其困难在于锚固系统须承担的载荷量值的确定。

既然巷道锚固设计要适用于围岩不同的反应方式和强度准则,那么设计过程中采取不同的分析方法和反复设计都是必要的,目的是满足围岩稳定性的各种要求。

第二节　煤　　柱

煤柱是一种自然状态下的煤体,工程中利用其承担由于采掘引起的支承压力,并维持与其形成的巷道或其他工程结构的稳定。所谓支承压力,是泛指由于采掘引起的各类支承系统(煤壁、煤柱等)上的分布载荷。按工程类型划分,可分为由掘进引起的巷道支承压力和由回采引起的采场支承压力两类。

按照用途,煤柱可分为护巷煤柱和隔离煤柱两种,本书中所涉及的煤柱问题仅指回采巷道的护巷煤柱。

一、煤柱的载荷

对于后退式长壁工作面的护巷煤柱,从巷道掘进直至巷道服务年限内,煤柱首先承受巷道开挖引起的支承压力,此期间可视为煤柱承受覆岩荷重的静载荷作用;然后,当长壁工作面回采时,在采动影响范围内,煤柱要受到采场支承压力的动态作用。

采场支承压力的动态"碾压",对煤柱的稳定性会产生重要影响,甚至两种支承压力叠加会导致护巷煤柱过载而完全失稳。采场支承压力也是对煤柱和回采巷道稳定性的最终考验。采煤工作面回采巷道的超前支护,主要是针对采场支承压力对护巷煤柱和回采巷道的高强度动态作用,所采取的一种必要的技术措施。

通常，采场支承压力高于巷道支承压力，支承压力的分布呈非均匀状态，其最大载荷集度的变化范围一般为

$$q_{\max} \geqslant (1.2 \sim 5)\gamma H \tag{1-1}$$

式中 $q_{\max}$——支承压力最大载荷集度，kN/m^2；

γ——覆岩平均重度，kN/m^3；

H——煤层平均采深，m。

煤柱覆岩荷重静载荷的计算，通常采用巷道跨度内载荷平均分担原理，即煤柱除承担自身面积内的荷重外，巷道跨度内的覆岩荷重由两侧煤柱各分担一半。对于采空区侧护巷煤柱，其承担的静载荷包括自身宽度内的覆岩荷重、巷道半跨宽度内的覆岩荷重和采空区侧悬顶宽度内的覆岩荷重三部分，这里假定顶板在采空区的悬顶跨度等于巷道的半跨宽度。因此，煤柱的静载荷集度为

$$q_j = \gamma H + \frac{B\gamma H}{W} = \gamma H\left(1 + \frac{B}{W}\right) \tag{1-2}$$

式中 q_j——煤柱静载荷集度，kN/m^2；

B——巷道宽度，m；

W——煤柱宽度，m。

二、煤柱的强度

岩层控制研究中有关煤柱强度的确定已有许多年的历史。第一个煤柱强度计算公式早在 1900 年就在美国出现了，由斯克安顿工程俱乐部（Sorantou Engineering Club）通过实验室试验提出，用于无烟煤开采。最近 30 a 的研究工作，在全面了解煤柱稳定机理方面取得了重要进展。这些进展主要体现在以下三个方面：① 以煤柱极限载荷-变形特性关系为基础的稳定性和刚度的概念；② 煤柱的现场大规模试验；③ 煤柱强度计算公式的建立。

煤柱的强度可以通过实验室试验和现场试验加以确定。实验室测试时使用的是立方体试块，或直径为 5～15 cm 而高度不等的圆柱体试样，受加工因素制约，立方体试块（边长为 5～15 cm）较常使用。

由于不同煤样的强度差异很大，为使实验室试验结果能较好地代表现场条件，应均匀地从煤柱各部分取样。C. T. Holland（1964）建议，对于 1.5 m 厚的煤层至少要取 30 个立方体试样，且煤厚每增加 30 cm 应再增加 6 个以上试样。

1. 煤柱试样强度的尺寸效应

研究表明，煤的测试强度在很大程度上取决于试样的尺寸和形状。尺寸较小的试样，煤的强度高；随着试样尺寸增加，煤的强度按指数规律减小，直至达到一个渐近值，如图 1-2 所示。

由于强度与尺寸的关系按指数规律衰减，曲线的渐近值就是煤的强度的下限，它可以代表原位煤柱的强度。Z. T. Bieniawski 发现，南非煤的这种渐近强度值可以用边长为 1.5 m 的立方体煤样进行试验而取得。

实验室测试煤块强度的缺点是：① 小试样内含缺陷少，不能代表大煤柱中宏观发育的大量节理、裂隙；② 加工试样过程难以保持煤柱原有水分（湿度）及避免对煤块形成扰动。

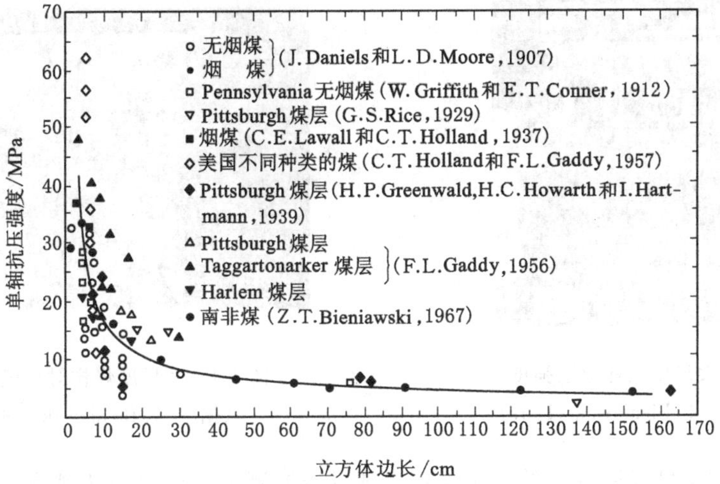

图 1-2 立方体试样尺寸对强度的影响(据 Z. T. Bieniawski, 1982)

2. 大规模现场强度试验

大规模现场强度试验包括:抗压试验、剪切试验、板承载试验和调压试验,其中抗压试验最适合用于确定煤柱的强度和稳定性。进行大规模现场试验是因为现场大试件更具宏观代表性,且环境条件相同。这种试验主要针对以下一个或多个目的:① 确定煤柱强度特性;② 建立煤体变形特性曲线;③ 获得煤体残余变形特性。

对煤柱的第一次大规模现场抗压试验于 1937 年在美国由 H. P. Greenwald 等进行。试验地点为匹兹堡(Pittsburgh)煤层,目的是确定大煤样的强度和变形特性。7 个试块均为长方体,边长为 0.8～1.6 m,宽高比为 0.5～1.0。试件用手工凿成而非用爆破方法取得。每一试件顶端套一厚层混凝土垫块,用塞在垫块与煤层顶板之间的 1～2 台液压千斤顶加载。部分试块破坏成对顶棱锥体。1941 年,该组试验人员又进行了另外 5 个试块的测试。

Z. T. Bieniawski(1967,1968,1969)展示了 1966—1968 年在南非进行的 16 种不同尺寸 44 次大规模现场试验及其结果。如图 1-3 所示,试块为长方体,边长为 0.5～2.0 m,宽高比在 3.1 以内变化。试块由万能切割机切割而成,5 个自由面,底面与底板连接。试块用 36 个液压千斤顶单向加载,直至试块破坏(每个千斤顶加载能力为 1.5 MN,加载面积为 30 cm×30 cm,行程为 125 mm),试块破坏情况如图 1-4 所示。为模拟由煤柱顶部产生的约束效应,在试件端部安置木模套、钢模套或钢筋水泥帽(75 mm 厚)以产生侧面约束。试件的轴向和侧向变形,用附在试件表面的伸长计测量。

Y. A. Bich 和 R. D. Lama(1971)对不同煤层进行大量现场试验并进行分析,结果表明煤的强度随试验地点不同而有较大的改变,煤层的现场强度为 2.45～17.65 MPa。

1977 年,美国科罗拉多矿业学院的 F. D. Wang, J. Wolgomott 和 W. A. Skelly 在西弗吉尼亚南部的 Pocahontlos 3 号煤层进行了最大规模的现场试验。在该煤层中,宽 24 m,高 2.3 m 的煤柱被有步骤地切割成宽度为 7.9 m。各种应力变化和初始应力变化的分析表明,未扰动煤柱的强度为 4.5～4.8 MPa。

1984 年 8 月,波兰科学院地层力学研究所的 T. Cyrul 报道了他在波兰哥德瓦尔得

图 1-3 大尺度煤样原位强度试验
(据 Z. T. Bieniawski,1967)

图 1-4 大尺度煤样对顶棱锥破坏
(据 Z. T. Bieniawski,1967)

(Gottwald)矿 504 号煤层进行的一次大规模现场压缩测试。试块是从煤层中平整切割出来的边长为 1.5 m 的立方体。测试时进行控制加载和变形测量,并在煤块四周布设 60 个测点,用百分表(千分表)量测位移和变形,试验结果显示了由煤材料的非均质性和各向异性引起的复杂力学行为。

在类似的现场试验中,还可以得到一些有意义的经验:

① 煤柱破坏一般与试件垂直节理的逐渐开裂和剥落有关。如果试件以非突发性方式破坏,逐渐解体,则试件的最终破坏形态为对顶棱锥体。此时,试件完全崩溃,小碎片甚至从中心有力蹦出,轴向总变形约 20 mm,残余强度约 1 MPa。

② 在载荷最大时,试件内部常发出声音或沉闷的爆裂声,严重的片帮仅在试件破坏后发生。

③ 试件无偏斜是保证试验稳定进行的条件,只有这样,试验才能获得典型的全应力-应变过程曲线,如图 1-5 所示。

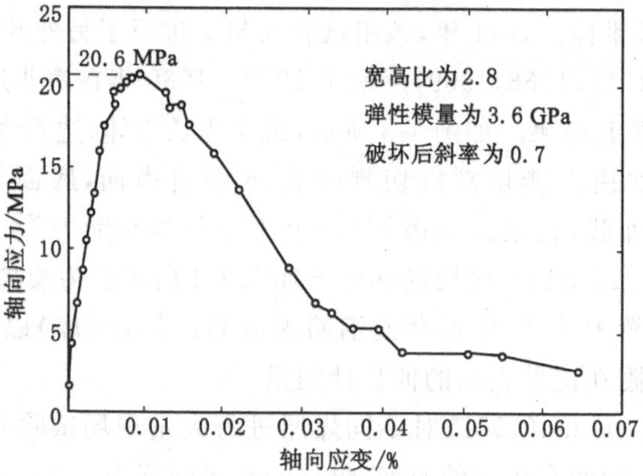

图 1-5 边长 1.4 m 的方煤柱全应力-应变曲线
(据 Z. T. Bieniawski 和 W. L. van Heerden,1975)

3. 煤柱强度的确定

Z. T. Bieniawski(1968)将煤柱"极限尺寸"定义为试件宽度连续地增加,其强度不发生明显降低时的试件尺寸。Z. T. Bieniawski(1968)指出南非煤层立方体试件边长极限尺寸是1.5 m;W. G. Pariseau(1977)指出美国西部煤层极限尺寸是0.9 m;W. A. Hustrulid(1976)则称,0.9 m作为极限尺寸可普遍适用于煤矿工程实践。

由于煤柱强度的尺寸形态效应,如何将实验室小煤块的测试数据换算为现场大试件的强度值,便成为人们研究的方向。

W. A. Hustrulid(1976)以Gaddy公式(F. L. Gaddy,1956)为基础,指出实验室的试验数据可用下述公式换算为现场立方体试件的强度值。

① 立方体煤柱边长 h 小于0.9 m时:

$$\sigma_m = \sigma_c \sqrt{\frac{D}{h}} \tag{1-3a}$$

② 立方体煤柱边长 h 大于0.9 m时:

$$\sigma_m = \sigma_c \sqrt{\frac{D}{0.9}} \tag{1-3b}$$

式中 σ_c——实验室测试单轴抗压强度,MPa;

σ_m——现场临界立方体试件单轴抗压强度,MPa;

D——实验室圆柱体试件直径或立方体试件边长,m。

人们通过大量的现场测试研究,提出各种不同的煤柱强度计算公式,最常用的有下列几种。

(1) Obert-Duvall/Wang公式(L. Obert,W. I. Duvall和F. D. Wang,1967)

$$\sigma_p = \sigma_m \left(0.778 + 0.222\,\frac{W}{h}\right) \tag{1-4}$$

式中 σ_p——煤柱强度,MPa;

σ_m——现场临界立方体试件单轴抗压强度,MPa;

W,h——煤柱的宽和高,m。

该公式虽是基于硬岩试验和弹性力学研究提出来的,但科罗拉多矿业学院(1975)的研究证明,该公式适用于宽高比为1~8的煤柱。

式(1-4)与1911年D. Bunting得出的关系式一致。

(2) Holland公式(1973,1984)

$$\sigma_p = \sigma_m \sqrt{\frac{W}{h}} \tag{1-5}$$

式中,参数意义同前。该公式适用于宽高比为2~8的煤柱,可取安全系数为1.8~2.2。

(3) Salamon-Munro公式(1967)

$$\sigma_p = 7.2\left(\frac{W}{h}\right)^{0.46} \tag{1-6}$$

式中,参数意义同前。该公式是M. D. G. Salamon和A. H. Munro在调查了南非125个煤柱(其中98个稳定,27个破坏)的基础上提出来的,故仅适用于南非部分矿区的条件。

(4) Bieniawski公式(1969,1975)

$$\sigma_p = \sigma_m \left(0.64 + 0.36\,\frac{W}{h}\right) \tag{1-7}$$

式中,参数意义同前。该公式是Z. T. Bieniawski和W. L. van Heerden通过对南非

Witbank 煤田宽高比为 0.5～34 的 66 个煤柱试件的大规模现场测试而求出的。C. T. Holland(1973)认为，美国煤矿应用这一公式时，安全系数为 2.0 已足够，房柱法采煤可取安全系数为 1.5～2.0。

在图 1-6 中，利用 Pittsburgh 煤层性质，给出了用上述四种公式计算的煤柱强度与宽高比的关系曲线。由图可见，用 Obert-Duvall/Wang 公式计算的强度最低，用 Bieniawski 公式计算的强度最高。

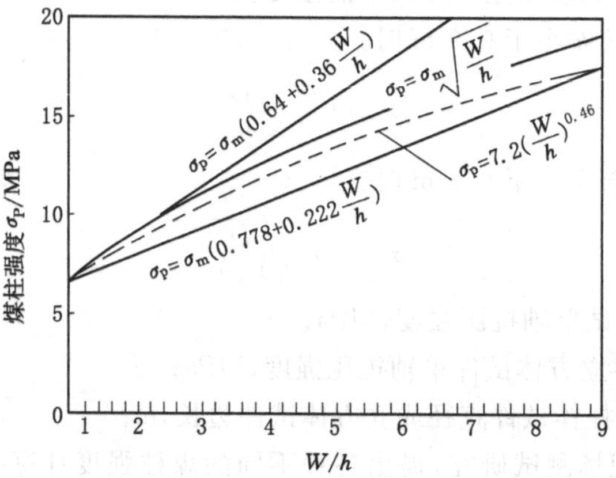

图 1-6　匹兹堡(Pittsburgh)煤层煤柱强度与宽高比的关系曲线

另外，若取现场临界立方体试件的边长等于 0.9 m，实验室标准试件 D 为 50 mm，由式(1-3b)可得，煤层现场临界立方体试件的强度 σ_m 与实验室标准试件强度 σ_c 间的关系式为

$$\sigma_m=\sigma_c\sqrt{\frac{D}{0.9}}=0.235\ 7\sigma_c \tag{1-8}$$

由式(1-7)得，由实验室标准试件单轴抗压强度表示的 Bieniawski 煤柱强度计算公式为

$$\sigma_p=0.235\ 7\sigma_c\left(0.64+0.36\frac{W}{h}\right) \tag{1-9}$$

上述煤柱强度计算公式表明，煤柱强度不仅与试样强度有关，同时与煤柱几何尺寸宽高比 W/h 相关，煤柱的强度并非常量。在式(1-7)条件下，当煤柱高宽比 $W/h=1$ 时，煤柱强度与现场临界立方体试件强度一致；当 $W/h<1$ 时，煤柱强度小于现场临界立方体试件强度；当 $W/h>1$ 时，煤柱强度大于现场临界立方体试件强度。

事实上，处于单轴压缩状态的煤柱，其上下两端面受煤层顶板和底板岩层的约束，这种端面约束力的大小，取决于岩层与煤柱界面间的抗剪强度和接触面积。在煤柱的承载过程中，其上下两端处于三轴应力状态，这显然会增加煤柱的实际承载能力。在煤柱宽度大于高度的情况下，这种端面效应会更加突显，其在客观上表现为煤柱强度会随宽高比的增加而增加。

此外，煤柱的承载能力还与煤层、顶板、底板三者间的相对刚度有关。高刚度顶底板岩层起承压板作用，对煤柱承载能力产生正效应；受压缩作用的低刚度顶底板岩层的泊松效应，会对煤柱端面产生拉应力，从而降低煤柱的承载能力。

三、煤柱的临界宽度[①]

约定：在支承压力(静载)q_j 的作用下，当宽度为 W^* 的煤柱处于极限平衡状态时，则称 W^* 为煤柱的临界宽度。

以煤柱的静载荷集度 q_j 等于煤柱强度 σ_p 作为煤柱临界宽度 W^* 的判据，即

$$\gamma H\left(1+\frac{B}{W^*}\right)=0.2357\sigma_c\left(0.64+0.36\frac{W^*}{h}\right) \tag{1-10}$$

可求得煤柱临界宽度 W^* 满足

$$\frac{0.085\sigma_c}{h}W^{*2}-(\gamma H-0.15\sigma_c)W^*-\gamma HB=0$$

由此可求得煤柱临界宽度 W^*

$$W^*=\frac{-b+\sqrt{b^2-4ac}}{2a} \tag{1-11}$$

式中，$a=0.085\sigma_c/h$；$b=-(\gamma H-0.15\sigma_c)$；$c=-\gamma HB$。

式(1-11)表明：煤柱临界宽度 W^* 与巷道高度 h、巷道宽度 B、煤层标准试件单轴抗压强度 σ_c、煤层覆岩厚度 H 和覆岩重度 γ 等相关。

煤柱临界宽度对于巷道煤柱合理尺寸确定具有重要意义。在工程设计中，如果巷道煤柱宽度小于其临界宽度，则须增加巷帮支护，以维持巷道围岩的稳定；如果巷道煤柱宽度远大于其临界宽度，则可能偏于保守。临界宽度可以认为是煤层巷道(或条带)煤柱处于极限平衡状态下的最小值。

四、煤柱失稳

1. 失稳特征

在一定的工程地质条件和开采技术条件下，当达到某种临界开采阶段时，煤柱由于过载而发生失稳。图 1-7 为典型的煤柱失稳状况。煤柱失稳过程可能会经历：煤柱两侧剧烈片帮；缓慢的表面脱落；两侧煤柱片帮的碎煤涌向巷道底板。

图 1-7　典型的煤柱失稳状况

煤柱失稳的基本特征可概括为以下三种情况：

---

① 贾喜荣，等：《回采巷道煤柱临界宽度理论计算方法》，太原理工大学学报，2011，42(1)。

① 突然发生面积达 0.3～1.0 m^2 的顶板下沉，且可保持完整。此后，可能缓慢扩展至下沉停止。在少数区域可能发生顶板冒落，但煤柱尚保持稳定。

② 顶板下沉伴随有一定范围和一定深度的片帮，片帮从煤层与顶板岩层的界面开始迅速扩展，最终形成片帮型的煤柱失稳。

③ 煤柱失稳起因于巷道的底鼓。

2. 失稳机理

在柱式开采中，对煤柱失稳机理的研究较为广泛和深入，其基本力学原理同样适用于对壁式开采中护巷煤柱失稳机理的分析探讨。以下的讨论主要针对柱式开采的情况。

① 目前已经提出了多种理论用来解释煤柱失稳的原因，最常用的理论是：当某个煤柱承担的载荷超过其承载极限时，煤柱产生较大的压缩变形，并首先将多余载荷转移到相邻煤柱（或相邻支承边界）上；相邻煤柱会遵循变形协调原则，承担相应的部分载荷，剩余部分会继续向周围扩散。这种载荷的传递和扩散过程，最终可能会出现两种结果：一种情况是使得整个煤柱支承系统达到新的平衡；另一种情况是一旦某一部分煤柱发生失稳，则整个支承系统会发生连锁反应，即多米诺效应。在柱式开采中，后一种情况的重大事故时有发生。

② 大量的煤柱失稳案例研究表明，在柱式开采中，巷道在掘进阶段很少发生煤柱失稳和巷道垮塌的情况，但当回采空间或采空区达到一定范围，或开采地质条件发生显著变化时，煤柱在短时间内大面积瞬间失稳的情况将会发生。因此在开采设计中，煤柱几何尺寸确定及采区规划至关重要。在发生载荷传递的大范围多米诺效应中，不仅仅是煤柱强度不足的问题，工程地质条件和开采技术条件也是重要因素。这是因为，覆岩荷重是通过顶板岩层传递到煤柱上的，覆岩厚度与地形地貌相关；顶板岩层对荷重的传递效果有赖于岩层的强度和岩层的组成结构；开采空间（采高或采厚、开采面积）的累加，势必导致顶板及其上覆岩层运动的活跃，加剧多米诺效应的发生和蔓延。

③ 对于遇水膨胀的松软底板、窄煤柱和区段尺寸偏大的情况，有可能在掘进区域出现大量煤柱失稳或压垮的情况。如果顶板岩层足够稳定，则煤柱上方顶板岩层的悬板效应可能是煤柱失稳的主要原因。这种情况下，在坍塌边界附近会出现煤柱压缩和顶板下沉现象；在远离坍塌区，会出现煤柱卸压和顶板离层现象。

④ 煤柱的长期强度是一个不可忽视的要素。煤柱在较长的服务期内，其流变性质会直接影响其强度；风化与煤柱的表层剥落会减小煤柱的有效承载面积。如果开采设计中对诸多要素考虑不周或设计方案偏于经济，则有可能导致重大坍塌事故的发生。

载荷传递的速度与煤柱的载荷-位移全程曲线的特性相关。同一煤层，煤柱残余强度特征曲线的性质与煤柱的宽高比密切相关。对于小宽高比的细长煤柱，当达到峰值载荷后，煤柱进入残余强度（或应变软化）阶段，承载能力会迅速下降，其能够承担的载荷较小，甚至完全卸载，并将载荷转移。而对于大宽高比的扁平煤柱，当达到峰值载荷后，煤柱仍然具有一定的残余强度和相应的承载能力，甚至在某些情况下煤柱的残余强度会有所上升而表现出应变硬化的特征。一些观测数据表明，当宽高比小于 3 时，煤柱将会迅速发生破坏；而当宽高比大于 3 时，煤柱发生破坏的速度较为缓慢。

3. 失稳破坏的预防

根据煤柱的失稳机理，目前有多种方法用来预防大范围煤柱失稳破坏的发生。例如，一方面，综合考虑区段宽度、煤柱宽度和隔离煤柱的几何尺寸进行整体设计；另一方面，对单一煤柱的力学性质和工程特性进行专门研究。

大多数煤柱失稳发生在工作面(或区段)支承压力达到临界值时，而临界值取决于顶板岩层的结构特征和煤柱宽度。因此，需要对煤柱宽度、工作面宽度、区段划分和顶板岩层组成结构等进行综合分析后，提出最终的实施方案。对于这种方法，可以利用数值计算方法进行分析。

此外，当隔离煤柱用于遏制大面积煤柱失稳破坏时，工作面煤柱的宽高比应大于4，掘进时的安全系数至少为2，后退回采时安全系数不小于1。正常隔离煤柱的宽高比大于10。

第三节 巷道围岩剪胀锚固理论

巷道围岩锚固机理研究的基本内容是探讨锚固组件与巷道围岩间的力学机制及相互作用关系，为巷道围岩锚固与支护设计提供科学的理论依据。自从锚固技术问世以来，人们一直对锚固支护作用机理进行着持续、广泛、深入的研究。到目前为止，人们已提出多达十多种锚固支护理论。这些锚固支护理论对认识围岩锚固机理和指导生产实践起到了积极作用。

事实上，这些所谓的锚固支护理论，都是从一些直观的力学原理出发而得出的某种推断或假设，其本质意义上还是围岩锚固原理。因此，现有围岩锚固原理不同程度地存在着某种局限性、片面性和不合理性。由于其理论性差，在指导围岩锚固设计中存在许多不可操作性。围岩锚固支护理论研究滞后于工程实践的现状，已成为阻碍巷道围岩锚固技术发展的一个重要原因。

一、传统锚固理论

1. 锚固构件的作用原理

锚固构件的组成通常包括杆体组件和托板(梁)组件。杆体组件可分为锚固段、非锚固段和外露段；托板(梁)组件主要由托板(梁)和垫片、螺母或锁具等紧固机构组成。

对于锚杆或锚索杆体而言，由于杆体长度方向的尺寸远大于其横截面尺寸，所以力学上属于杆件。这种构件主要可以提供两方面的承载力，其一是抗拉能力，其二是抗剪能力。至于杆体的抗弯能力和抗压能力，是非常小的，可以忽略不计。

锚固剂的作用是将岩体钻孔孔壁与杆体黏结在一起。对于端部锚固的锚杆(索)而言，锚固剂的作用在于提供黏结力，使锚杆(索)能承受一定的拉力。岩层发生错动后，非锚固段锚杆(索)拉力沿长度方向通常是非均匀分布的。由于锚杆(索)与钻孔间有较大间隙，如图1-8所示，锚杆(索)的抗剪能力只有在岩层发生一定错动后才能发挥出来。

对于全长锚固锚杆(索)，锚固剂的作用比较复杂，其作用原理类似于钢筋混凝土工程中水泥对钢筋的握裹作用，杆体受力与钢筋混凝土工程中的钢筋受力类似。杆体和锚固剂的受力与巷道围岩受力同步。当岩层发生错动时，锚固剂与杆体共同承担剪应力，阻止岩层发生剪切滑移；当岩层发生离层时，锚固剂与杆体共同承担拉应力，阻止岩层发生离层；当围岩受压时，锚固剂与杆体共同承担压应力。

无论全长锚固还是端部锚固，锚杆或锚索的预紧力在围岩控制中都是起着核心作用，甚至是巷道围岩控制成败的关键。在力学机制上,锚杆或锚索的预紧力不仅可以控制巷道围岩的离层,而且极为重要的是可以大幅度提高巷道围岩的抗剪切能力。

在锚固巷道中,金属网、钢筋网、钢带、钢筋托梁等辅助构件与锚杆(索)组合,在一定程度上可均衡锚杆(索)受力,改善顶板岩层应力状态,控制松散岩石的进一步变形,与锚杆(索)共同形成组合支护系统,维护围岩的稳定。

2. 传统锚固理论

(1) 悬吊原理

悬吊作用是最早的锚杆(索)支护原理。如图 1-9 所示,在顶板上部为稳定岩层,而其下部存在松散、破碎岩层的条件下,这种支护原理对锚杆(索)支护机理能够作出一些合理的解释。但悬吊原理仅考虑锚杆(索)的抗拉作用,即被动支护作用,不涉及其抗剪能力及对破碎岩层整体强度提高的作用,即没有考虑杆体与围岩共同作用原理。该原理注重杆体对软弱岩层荷重的悬吊作用,而对破碎岩层变形和离层的控制作用考虑不足。因此,杆体受力的理论计算值与实际载荷的偏差比较大。

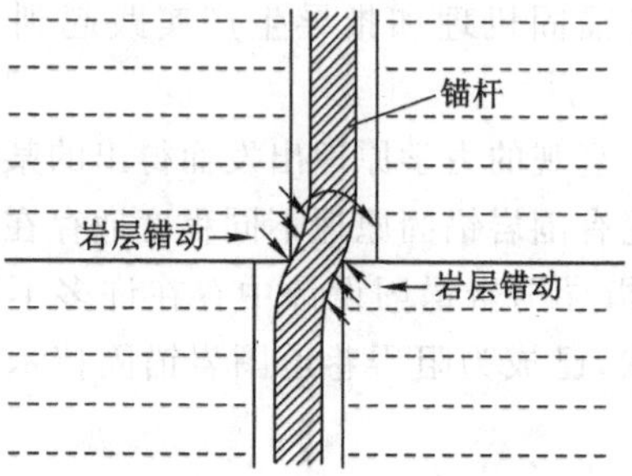

图 1-8 锚固岩层发生错动的锚杆受力状况

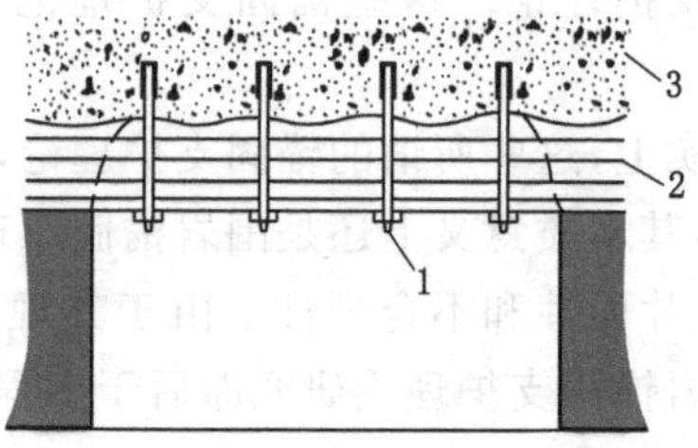

1—锚杆;2—破碎岩层;3—稳定岩层。

图 1-9 锚杆支护的悬吊原理示意图

(2) 组合梁原理

对于层状结构的顶板岩层,由于各分层间黏结力、摩擦系数和法向应力较小,未锚固的顶板岩层在下沉变形过程中,多表现为叠合梁特性,即各分层发生相对独立的弯曲变形,如图 1-10(a)所示,此时顶板岩层中的最大拉应力为

$$(\sigma_{\max})_{叠} = \frac{6}{nh^2}M_{\max} \tag{1-12}$$

如图 1-10(b)所示,锚固后的顶板岩层发生弯曲变形时,由于各分层间抗滑动能力的提高,顶板在下沉变形过程中呈组合梁特性,即发生整体弯曲变形,此时所产生的最大拉应力为

$$(\sigma_{\max})_{组} = \frac{6}{(nh)^2}M_{\max} \tag{1-13}$$

由式(1-12)和式(1-13)可得

$$\frac{(\sigma_{\max})_{叠}}{(\sigma_{\max})_{组}} = n \tag{1-14}$$

式中 $(\sigma_{\max})_{叠}$——叠合梁弯曲时的最大拉应力;

$(\sigma_{\max})_{组}$——组合梁弯曲时的最大拉应力;

M_{max}——顶板岩层所受的最大弯矩；

h——顶板岩层的分层厚度；

n——顶板岩层的层数。

可见，在相同横力弯矩载荷条件下，形成组合梁后的最大拉应力仅为叠合梁状态的$1/n$，从而使其抗弯能力显著提高。

图 1-10 锚杆的组合梁作用原理

组合梁原理的力学机制是基于重力作用下，将层状的巷道顶板岩层作为组合梁（或组合板）结构：锚杆（索）的轴向预紧力和锚固力为岩层层面提供法向压力，对顶板岩层离层产生约束，同时增大各岩层间的摩擦力，对岩层弯曲变形过程中层面间的相对滑动产生阻抗，提高顶板岩层的整体刚度和承载能力。在锚杆（索）和顶板岩层共同作用下，巷道的稳定性增强。但在定量分析中，有关计算参数（如组合梁有效组合厚度、组合梁的应力状态等）难以确定，故实用性差。

(3) 挤压成拱原理

试验和工程应用结果表明，在几乎没有任何承载能力的松散岩层或者破碎岩层中安置锚杆（索），也可以形成承载结构。如图 1-11 所示，如果以一定方式布置，且锚杆（索）具有一定的长度和足够小的间距，受锚杆（索）作用的松散岩体中会产生一个均匀的拱形压缩带，该压缩带可以承担其自重载荷和部分外部载荷。基于锚杆（索）的挤压成拱原理，锚杆（索）加固技术在软岩巷道支护中得到较为广泛的应用。但在定量分析中，同样存在计算参数难以确定的问题。目前，挤压成拱原理的应用仍然处于经验法或工程类比法阶段。

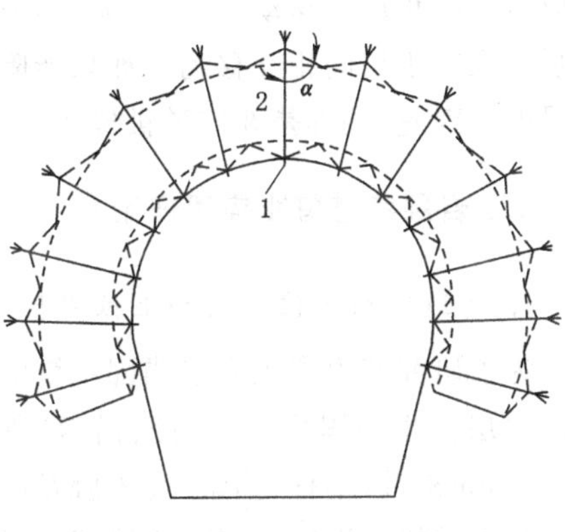

1—锚杆；2—加固拱；α—锚固应力传递角。

图 1-11 锚杆的挤压成拱作用原理

(4) 减跨原理

该原理在力学机制上认为锚杆（索）的作用，不仅承担（悬吊）其锚固范围内岩体的荷重，而且在结构上可减小顶板岩层的有效跨度，从而可大幅度降低顶板岩层弯矩，提高顶板岩层的稳定性。在力学模型上，该原理为巷道锚杆（索）加固设计提供了某种可能。

(5) 扩容稳定原理

该原理认为，随着时间的推移和受到采动影响，巷道围岩的破坏范围会逐渐扩大，巷道围岩产生扩容，而锚杆（索）的反作用力会制约破坏区岩体扩容、离层、滑动，改变围岩的应力状态，从而提高其承载能力。目前，该原理在工程设计应用中还没有实质性的进展。

(6) 围岩松动圈支护理论

围岩松动圈支护理论由以中国矿业大学董方庭教授为首的松动圈支护研究团队创立，

提出围岩破裂过程中的岩石碎胀变形(碎胀力)是支护的对象,并把在围岩中发展的这个破裂区定义为围岩松动圈。围岩松动圈支护、围岩松动圈分类方法和围岩松动圈锚固支护技术,是围岩松动圈支护理论的三大组成部分。

英国、澳大利亚建立的以地应力测试为基础的煤巷锚固设计方法,主要根据地应力测量结果,以岩体地质力学评价为基础,结合数值模拟分析进行锚固初始设计,最终根据现场监测结果对原设计进行修正和完善。

到目前为止,尽管岩石锚杆使用的历史悠久,并取得了重大进展,但岩石锚杆系统设计的理论基础仍不很明了。

T. A. Lang(1961)进行了若干岩石锚杆特性的研究,他的研究侧重严重破碎的岩层而不是梁式顶板,着重分析了各类不连续结构面的锚固方式。他通过光弹与物理模型研究发现,甚至裂隙发育的岩体也能锚固稳定并形成承载结构支承圈。足够密集的锚杆会在岩层中产生承压区,从而十分有效地支承顶板,受压岩层的厚度等于锚杆长度减去锚杆间距。美国矿业局专家早期对岩石锚杆所进行的理论分析和实验室模拟,主要是研究锚杆加固煤矿层状岩体顶板时,由锚杆张紧所产生的摩擦作用及挤压效应(L. A. Panek,1973)。D. J. Dodds(1978)总结了上述两人的研究成果并得出结论,支护取决于以下因素:顶板岩层的完整性,顶板岩层间的移动与悬吊,顶板支承端的稳定性、约束情况和剪力。其中最重要的因素可能是顶板岩层的完整性或层间移动。他还分析了完整岩层的锚固机理,并通过改变层间应力来防止层间移动。D. J. Dodds 认为,锚固机理是使岩层的接触面互锁,因为层状岩层强度取决于层间相互移动。如果能阻止岩层层间移动,就能充分发挥岩层沿结构面的剪切强度。因此,关键是要知道被锚固岩层形成承载层需要多大的锚杆张紧力。

二、岩层巷道剪胀锚固理论①

1. 巷道顶板下位岩层和上位岩层

为了研究巷道顶板岩层锚固系统的力学机制,我们将巷道顶板岩层划分为下位岩层和上位岩层。将锚固构件(锚杆、锚索)所触及的顶板岩层确定为下位岩层,并称之为锚固岩层;将锚固构件(锚杆、锚索)尚未触及的顶板岩层确定为上位岩层,并称之为非锚固岩层。

就力学机制而言,上位(非锚固)岩层属于一种半承载结构,其重力载荷和变形载荷主要由自身结构承担,剩余部分会向下位岩层传递。下位(锚固)岩层纯属于一种承载结构,除承担自身的重力载荷和变形载荷外,还要为上位(非锚固)岩层提供一定的支撑,以改善巷道围岩的应力状态和维系巷道围岩的稳定。

矩形断面煤层巷道顶板下位岩层的受力状况,多类似于两端固支梁(或板)。按顶板岩层组成结构和各分层挠度特征,煤层巷道顶板下位岩层可划分为三种类型。

A 类:分层弯曲下沉型。各岩层单独发生弯曲,形成叠合梁结构,并产生层间离层。这种离层可能是巷道失稳的最大诱因。

B 类:分组弯曲下沉型。顶板岩层呈分组弯曲下沉状态,形成厚层状叠合梁结构,各分组之间产生离层,其稳定性略好于 A 类。

---

① 贾喜荣:《岩层巷道剪胀锚固理论》,第十届全国岩石力学与工程学术大会论文集,中国电力出版社,2008 年。

C类：整体弯曲下沉型。各岩层变形协调，并形成整体弯曲下沉的组合梁结构，其稳定性好于A类和B类。如果岩层的分层厚度和强度足够大，巷道甚至会处于自平衡状态。

锚固构件（锚杆、锚索等）的基本功能是抑制顶板下位岩层间的离层、岩层层面间的剪切滑移以及过量的弯曲变形等。顶板下位岩层的锚固类型和加固方式，应充分考虑顶板下位岩层的结构特征、工程地质条件和开采技术条件等。

2. 剪胀锚固理论的力学机制和基本假定

地学理论认为，地壳中岩石成层构造的形成，受内力地质作用和外力地质作用控制。层面的出现，反映上下岩层在物质组成及结构构造方面有比较大的差异，标志着沉积作用有短暂的停滞或间断。呈层状矿体的产状一般与相邻岩层一致。

含煤地层中，层状结构是煤层及其顶底板岩层的基本构造特征。工程结构稳定性研究表明，岩层的力学性质对工程结构的稳定性有直接的影响。单一岩层在平面区域内的力学特性可以认为是同性和连续的。组合岩层的力学特性主要表现在各岩层强度和岩层间层面强度两个方面。完整岩层的抗压强度最高，抗剪强度次之，抗拉强度最低。同样，岩层层面的抗压强度最高，抗剪强度次之，抗拉强度极低。工程实际中，岩层层面的抗拉强度可视为零。因此，组合岩层的工程强度往往取决于层面（或结构面）上与正应力有关的抗剪强度，即压剪强度。

对于煤层巷道而言，由于受产状的影响，断面通常呈矩形。巷道开挖后，围岩的应力状态随之发生改变。在弯曲应力的作用下，顶板各岩层相继发生弯曲下沉。如果各岩层自身的抗拉强度不能抵抗由于弯曲产生的拉应力，顶板岩层会在巷道两帮支承处和跨中的高弯矩区域产生竖向的张性断裂。与此同时，在水平挤压力的作用下，岩层断裂块体有可能发生沿层面的剪切错动。顶板岩层一旦发生张性断裂，岩层结构的稳定性会完全依赖层面间的抗剪强度。与此同时，竖向断裂、水平错动及所有方向上的裂隙错动，都会使岩层发生体积膨胀。

岩层沿其结构面发生剪切错动的过程中，所产生的位移可分解为切向位移分量和法向位移分量。切向位移分量表示岩层沿层面产生的位移量；法向位移分量表示沿层面法向产生的位移量，并称之为剪胀。剪胀是由剪切错动而引起岩层体积膨胀的一种物理现象。

岩层错动产生的剪胀，通常分为两种基本模式：无约束剪胀，如图1-12(a)所示；有约束剪胀，如图1-12(b)所示。前者，由于表面粗糙度的影响，剪胀会伴随于整个剪切过程；而后者，剪胀由围岩控制，法向力随剪切位移的增加而增加，结构面的抗剪强度也随之增加。通常情况下，巷道围岩锚固系统中发生的剪胀属有约束剪胀；如果锚固岩层间发生离层，则可以视为无摩擦的剪切滑移。

R. E. Goodman(1989)得出的粗糙结构面等位移剪切试验结果如图1-13所示。

在图1-13(a)的情况下，当试件受到平行于结构面的剪应力 τ 作用时，试件会产生剪切位移 u 和法向位移 v。另外，当作用有法向压应力 σ 时，结构面将因受到压缩而产生闭合。这种压应力-法向位移关系是高度非线性的。如图1-13(b)所示，随着压应力 σ 值的增加 $(\sigma=A,B,C,D)$，闭合量 $(v=a,b,c,d)$ 逐渐逼近最大闭合量 V_{mc}。V_{mc} 的量值与结构面初始充填厚度或结构面开度有关。

若没有法向应力作用 $(\sigma=0)$，且粗糙的无充填结构面只受到剪切作用，则会发生自由剪胀（法向位移）和一定的剪切位移，其 v-u 曲线如图1-13(c)中 $\sigma=0$ 的情况；若假定此时结构

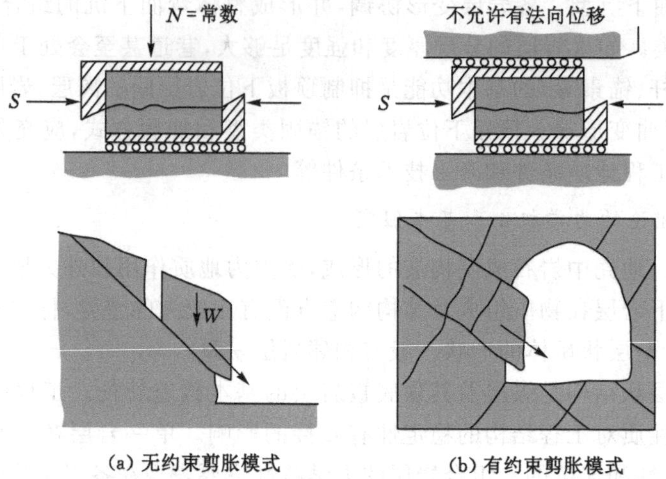

(a) 无约束剪胀模式　　(b) 有约束剪胀模式

图 1-12　直剪试验的两种剪胀模式

面上的剪应力完全由摩擦引起，则其 u-τ 曲线如图 1-13(d)中 $\sigma=0$ 的情况。

依次取较高的恒定法向应力值 σ 分别为 A,B,C 和 D，则对应的初始法向位移 v 分别为 a,b,c 和 d，如图 1-13(b)和图 1-13(c)所示。剪切过程中得到的剪胀与剪切位移间的 v-u 曲线如图 1-13(c)所示；剪应力与剪切位移间的 τ-u 曲线如图 1-13(d)(实线)所示。试验结果表明，随着法向应力的增加，剪胀值相应减小[图 1-13(c)]。这是因为结构面上许多突起物随法向应力增高在剪切过程中遭到破损。

下面讨论对同一试件进行抑制剪胀模式的两种剪切试验情况。

第一种情况是假定初始法向应力为零，且剪切过程中不容许膨胀(即 $v\equiv0$)。如图 1-13(c)所示，当剪切位移达到相应点 1(保持 $v=0$)时，将获得法向应力 $\sigma=A$，即点 1 处 $v=0,\sigma=A$，而此时的 τ-u 曲线[图 1-13(d)中路径为 0—1—2 的虚线]始于坐标原点，交于 $\sigma=A$ 的 τ-u(实线)曲线上。剪切继续进行，剪应力将按照路径 0—1—2 轨迹增加，法向应力也会随之增加。当剪切位移增加到图 1-13(c)中 u 轴上 2 点的值时，产生的法向应力 $\tau=B$(仍保持 $v=0$)。随着剪切位移的继续增加，剪应力、法向应力也相应地缓慢增加。这就是初始法向应力 $\sigma=0$ 和保持剪胀 $v\equiv0$ 的试验过程，其剪切位移的路径[图 1-13(c)]是 u 值为原点、1 点和 2 点，在图 1-13(d)中为路径 0—1—2(虚线)。

第二种情况是假定初始法向应力 $\sigma=A$，此时产生的闭合量为 a，即图 1-13(c)中的点 3。在此条件下，整个剪切过程中不再容许产生剪胀，即要求 $v\equiv a$，相应的 τ-u 曲线由图 1-13(d)中的路径 0—3—6(虚线)给出，对应图 1-13(c)中 $v\equiv a$ 的点 3,4,5,6。

值得注意的是，在这两种抑制剪胀模式的情况下，抗剪强度随着剪切位移的增加(法向应力随之增加)而明显提高，τ-u 曲线也不再像恒定法向应力试验时那样的峰值强度与残余强度间有明显差异[比较图 1-13(d)中两组虚线和实线]。结构面的剪胀特性也随法向应力增高而减弱。这一结果说明，在深部开采或高应力集中区，边界应力对能量释放速度的影响比结构面的影响显得更为重要；同时，剪胀也可能引起很高的地应力。另外，有效地限制结构面的剪胀，对提高岩体抗剪强度是极为有利的，对于这一点，在莫尔强度准则中已得到充分证实，因此在围岩加固(锚杆、锚索)和支护(提高和保持支架初撑力)等工程实际中得到了

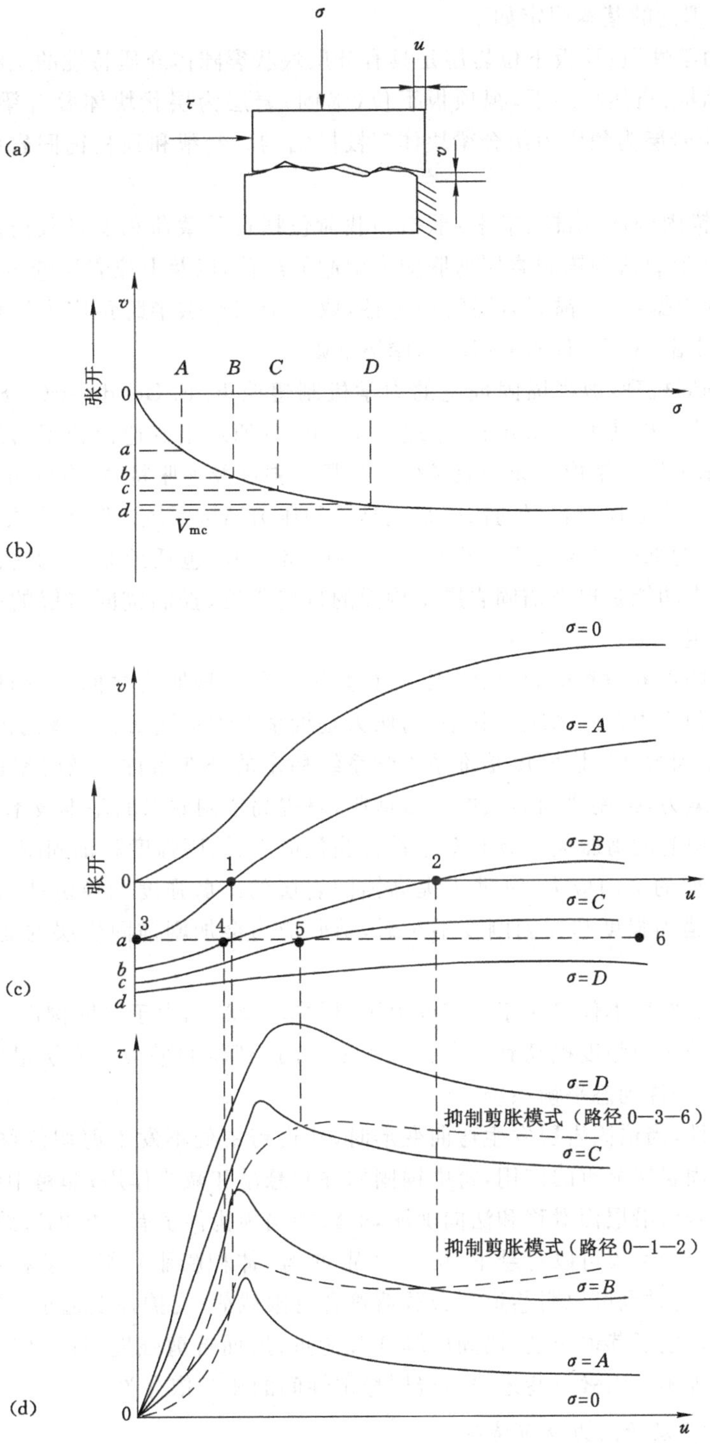

图 1-13　粗糙结构面等位移剪切试验结果(据 R. E. Goodman,1989)

普遍重视。

剪胀锚固理论的基本假定如下。

① 物理力学性质：顶板下位岩层是具有分层块状裂隙体介质特性的工程地质体。

② 工程结构：自然状态下，视顶板下位（锚固）岩层为层状块体叠合梁结构；锚固状态下，视顶板下位岩层为预应力组合梁块体三铰拱结构。巷帮和顶板锚固岩层结构属有约束剪胀系统。

③ 载荷：锚固构件（锚杆、锚索）承担的载荷包括自重载荷和变形载荷。自重载荷为锚固岩层荷重；变形载荷为锚固岩层剪胀应力引起的载荷，以及上位岩层的传递载荷。

④ 稳定性判据：顶板锚固岩层的稳定性，取决于三铰拱半跨预应力组合梁块体的压剪强度；稳定性判据遵循 N. Barton(1973)摩擦准则。

⑤ 剪胀锚固机理：剪胀锚固理论的力学机制遵循 R. E. Goodman(1989)试验原理，如图 1-13 所示，并简称其为 Goodman 原理。Goodman 原理很好地诠释了岩层结构面的压剪强度特征，揭示了岩石结构面无约束条件下的压剪强度及剪胀特性、有约束条件下的压剪强度及剪胀特性。巷道顶板岩层的锚固系统是一种压剪结构系统。除了岩层的物理力学性质以外，锚固岩层的承载力取决于锚杆（索）提供的挤压力（包括预紧力、剪胀力、锚固力等）。锚固系统的基本功能是提高锚固岩层结构面的抗剪强度、控制锚固岩层的有限变形和维系巷道围岩的稳定。

锚固构件的预紧力和锚固力、锚固层重力、锚固层的剪胀力之间，互相形成一种作用力与反作用力的预应力锚固系统。其中，剪胀力是维系力学系统动态平衡的内在条件，锚固构件的预紧力、锚固力和锚固刚度是维系力学系统稳定的外在条件。及时锚固和保证锚固构件有足够的预紧力，抑制锚固岩层的过量剪胀，是提高锚固效果的基本技术要求。

岩层错动引起的剪胀应力具有双重性。当预应力、锚固强度和锚固刚度足够大时，剪胀应力会增加层面的法向应力，有助于提高锚固岩层的压剪强度和稳定性，其具有自锁固作用；当预应力、锚固强度和锚固刚度不足时，剪胀应力会加剧锚固岩层的变形，甚至导致其失稳。

锚固构件的作用不仅仅在于改善巷道围岩的应力状态，由于锚固构件的作用，剪胀应力还会使结构面的压剪强度提高到一个相应水平，并达到新的平衡。岩层锚固属有约束剪胀系统，同时也是一种动态平衡系统。

由于对称性，当锚固岩层发生弯曲变形时，巷道跨中处不发生剪切位移和剪胀，跨中锚固构件只受锚固岩层荷重的作用，跨中锚固构件起悬吊和减跨作用；非跨中锚固构件的预应力会抑制锚固岩层沿层面滑移和法向剪胀，非跨中锚固构件也有一定的减跨作用。

剪胀锚固理论不仅可以对悬吊、挤压加固、扩容（体积膨胀）、组合梁和减跨作用等力学原理作出解释，同时也可说明巷道顶板载荷符合有限载荷（支护强度远小于覆岩荷重）原则。剪胀锚固理论构建了巷道跨度、锚固层厚度及荷重、层面抗剪强度、锚固应力、剪胀应力、层面剪应力分布等相关因素与巷道锚固岩层稳定性间的相互依存关系。

3. 顶板岩层层面应力分布特征

巷道顶板岩层层面上应力分布规律，可借助圆形断面的解析解（将矩形断面的外接圆视为圆形断面）进行分析。如图 1-14 所示，在静水压力和圆形断面条件下，巷道围岩应力表达式为

$$\sigma_\theta = p\left(1+\frac{a^2}{r^2}\right) \tag{1-15a}$$

$$\sigma_r = p\left(1-\frac{a^2}{r^2}\right) \tag{1-15b}$$

层面上的法向与切向应力(双向受压条件下,单元体斜截面上的应力分量)为

$$\sigma = \frac{1}{2}(\sigma_r+\sigma_\theta)+\frac{1}{2}(\sigma_r-\sigma_\theta)\cos 2\theta$$

$$= p\left(1-\frac{a^2}{r^2}\cos 2\theta\right) \tag{1-16a}$$

$$\tau = -\frac{1}{2}(\sigma_r-\sigma_\theta)\sin 2\theta = p\frac{a^2}{r^2}\sin 2\theta \tag{1-16b}$$

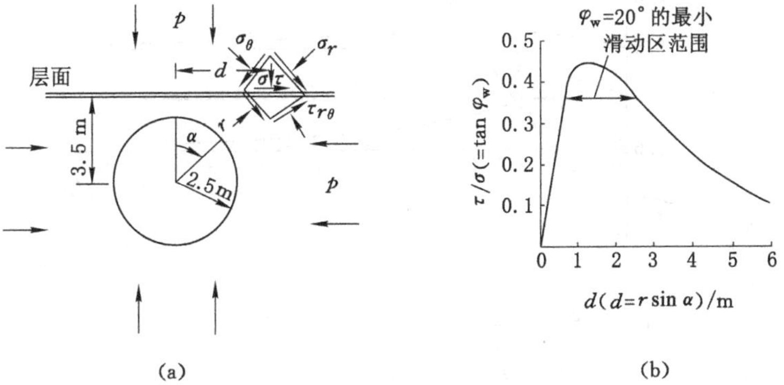

图 1-14 靠近圆形巷道的层面(与巷道不相交)上的剪应力与正应力之比

由式(1-16a)和式(1-16b),可得静水压力条件下顶板岩层层面上的切向应力 τ 和法向应力 σ 间的关系表达式

$$\tau/\sigma = \frac{\sin 2\alpha}{\frac{r^2}{a^2}-\cos 2\alpha} \tag{1-17a}$$

注意到

$$r = \frac{h}{\cos\alpha}$$

有

$$\tau/\sigma = \frac{\sin 2\alpha}{\left(\frac{h}{a\cos\alpha}\right)^2-\cos 2\alpha} \tag{1-17b}$$

式中 h——巷道中心到层面的距离。

由式(1-17b)求得岩层层面上 τ/σ 的分布曲线,如图 1-14(b)所示。τ/σ 的峰值对应 $\varphi_w=24°$ 的摩擦角。如果层面有效摩擦角 $\varphi_w>24°$,则层面不会发生滑动,弹性应力仍然可以维持。

另外,式(1-17)也是内聚力为零的 Coulomb 准则表达式,即

$$\tau/\sigma = \tan\varphi_w \tag{1-18}$$

式中　φ_w——岩层层面有效摩擦角；

$\tan\varphi_w$——岩层层面有效摩擦系数。

式(1-17b)表明，当岩层沿层面产生剪切滑移(或层面处于极限平衡状态)时，层面上剪应力 τ 的分布与岩层层面距巷道中心的距离 h、巷道半径 a、转角 α 和法向应力 σ 有关。当 $\alpha=0°$ 或 $\sigma=0$ 时，顶板岩层层面上的剪应力 $\tau=0$。

由式(1-17b)可求得静水压力应力场极限平衡条件下，不同高度顶板岩层层面上剪应力与正应力比值 τ/σ 的峰值位置(A、B、C、D、E)及其随距离 d 的分布状况，如图 1-15 所示。

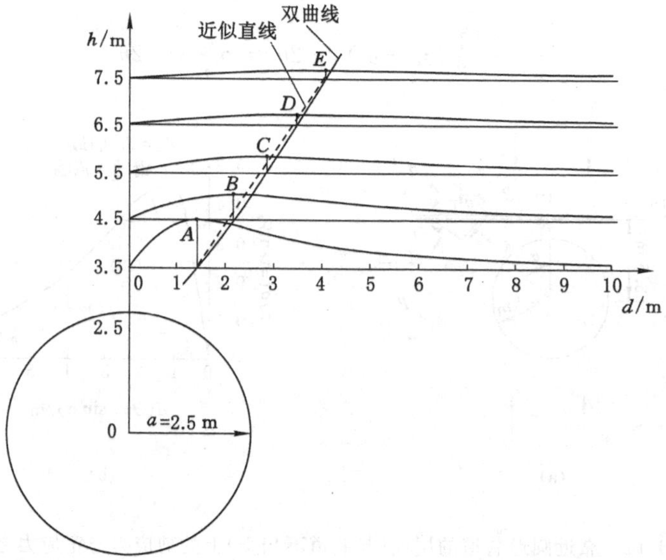

点 A—$h=3.5$ m，$d=1.414$ m，$\tau/\sigma=0.445$，arctan 0.445=24°；

点 B—$h=4.5$ m，$d=2.160$ m，$\tau/\sigma=0.232$，arctan 0.232=13.06°；

点 C—$h=5.5$ m，$d=2.828$ m，$\tau/\sigma=0.147$，arctan 0.147=8.363°；

点 D—$h=6.5$ m，$d=3.646$ m，$\tau/\sigma=0.102$，arctan 0.102=5.824°；

点 E—$h=7.5$ m，$d=4.082$ m，$\tau/\sigma=0.075$，arctan 0.075=4.289°。

图 1-15　静水压力应力场极限平衡条件下，巷道顶板岩层层面上剪应力与正应力比值 τ/σ 的分布状态
(据贾喜荣等，2010)

图 1-15 中的计算分析结果表明，随着顶板岩层层位高度 h 的增加以及同一层位的水平距离 d 的增加，层面极限平衡所需的有效摩擦角 φ_w 都在减小；在不同高度的顶板岩层层面上，剪应力与正应力比值 τ/σ(或极限平衡所需的有效摩擦角 φ_w)的峰值位置随高度增加而向外偏移，峰值点的连线近似呈斜直线。在每个层面上，同样存在剪切滑移区、弹性应力区和极限平衡点。

如图 1-15 所示，分析结果还表明，岩层层面剪切滑移区的影响半径等同于弹性应力条件下巷道的二次应力影响半径，即影响半径是巷道半径的 3～5 倍。

在顶板岩层锚固机理方面，由于自重的影响，顶板岩层的锚固力会随锚固岩层层位的增高而相应递减。这与极限平衡状态下的有效摩擦角 φ_w 随高度增加而减小的变化规律相一致，二者在顶板岩层锚固系统中呈现一种协调一致的趋势。

在锚杆、锚索布置方面，为了获得最佳锚固效果，锚杆、锚索应布置到锚固岩层的高剪应力（或剪切滑移）区。在矩形巷道情况下，靠近两帮的顶锚杆、顶锚索应呈倾斜布置，使锚杆、锚索尽可能穿过剪应力与正应力比值 τ/σ 的峰值点附近，如图 1-15 所示。考虑锚固层有效厚度、锚固效果和施工方便等因素，靠近巷道两帮的顶锚杆、顶锚索与水平面间的夹角通常取 70°较为适宜。

图 1-15 分析结果说明，在矩形巷道情况下，以巷道铅垂中心线为界（考虑对称性），铅直方向上的同一排顶锚杆、顶锚索，由于布置位置的差异，每根锚杆、锚索的受力会完全不同，在相同层面位置上各自承受的剪力也会大不相同。因此，巷道单侧所有铅直顶锚杆、顶锚索，无论是承受剪力的大小，还是承受最大剪力的部位，都各不相同，即每根锚杆、锚索的受力状况不仅取决于围岩应力状态，而且与其安装部位密切相关。

控制锚固岩层沿层面滑移是巷道锚固设计中的一个普遍性难题。以上分析结果表明，岩层滑移区域显然与巷道围岩应力场、巷道几何尺寸、锚固岩层组成结构及岩层层面力学参数等相关。

4. 三铰拱剪胀锚固平衡力学系统与锚固强度

通常情况下，当岩层分层厚度较大时，顶板岩层会形成两端固支梁结构，在极限跨距情况下，顶板岩层会在巷道两帮支承区域产生剪切滑移，并可能伴生与层面近乎垂直的节理、裂隙，如图 1-16(a)所示。当顶板岩层分层厚度较小时，滑移区可能涵盖巷道全跨度范围内的顶板下位岩层。顶板下位岩层会沿其层面产生向巷道跨度中心线方向的剪切滑移，层与层之间有发生离层的趋势。这意味着下部岩层不再与上部岩层共同承担载荷。如图 1-16(b)所示，在发生离层之前，顶板岩层处于厚层状结构状态，其荷重由范围较广的岩层共同承担；而相邻岩层一旦出现相互脱离的现象，离层区域内的顶板岩层势必独立承担自身的荷重。在结构上，顶板岩层从类似于厚层状组合梁转化为薄层状叠合梁，其承载力会大幅下降。对于离层后的薄层状顶板岩层，重力载荷会引起个别分层挠曲下沉加剧，极有可能导致顶板岩层失稳。

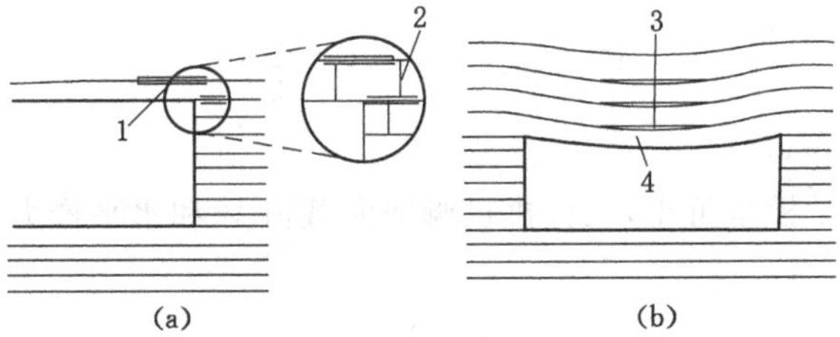

1—支承区顶板岩层的剪切滑移；2—岩层滑移产生的张性裂隙；

3—顶板岩层的离层；4—离层后的顶板岩层。

图 1-16　岩层滑动与离层对巷道稳定性的影响

对于煤层矩形巷道，当顶板为厚层状岩层时，顶板下位岩层的工作状态可视为均布载荷作用下的两端固支岩梁。如果巷道跨度达到了顶板岩层的极限跨距，在弯曲应力的作用下，顶板岩层会在其两支承边界（煤帮）上的最大弯矩处发生张性断裂，并由固支梁结构过渡为简支梁结构；随后在更大弯曲应力的作用下，顶板岩层会在巷道跨中发生张性断裂，并形成如图 1-17 所示的三铰拱平衡结构。

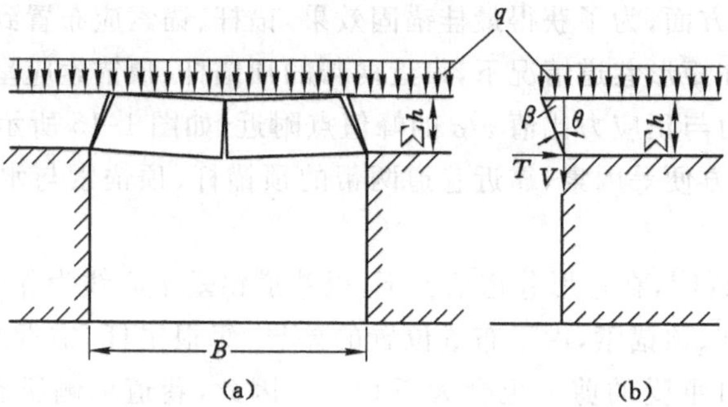

图 1-17　厚层状顶板岩层断裂后形成的三铰拱平衡结构

三铰拱在拱脚处的平衡条件是破断面上的摩擦阻力不小于总的下滑力。取岩层破断面间的摩擦角为 φ，可得平衡条件

$$(T\cos\theta - V\sin\theta)\tan\varphi \geqslant V\cos\theta + T\sin\theta \tag{1-19}$$

式中　T——三铰拱水平推力，kN/m；

V——拱脚竖向载荷，kN/m；

θ——岩层破断面与层面法向间夹角，(°)；

φ——岩层破断面间摩擦角，(°)。

或

$$T(\cos\theta\sin\varphi - \sin\theta\cos\varphi) \geqslant V(\cos\theta\cos\varphi + \sin\theta\sin\varphi) \tag{1-20}$$

利用三角公式

$$\sin(\alpha-\beta) = \sin\alpha\cos\beta - \cos\alpha\sin\beta$$
$$\cos(\alpha-\beta) = \cos\alpha\cos\beta + \sin\alpha\sin\beta$$

得

$$V \leqslant T\tan(\varphi - \theta) \tag{1-21}$$

或

$$V \leqslant T\tan\left(\varphi + \beta - \frac{\pi}{2}\right) \tag{1-22}$$

式中　β——岩层破断角，(°)。

由图 1-17 所示力学模型可得，三铰拱拱脚竖向载荷 V 和水平推力 T（不计顶板下沉量）分别为

$$V = \frac{1}{2}qB \tag{1-23}$$

$$T = \frac{qB^2}{8\sum h} \tag{1-24}$$

式中　q——三铰拱均布载荷，kN/m^2；

B——巷道跨度，m；

$\sum h$——拱高（取为岩层厚度），m。

最为普遍的情况是，巷道顶板下位岩层由薄层状多分层不同岩性的岩层组成，各分层形成叠合梁结构，其极限跨距远小于巷道跨度。在弯曲应力的作用下，顶板复合岩层会出现如

图 1-16(b)所示的弯曲下沉和离层的失稳状况，此时已无法形成图 1-17 所示的三铰拱稳定结构，工程中须对顶板岩层进行支护和加固。

对于分层厚度较小的锚固岩层，其工作状态可视为均布载荷作用下的两端固支的组合梁结构。在弯曲应力的作用下，组合梁发生弯曲下沉，并会在两端和跨中的最大弯矩处产生张性断裂。此外，由于组合梁岩层层面的剪切滑移受到锚固系统的抑制，断裂岩层形成两大块体，并构成较稳定的三铰拱锚固结构，如图 1-18 所示。

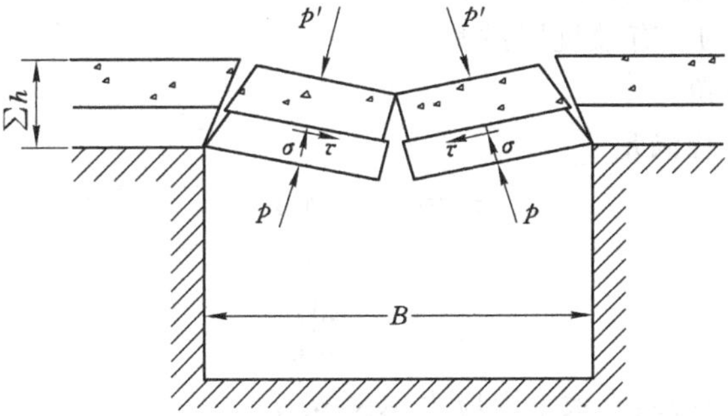

图 1-18　巷道顶板岩层三铰拱剪胀平衡力学模型(据贾喜荣，2008)

下面以单一层面岩层断裂块体的锚固结构为力学模型，如图 1-18 所示，来确定顶板岩层的锚固强度。

假设由于锚固构件的制约，断裂块体层面间不发生剪切滑移，断裂块体会形成类似于图 1-18 所示的三铰拱平衡结构。此时三铰拱的水平推力 T(不计顶板下沉量)由式(1-24)确定。

如图 1-18 所示，在水平推力的作用下，半拱块体层面上会产生较大的剪应力 τ。由于岩层层面上自身的法向应力 σ 有限，其抗剪强度不足以平衡层面上的剪应力，结果势必引起半拱块体沿其层面发生剪切错动，导致三铰拱结构失铰而滑落失稳。

为增加岩层层面的抗剪强度，以提高顶板岩层的稳定性，对顶板岩层进行预应力锚固是一种有效的工程技术措施。

如图 1-18 所示，作用力 p 为预应力锚杆(索)的锚固力；p' 为锚杆(索)对岩层层面施加的有效法向锚固力，即剪切滑移面上的法向锚固力。如果锚杆(索)能够为三铰拱层状块体提供足够的有效法向锚固力(p' 足够大)，增强顶板岩层的抗剪强度，抑制岩层沿层面发生剪切滑移，则可使得三铰拱结构处于类似于图 1-17 所示的平衡状态，从而达到维护巷道顶板岩层稳定的技术要求。此时，半拱层状块体在力学机制上构成一种预应力锚固系统。

根据图 1-18 所示的巷道顶板岩层三铰拱剪胀平衡力学模型，可以确定巷道顶板岩层锚固强度的表达式。

取顶板岩层锚固厚度为 $\sum h$，巷道设计宽度为 B，顶板锚固岩层平均重度为 γ，可求得半拱块体层面上承受的剪力

$$T = \frac{qB^2}{8\sum h} = \frac{\gamma B^2}{8} \tag{1-25}$$

半拱块体层面上承受的平均剪应力 τ_a 为

$$\tau_a = 0.25\gamma B \tag{1-26}$$

假设顶板锚固岩层的平衡条件符合 N. Barton(1973)摩擦准则

$$\tau/\sigma = \tan\left[\mathrm{JRClg}\left(\frac{\mathrm{JCS}}{\sigma}\right)+\varphi_b\right]$$

式中 τ——最大剪应力；

σ——正应力；

JRC——岩层结构面粗糙度系数；

JCS——岩层结构面有效抗压强度；

φ_b——基础摩擦角。

半拱块体的平衡方程满足

$$\tau_a = [\sigma]\tan\Phi$$

或

$$[\sigma] = \frac{0.25\gamma B}{\tan\Phi} \tag{1-27}$$

式中 $[\sigma]$——层面上的法向有效锚固应力，kN/m^2；

Φ——层面剪胀摩擦角，(°)，$\Phi=\mathrm{JRClg}\left(\frac{\mathrm{JCS}}{\sigma}\right)+\varphi_b$。

巷道顶板岩层锚固强度应是有效锚固应力与锚固岩层自重应力的叠加，即

$$p = [\sigma] + \gamma\frac{\sum h}{2} \tag{1-28}$$

式中 p——巷道顶板岩层锚固强度，kN/m^2。

式(1-28)为巷道顶板岩层锚固强度设计计算公式，其以 N. Barton 摩擦准则作为稳定性判据。

锚固岩层的重力是指锚固岩层的自重载荷；预紧力是指锚杆(索)对顶板岩层施加的初始主动作用力；锚固力是岩层发生剪胀以及剪切滑移时，锚杆(索)所承受的一种被动的变形载荷；有效锚固力是指锚杆(索)为剪切滑移面提供的一种法向的反作用力。重力、预紧力、锚固力和有效锚固力构成顶板岩层锚固的基本力学系统。

值得注意的是，自重应力 γH 为常量；有效锚固应力$[\sigma]$是变量，其量值随预应力、岩层剪切位移和剪胀量(锚固系统刚度)的不同而变化(图 1-18)；锚固应力 p 是指锚杆(索)为顶板岩层在单位面积上提供的锚固强度，由自重应力和有效锚固应力构成。

5. *顶板岩层单结构预应力锚固系统和双结构预应力锚固系统*

如前所述，将顶板的锚固岩层称为下位岩层，将顶板的非锚固岩层称为上位岩层。对于全锚杆(或全锚索)锚固方式，锚固岩层受锚杆(或锚索)的单独作用，并形成独立的锚固结构，故称之为单结构预应力锚固系统。如图 1-18 所示，取三铰拱拱高为 $\sum h$，三铰拱半跨块体的剪切滑移面(最大剪应力面)位于 $\sum h/2$ 截面，单结构预应力锚固系统的锚固强度可以根据式(1-28)计算。

当全锚杆预应力锚固系统不足以承担下位岩层自重载荷和其他外部载荷，或者全锚索预应力锚固系统不够经济合理时，通常采用锚杆＋锚索的组合锚固方案。

对于锚杆＋锚索组合作用的下位岩层，锚固结构由锚杆和锚索两种单结构锚固系统叠

加而成，锚固岩层受锚杆和锚索的组合作用，故称该锚固系统为双结构预应力锚固系统。在此情况下，取锚索的锚固高度(三铰拱拱高)为$\sum h$，可由式(1-28)计算锚索的锚固强度。此时，对于锚杆锚固岩层，取锚杆的锚固高度(三铰拱拱高)为$\sum h/2$，仍然由式(1-28)计算锚杆的锚固强度，且用$\sum h/2$替换式(1-28)中的$\sum h$。

在双结构预应力锚固系统中，锚索的主要作用是在平衡锚固岩层荷重的同时，为锚固岩层层面提供足够的法向挤压力，以提高锚固岩层结构面的摩擦阻力，抑制锚固岩层沿层面发生剪切滑移；锚杆的作用是尽可能维系自身锚固结构的完整与稳定，并能够为锚索提供必要的反作用结构体系，以保障锚杆、锚索双结构预应力锚固系统的总体稳定。

6. 煤层巷道顶板岩层层状块体锚固结构模拟试验

为研究煤层巷道顶板岩层剪胀锚固力学机制，我们进行过3台物理模型模拟试验。试验中，视巷道顶板锚固岩层为层状块体锚固结构。模型几何相似比为1∶4。未锚固情况下，巷道顶板岩层的下沉、离层和自然垮落的状态如图1-19所示。巷道宽度为1 000 mm。

图1-19 未锚固情况下，巷道层状块体结构顶板岩层的下沉、离层和自然垮落状态

在1 000 mm跨度的巷道内，预先安装2根预应力锚杆，锚固层厚度为500 mm。巷道顶板岩层的下沉、离层和自然垮落状态如图1-20所示，此时，锚固岩层处于稳定状态。

图1-20 层状块体预应力锚固结构处于稳定状态

在图 1-20 情况下，对预应力锚杆螺纹端的螺帽进行适量的松动，使锚固岩层与锚杆间发生一定的滑动，由此来模拟锚杆预紧力不足对顶板岩层锚固效果的影响。当锚杆预紧力不足时，巷道顶板岩层的下沉、离层和自然垮落状态如图 1-21 所示。

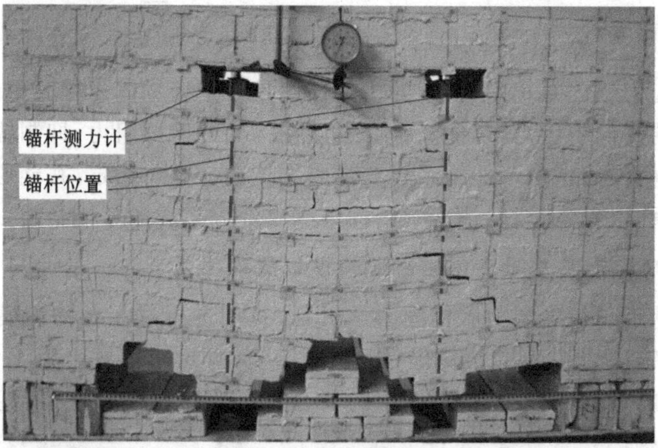

图 1-21　锚杆预紧力不足的情况下，巷道层状块体结构顶板岩层的下沉、离层和自然垮落状态

模拟试验的观测分析结果表明，在层状块体预应力锚固结构发生下沉和离层的同时，块体间伴随有明显的剪切滑移；层状块体间发生下沉和离层的量值，会随剪切滑移量的增加而增大。从模型试验的观测结果中发现，岩层的剪切错动会使得预应力锚杆的受力比较复杂，其在不同时期、不同部位表现为不同的受力状态，并非简单的单轴拉伸状态。

第四节　锚　　杆

一、锚杆的类别与锚固剂

1. 锚杆的类别

目前，国内外使用的锚杆种类已有数百种之多，但在工程中常用的锚杆种类还是有限的。根据其锚固的长度划分为端头锚固锚杆和全长锚固锚杆；按其锚固方式可分为机械锚固锚杆、黏结锚固锚杆、摩擦式锚固锚杆等；还可按其材质不同分为钢筋、玻璃纤维、木、竹锚杆等。由此，大致可归纳成锚杆分类图，如图 1-22 所示。

(1) 金属锚杆

图 1-23 为圆钢锚杆结构示意图。该锚杆由杆体、挡圈、锚头、丝扣、托板和螺母构件组成。该类锚杆属端头锚固锚杆。端头锚固采用树脂锚固剂。

图 1-24 为螺纹钢锚杆结构示意图。该锚杆由杆体、托板、穹形球座、螺母和树脂锚固剂等组成。螺纹钢锚杆可用于端头锚固，也可用于全长锚固。图 1-25 为螺纹钢锚杆组件。

金属杆体锚杆的技术参数指标如表 1-1 所列。

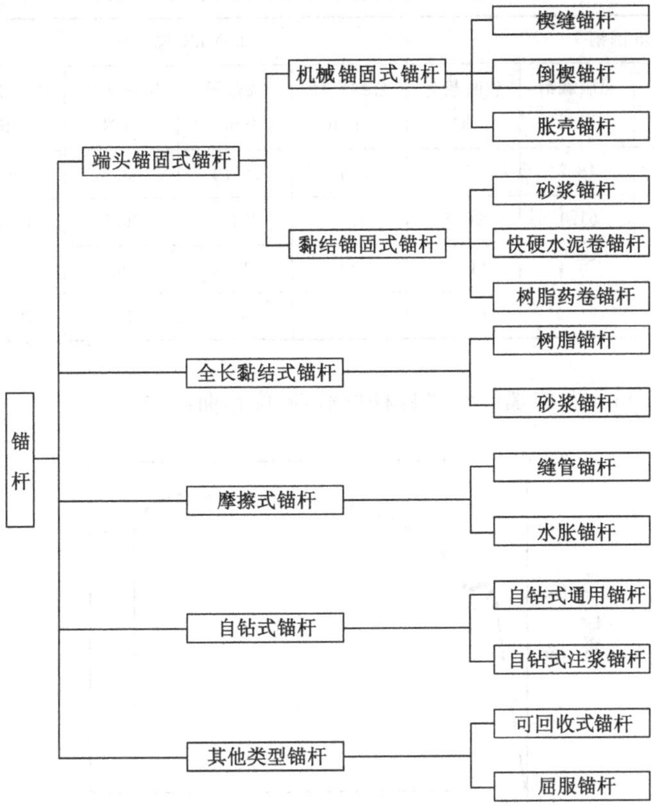

图 1-22　锚杆分类图

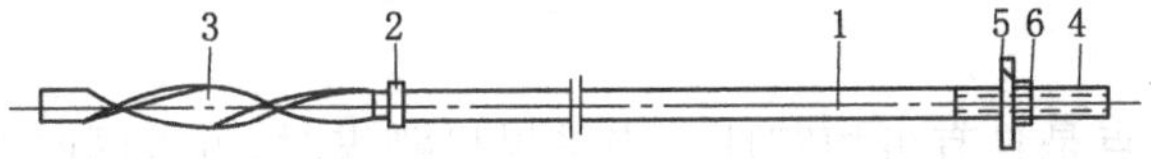

1—杆体；2—挡圈；3—锚头；4—丝扣；5—托板；6—螺母。

图 1-23　圆钢锚杆结构示意图

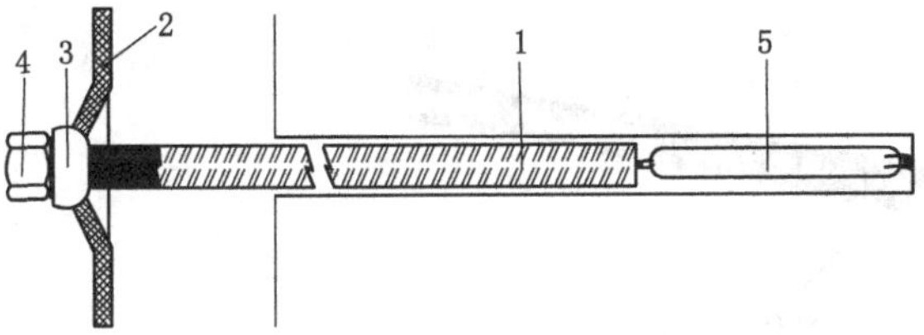

1—杆体；2—托板；3—穹形球座；4—螺母；5—树脂锚固剂。

图 1-24　螺纹钢锚杆结构示意图

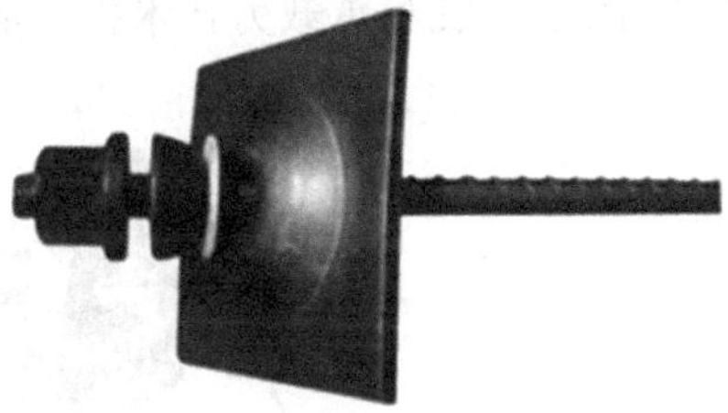

图 1-25　螺纹钢锚杆组件

表 1-1　圆钢和螺纹钢锚杆截面积及杆体承载力

Q235 圆钢				20MnSi 螺纹钢				锚杆孔径/mm
杆体直径/mm	截面积/mm^2	屈服载荷/kN	破断载荷/kN	公称直径/mm	截面积/mm^2	屈服载荷/kN	破断载荷/kN	
16	201.1	48.2	76.4	16	201.1	68.4	106.5	26
18	254.5	61.1	96.7	18	254.5	86.5	130.7	28
20	314.2	75.4	119.4	20	314.2	106.8	174.3	31
22	380.1	91.2	144.4	22	380.1	129.2	209.4	33

图 1-26 为 ϕ22 mm 左旋螺纹钢锚杆杆体载荷-位移曲线。

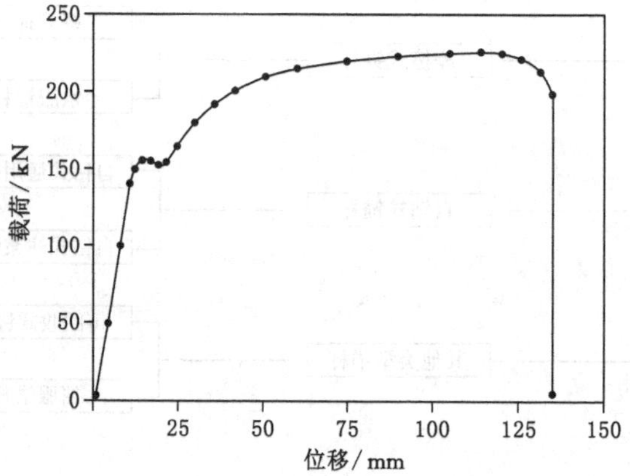

图 1-26　ϕ22 mm 左旋螺纹钢锚杆杆体载荷-位移曲线

(2) 玻璃钢锚杆

玻璃钢锚杆的优点是具有可切割性。当采煤机割煤时，可以同时对锚杆进行切割，且不产生火花，不需要对锚杆进行专门处理。玻璃钢锚杆的缺点是强度较低，通常要求玻璃钢锚杆的抗拉强度不小于 300 MPa，抗剪强度不小于 75 MPa，扭矩不小于 40 N·m，杆体直径为 16～24 mm。玻璃钢锚杆由杆体、托板和螺帽组成，如图 1-27 所示。玻璃钢锚杆锚固力、尾部螺纹承载力、托板承载力技术指标如表 1-2 所列。

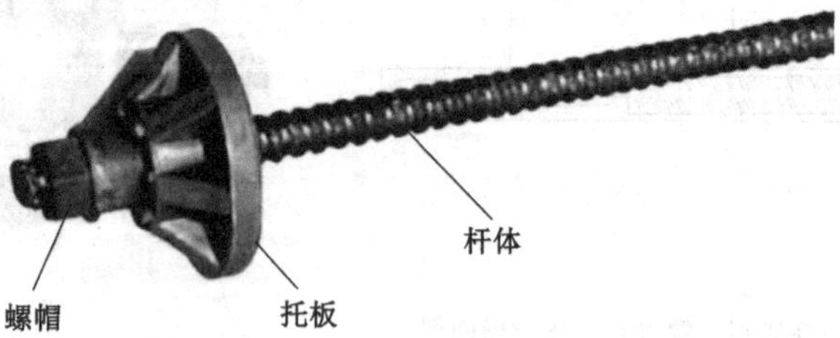

图 1-27　玻璃钢锚杆组件

表 1-2 玻璃钢锚杆锚固力、尾部螺纹承载力、托板承载力

杆体公称直径/mm	16	18	20	22	24
锚杆锚固力/kN	50	60	70	80	90
杆体尾部螺纹承载力/kN	50	60	70	80	90
锚杆托板承载力/kN	50	60	70	80	90

(3) 钻锚注锚杆

钻锚注锚杆集钻孔、注浆和锚固功能于一体，如图 1-28 所示。在井下施工中，第一步，锚杆作为钻杆，杆体头部装配钻头，尾部用连接器与钻机连接；第二步，锚杆用作注浆管，钻机连接套管由注浆连接套管代替，树脂、水泥浆通过杆体送入钻孔，实施全长或加长锚固。钻锚注锚杆规格与力学性能参数如表 1-3 所示。

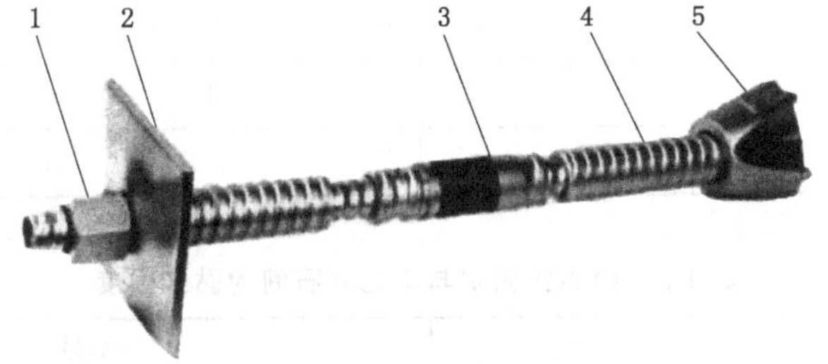

1—螺母；2—托板；3—连接套管；4—杆体；5—钻头。

图 1-28 钻锚注锚杆结构

表 1-3 钻锚注锚杆规格与力学性能参数

序号	锚杆型号（外径/内径）/mm	拉断载荷/kN	延伸率
1	25/13	150	经试验平台上做拉伸试验，其延伸率为 10%～15%
2	25/15	120	
3	29/17	180	
4	29/15	200	
5	29/13	240	
6	30/16	220	
7	32/20	260	
8	32/15	320	
9	40/20	400	
10	40/18	450	

2. 树脂锚固剂

为满足端头锚固、加长锚固和全长锚固等不同锚固方式的要求，树脂锚固剂应具有不同的凝胶时间；为了保证锚固强度和安装操作方便，树脂锚固剂应具有很好的物理性能。树脂锚固剂的主要技术性能指标如表 1-4 所列。树脂锚固剂与常见岩石间的黏结强度如表 1-5 所列。

表 1-4　树脂锚固剂的主要技术性能指标

参　数	数　值		
抗压强度/MPa	≥60(24 h)		
抗拉强度/MPa	11.5		
剪切强度/MPa	≥35		
收缩率/%	0.6		
密度/(g/cm³)	1.8～2.2		
黏结强度/MPa	混凝土>7,螺纹钢>16		
锚固剂种类	凝胶时间/min	搅拌时间/s	颜色标志
CK 超快速	0.5～1.0	10～15	黄
K 快速	1.0～2.5	15～20	红
Z 中速	3～6	25～30	蓝
M 慢速	15～30	30	白

表 1-5　树脂锚固剂与常见岩石间的黏结强度

岩石	黏结强度/MPa
砂岩	5～8
页岩	3.5～5.5
煤	1～2

树脂锚固剂直径有 23 mm 和 28 mm 两种。一般要求树脂锚固剂直径比钻孔直径小 4～6 mm。这两种树脂锚固剂所匹配的钻孔直径应分别为 29 mm 和 33 mm。

树脂锚固剂的长度一般分为 350 mm,500 mm,600 mm,700 mm 和 800 mm 五种。

确定锚固剂长度主要考虑三个方面的因素:

① 根据锚杆设计,确定所需锚固剂的总长度,其表达式为

$$L_{药}=\left(\frac{R^2-R_{锚}^2}{R_{药}^2}\right)\times L_{锚} \tag{1-29}$$

式中　$L_{药}$——树脂药卷(锚固剂)总长度,m;

$L_{锚}$——设计锚固长度,m;

R——钻孔半径,mm;

$R_{锚}$——锚杆半径,mm;

$R_{药}$——树脂药卷半径,mm。

② 方便快速安装。一个钻孔中最好安装 1 卷锚固剂,一般不超过 2 卷。

③ 方便携带和运输。树脂锚固剂长度一般不宜超过 800 mm。

在全长或加长锚固时,为便于安装、提高安装速度和保证质量,需要在钻孔中装入两种凝胶速度的树脂锚固剂,孔底为超快速或快速锚固剂,其余为中速锚固剂。

二、锚杆的锚固方式

根据锚固机理，锚杆大致可分为三种基本类型：端部锚固预应力锚杆、全长锚固预应力锚杆和全长锚固非预应力锚杆。

在螺栓紧固的工程结构中，在外加力矩的作用下，螺栓与连接件之间产生沿螺栓轴线方向的预紧张力。通常把这种紧固螺栓的预紧张力称为螺栓预紧力。

在钢筋混凝土结构中，预应力是指钢筋(或钢绞线)预紧力为结构在服役前提供的压应力。工程中把拥有这种压应力的钢筋混凝土结构称为预应力钢筋混凝土结构。此外，把预应力钢筋混凝土中的预张拉钢筋称为预应力钢筋；把普通钢筋混凝土中的钢筋称为非预应力钢筋。它们的区别在于钢筋是否为混凝土结构提供了预应力。在力学机制上，钢筋(或钢绞线)预紧力对结构提供的压应力，可以用来平衡结构在服役期间产生的同等量值的拉应力，从而提高结构的承载力。在应力状态方面，结构的预应力(压应力)与结构受载后的拉应力相平行。

锚杆预紧力——指锚杆对锚固岩层施加的初始紧固力。锚杆预紧力的大小，与螺母的外加力矩、螺栓与螺母之间的摩擦力、螺母与托板之间的摩擦力等因素有关。与此同时，锚固力的大小与锚固剂与钻孔孔壁间黏结力的大小、锚固剂与锚杆杆体间黏结力的大小以及围岩力学性质和施工工艺等因素相关。

预应力锚杆——把能够对锚固结构产生预应力的锚杆，称为预应力锚杆。事实上，预应力锚杆就是指预紧力锚杆；之所以称之为预应力而不是预紧力，意在强调锚杆的作用效果，即锚杆对锚固结构(围岩)应力状态的改善，而不是描述锚杆的受力状态。

非预应力锚杆——把对锚固结构不施加预应力的锚杆，称为非预应力锚杆。

类似于预应力钢筋混凝土结构，锚杆支护的巷道围岩是一种预应力锚固结构。锚杆预紧力对围岩产生的法向预应力，可以改善围岩的应力状态，从而提高巷道围岩的稳定性。在应力状态方面，锚杆预紧力对围岩产生的法向预应力(压应力)与围岩(板、梁结构)的拉应力，或(拱结构)压应力相垂直。

锚杆支护的工程设计和施工工艺须符合相关技术规范，如《煤巷锚杆支护技术规范》《煤矿井巷工程质量验收规范》等。

1. *端部锚固预应力锚杆*

图 1-29 所示为由螺纹钢杆体、树脂锚固剂及有关组件构成的端部锚固预应力锚杆的锚固机构。由于螺纹钢杆体和树脂锚固剂的力学性能指标能够很好地满足工程要求，该类锚杆在生产中得到了广泛应用。

端部锚固是指树脂锚固剂将杆体顶端段和钻孔壁黏结为一体，并形成端部锚固结构，顶端的锚固长度通常为 0.6～0.9 m。锚杆的尾端加工有螺纹，当树脂锚固剂达到设计黏结强度(或凝胶时间)后，通过紧固尾端张力螺母对锚杆施加预紧力。根据不同情况，通常锚杆的预紧力可达 25～70 kN。

端部锚固预应力锚杆的作用原理，等同于某种超长的紧固螺栓对巷道围岩施加预应力，从而改善围岩的应力状态，实现对巷道围岩的加固，提高围岩的稳定性。显然，施加预紧力是锚杆为巷道围岩提供预应力的唯一途径。理论分析和工程实践都已证明，对锚杆施加足够的预紧力是保障巷道围岩锚固效果的关键技术环节。此外，对锚杆施加高预紧力后，在锚

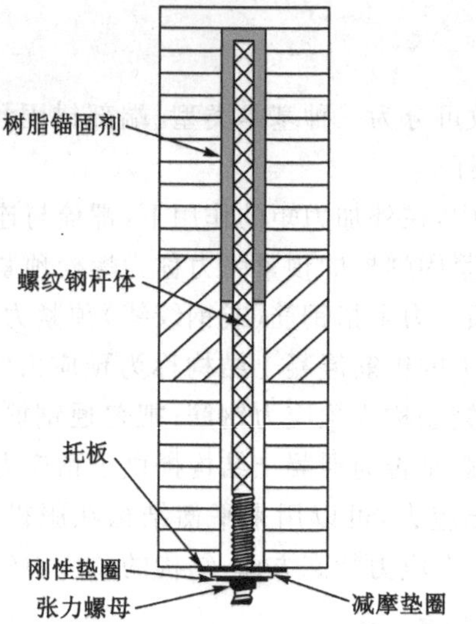

图 1-29　端部锚固预应力锚杆的锚固机构

固段周围会形成一个拉应力区，这可能会导致在锚杆锚固段前方形成离层区。

2. 全长锚固预应力锚杆

全长锚固预应力锚杆与端部锚固预应力锚杆的区别，仅在于锚固剂是否充满锚杆钻孔。由螺纹钢杆体、树脂锚固剂及有关组件构成的全长锚固预应力锚杆的锚固机构如图 1-30 所示。为满足施工工艺要求，全长锚固预应力锚杆的锚固剂，通常选用速凝和缓凝两种不同凝胶时间的树脂药卷。锚杆孔的顶端为速凝（如 2～10 s）树脂药卷，下部为缓凝（如 50 s）树脂药卷。经搅拌后，速凝药卷快速凝结，并使锚杆顶端段具备初始锚固力。

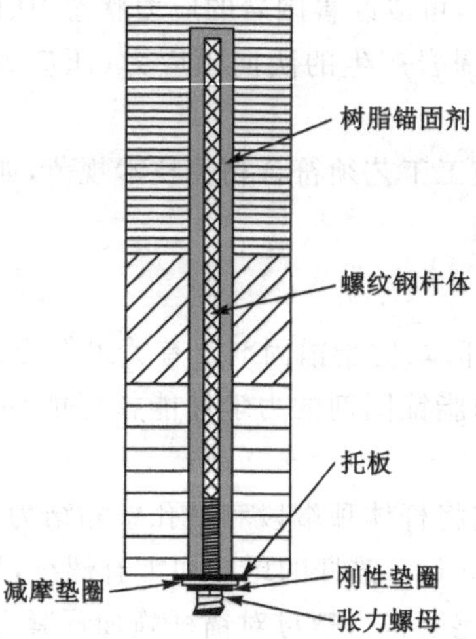

图 1-30　全长锚固预应力锚杆的锚固机构

在下部缓凝药卷未完全凝胶前，对张力螺母施加拧紧力矩，为锚杆提供预紧力。与此同时，锚杆对巷道围岩施加预应力。锚杆能够达到的最大预紧力，很大程度上取决于所采用的预紧装置及安装工艺。

全长锚固预应力锚杆是一种适应性很强和锚固效果很好的锚固构件，在工程中已得到高度重视和普遍应用。类似于预应力混凝土结构，全长锚固预应力锚杆加固的力学效应是使巷道围岩最终形成预应力锚固结构，巷道围岩的承载能力和稳定性得以改善。同样，施工中保障此类锚杆具有足够的预紧力仍然是一个重要的技术环节，须得到高度重视。

3. 全长锚固非预应力锚杆

全长锚固非预应力锚杆与全长锚固预应力锚杆的区别，仅在于锚杆安装后是否施加预紧力。由螺纹钢杆体、树脂锚固剂及托板构成的全长锚固非预应力锚杆的锚固机构如图 1-31 所示。

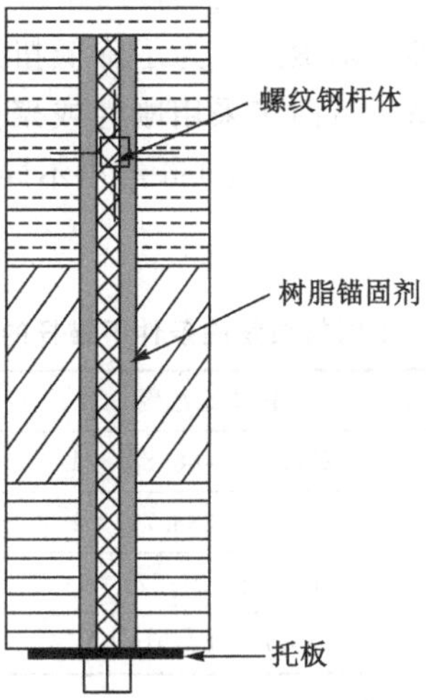

图 1-31　全长锚固非预应力锚杆的锚固机构

全长锚固非预应力锚杆是一种被动式锚固机构，锚杆的受力取决于巷道围岩的变形程度。安装锚杆时，最重要的是尽可能完全搅碎树脂药卷的外膜，以保证锚固剂、杆体和孔壁间的有效黏结强度。如果药卷外膜不能被充分搅碎，其隔离作用会使得锚杆的锚固效果大打折扣，甚至完全失效。在某些全长锚固非预应力锚杆锚固的巷道顶板垮落案例中，可以直接观测到这种被锚固剂包裹的杆体与钻孔岩壁完全脱离的现象，其主要原因是药卷外膜的阻隔效应。为了充分搅碎药卷外膜，甚至在杆体表面设计有不同类型和不同组合的螺纹，杆体旋转时帮助搅碎药卷外膜，以降低或消除外膜的阻隔效应。

与预应力锚杆相比，全长锚固非预应力锚杆更具有普通钢筋混凝土结构的力学特征，其对巷道围岩形成的锚固结构为一种非预应力锚固结构。

三、锚杆的工程特性

1. 锚杆的拉扭比

锚杆的拉扭比是指锚杆的预紧(拉)力与所施加的预紧扭矩的比值，用其表示单位扭矩(1 N·m)产生的预紧(拉)力。例如，锚杆拉扭比为 100∶1，表示 1 N·m 扭矩可以使锚杆产生 100 N 的预紧(拉)力(下同)。

对于预应力锚杆，预紧力是一个重要的参数。预紧力的设计须保证锚固岩层不发生离层，并形成某种承载结构，以保障巷道围岩的稳定。

预应力锚杆的预紧力是通过对锚杆尾部螺母施加扭矩产生的。因此，为了控制锚杆预紧力的量值，必须确定锚杆预紧(拉)力与扭矩间的关系。

在机械工程中，扭矩的分配比例通常遵循50%、40%和10%的原则，即螺帽下的摩擦力损耗总扭矩的50%，内螺纹和外螺纹间的摩擦力损耗总扭矩的40%，给工程结构提供的紧固力只占总扭矩的10%。如果有油或者有杂质，紧固力会变大或者变小。

锚杆安装中，锚杆钻机施加的推力对拉扭比有直接影响，即拉扭比随推力的减小而增加。除了对锚杆钻机的扭矩和推力控制外，锚杆、锚固件、托板等组件，即内外螺纹间、螺帽与托板间的摩擦力损失，也在很大程度上影响锚杆的拉扭比。拉扭比对螺纹状态、螺纹光滑程度、镀层、涂层、锈蚀以及污垢等特别敏感。为了降低扭矩的损耗并得到均匀可靠的预紧力，需要在托板与螺帽之间加垫圈。目前多采用刚性或聚四氟乙烯垫圈减小摩擦力。常规的锚杆安装扭矩为203.3～406.7 N·m。表1-6给出不同材质垫圈条件下锚杆拉扭比的测试结果。

表1-6　不同材质垫圈条件下锚杆的拉扭比

垫圈类型	拉扭比范围	平均值
减摩垫圈和刚性垫圈	(252.61～488.82)∶1	370.72∶1
刚性垫圈①	(164.03～288.70)∶1	226.37∶1
刚性垫圈②	(65.61～124.67)∶1	95.14∶1
没有垫圈	(55.77～82.01)∶1	68.89∶1

注：① 硬度为40～45 RC；② 硬度为36 RC。

在国内也有类似的现场测试报告。测试中采用在螺母与球垫之间增加薄塑料垫圈的方式，以降低摩擦。实测统计结果如下①：

ϕ22 mm螺纹钢锚杆(杆尾滚丝)的拉扭比为(100.00～116.67)∶1，平均值为114.46∶1；

ϕ22 mm全螺纹钢锚杆的拉扭比为(100.00～125.00)∶1，平均值为110.98∶1；

ϕ14 mm普通钢锚杆的拉扭比为(166.67～222.22)∶1，平均值为193.33∶1。

上述工程测试结果表明，如果以扭矩值来标定锚杆预紧力的量值，一定要以现场同等材料、同等组件和同等施工条件下的测试统计结果为依据。

然而，现有的锚杆支护设计对锚杆预紧力取值方法和具体量值并没有严格要求，且常出现“顶板岩层锚杆预紧力不低于120 N·m，巷帮锚杆预紧力不低于80 N·m”等简单表述。似乎预紧力只与扭矩有关，不必考虑锚杆尺寸、组件构成的影响和锚固岩层对预紧力的具体要求。

如果取锚杆拉扭比为100∶1，则120 N·m扭矩产生的预紧力仅12 kN。显然，很难满足通常条件下(锚杆长度为1.8～2.4 m)控制锚固岩层离层的基本要求。

2. 搅拌时间对树脂黏结力的影响

试验分析结果表明，搅拌时间对树脂黏结力有明显影响。取得最佳锚固效果的方法是严格遵循生产厂商的树脂锚杆安装程序。如在600 r/min情况下，树脂生产厂商建议树脂

① 郭海书，等：《锚杆预紧扭矩与初锚力关系研究及应用》，河北煤炭，2001(2)。

药卷送入钻孔底部后旋转 30～50 r，即搅拌时间为 3～5 s。图 1-32 给出了搅拌时间对树脂黏结力(拉拔试验最大载荷)的影响曲线。

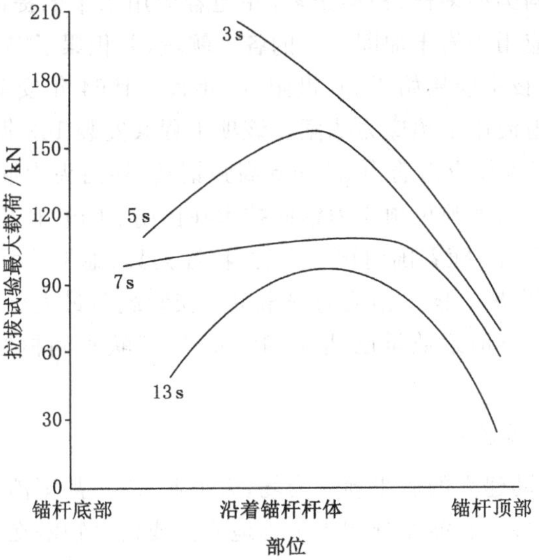

图 1-32　搅拌时间对树脂黏结力的影响曲线

测试分析结果表明，在同一搅拌时间情况下，锚杆各部位树脂的黏结力并不为常量。在同一搅拌时间情况下，树脂黏结力表现为锚固段的中部最高、底部次之、顶部最低。当搅拌时间从 3 s 增加到 13 s 时，树脂黏结力总体呈下降趋势。

第五节　锚　　索

一、概述

预应力锚索是一种强承载力的构件，类似于预应力锚杆，它的一端被锚固在稳定地层(或结构)中，另一端与被加固体紧密结合，形成一种新的结构复合体。这种结构复合体的核心受拉构件是高强度的预应力锚索(钢绞线)。安装预应力锚索后，可立即向被加固体主动施加压应力，限制其发生有害变形和位移。预应力锚索加固是一种高效经济和实用的工程技术，得到了岩土工程行业的高度重视。

世界上大规模应用预应力锚索并获得成功的典型实例为 20 世纪 30 年代阿尔及利亚舍尔法大坝的加高加固工程。该坝在改扩建时把坝体加高 3 m，用 37 根预应力锚索进行加固，使其稳定。每根锚索由 630 根直径为 5 mm 的高强钢丝组成，单孔施加载荷达到 10 MN，锚索间距 6 m，钢筋混凝土锚头设置在加高后的坝顶上。20 a 后预应力损失仅为 9%。

此后，越来越多的工程应用预应力锚索技术。20 世纪 50 年代以后，随着预应力技术的提高，锚固加固理论、设计方法、规程规范的逐步完善，以及锚索防腐手段的不断进步，预应力锚索的发展越来越快。目前，岩体预应力锚索单根承载力已达到 16 MN(德国)，单根锚索长度 114 m。土层预应力锚索第一个专利由德国宝峨公司于 1957 年获得。土层锚索在最初仅仅是临时支护手段，而今已变成永久支护手段之一。其单孔安装载荷已达到 1 MN。预应力锚索结构类型多样、种类繁多，并随着应用水平的提高，不断改进、完善。预应力锚固技术，已广泛应用于岩土加固工程的各个领域，并积累了丰富的工程实践经验。

我国的预应力锚固技术应用始于 20 世纪 60 年代。1964 年安徽省梅山水库在岩石坝基的加固中，首次成功地使用了预应力锚索。该项工程共安装 102 根锚索，单孔最大张拉载荷达到 3.2 MN，锚索束体预应力筋为 ϕ5 mm 高强钢丝，外锚头为混凝土柱状锚头，采用水泥浆体作永久防护。此后，大吨位预应力锚固技术在国防、水电、矿山、公路等领域逐步推广应用。20 世纪 80 年代以来，随着国内预应力材料、锚夹具、施工技术水平的不断提高，预应力锚索技术得到了迅猛发展。国内预应力锚索单孔安装载荷最大已达 10 MN（李家峡水电站）；单项工程应用预应力锚索数量已达 4 540 余根（三峡水利枢纽永久船闸边坡加固工程），居世界首位。

1. 预应力锚索的基本特征

预应力锚索通过主动建立的后张预应力场，来抑制、减轻甚至消除天然力场对工程地质体或构筑物所造成的危害。它能充分调用工程地质体或构筑物潜在的自稳能力并改善其内部应力状态。

预应力锚索有如下基本特征：

① 预应力锚索以群组形式出现。在加固工程中，预应力锚索数量少则几根，多则可达几百根、几千根。这些锚索在空间上是独立存在、非连续分布的。通过一群预应力锚索建立锚固力场，达到共同加固补强的目的。

② 预应力锚索具有很强的主动调控性。预应力锚索安放数量、位置、深度、方向，施加预应力的大小，均可依据现场需求加以调整。如单孔安装载荷小的可为几百千牛，大的可达几兆牛、十余兆牛，这么大的调整范围，其他加固措施是难以实现的。预应力锚索可主动调整预应力场与天然力场的叠加范围和叠加程度，进而充分调动工程地质体的潜在自稳能力，改变其内部应力分布状态和大小，限制有害变形的发生，提高工程结构的稳定性与安全性。

③ 预应力锚索属高效预应力范畴。锚索使用的预应力筋，如预应力钢丝、预应力钢绞线、精轧螺纹钢筋等均为高强度材料，利用较小截面，就可获得较高的预应力。

④ 预应力锚索将结构与地层紧密地联结在一起，形成共同工作体系。这是一项将工程地质体视作工程材料，而加以改造利用的工程技术。

⑤ 预应力锚索能够在尽可能少地扰动被锚固体的状况下，达到加固、增稳的目的，所以预应力锚索是一种高效、经济的加固技术。

2. 预应力锚索的基本组成构件

预应力锚索张拉端结构构件如图 1-33 所示。图 1-34 为预应力锚索张拉端工程结构图。

钢绞线是用各种预应力线材按一定方式编织而成的。钢绞线的下端与锚孔底部固结，上端与外锚头相连，中间部分起到产生并传递预应力和平衡外载的作用。为了防止腐蚀，在钢绞线上还设置一些附件和防腐材料。钢绞线的外露端，可供张拉千斤顶对束体施加预应力。

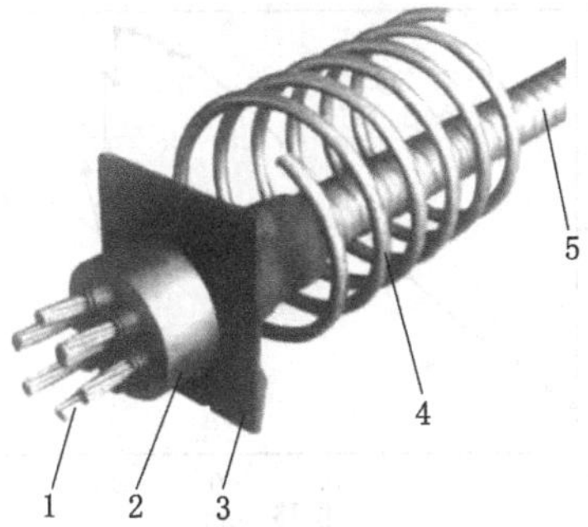

1—钢绞线；2—锚具；3—托板；
4—螺旋筋；5—波纹管。

图 1-33　预应力锚索张拉端结构构件

图 1-34　预应力锚索张拉端工程结构

二、矿用单束锚索

1. 钢绞线

如图 1-35 所示，矿用单束锚索的钢绞线一般是由多股高强度钢丝构成的绞合钢缆。预应力钢绞线要经消除应力的稳定化处理，以适合预应力工程用途。钢绞线是一种强度高、韧性好、低松弛的钢材制品。钢绞线既有一定的韧性，可以盘成卷便于运输；又有一定的刚度，能由自身搅拌树脂药卷实现快速安装；同时也适合在空间尺寸较小的巷道中使用。

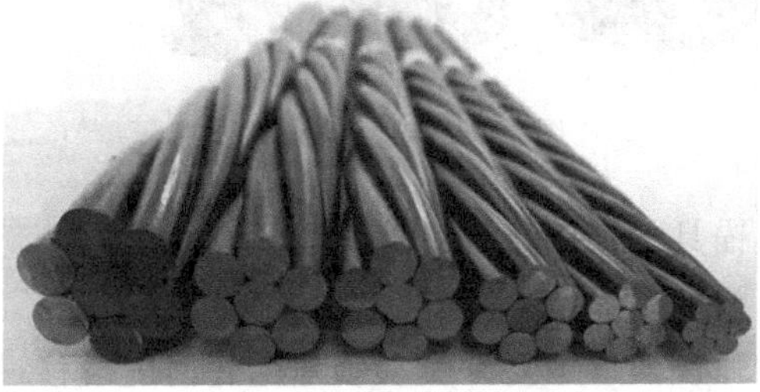

图 1-35　钢绞线

由于材质和结构的不同，每种钢绞线都具有特定的力学性能。几种矿用钢绞线力学性能指标如表 1-7 所列。1×7/17.8 钢绞线载荷-位移曲线和 1×19/21.8 钢绞线载荷-位移曲线分别如图 1-36 和图 1-37 所示。

表 1-7　钢绞线力学性能指标

钢绞线结构	钢绞线公称直径/mm	抗拉强度/MPa	整根最大拉力/kN	最大拉力总伸长率(L_0≥500 mm)/%	100 h 应力松弛率/%
1×7	17.8	1 720	365	≥3.5	≤4.5
1×7	21.6	1 770	561		
1×19	17.8	1 860	387		
1×19	21.8		583		

注：L_0 为试件有效长度。

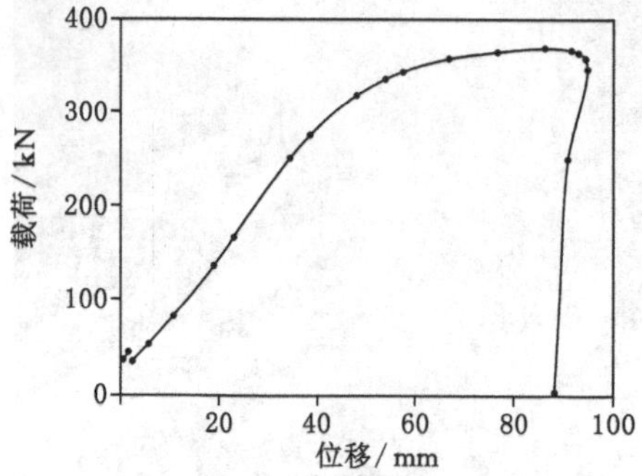

图 1-36　1×7/17.8 钢绞线载荷-位移曲线

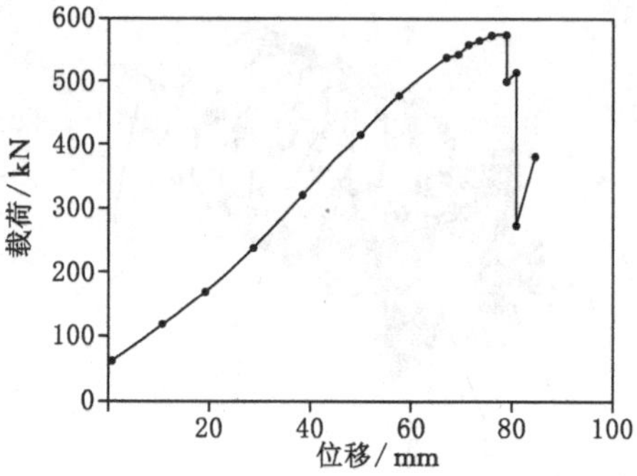

图 1-37　1×19/21.8 钢绞线载荷-位移曲线

2. 锚具

锚具和钢绞线是锚索的主要构件，另有锚固剂、托板等其他附件。

普通锚具由锥形孔套筒和与其相匹配的 3 片楔块锁片构成，如图 1-38 所示。

图 1-38　锚索普通锚具

如图 1-39 所示，普通锚具的锁固过程可分为以下三个阶段：

① 张拉锚索，并产生弹性变形；安装锚具。

② 卸除张拉力，锚索弹性变形恢复并带动锁片向套筒内滑移；锚索开始被锁紧。

③ 锚具阻抗与锚索弹性恢复力达到平衡后，锚索被锁固。

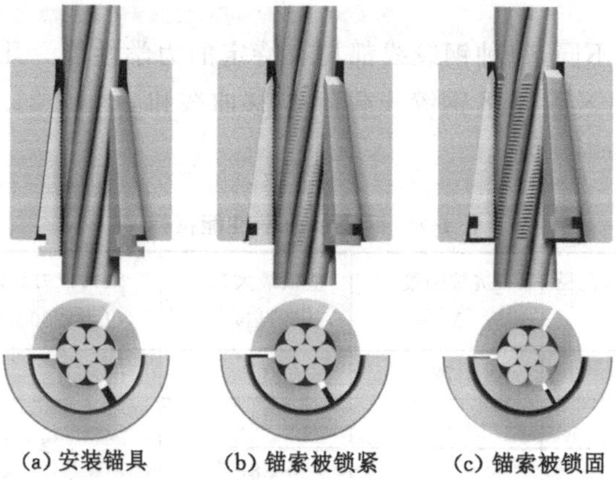

图 1-39　普通锚具及其对锚索的锁固过程

锚具从锁紧到完全锁固的过程中，在锚索弹性恢复力的作用下，楔形锁片和锚索相互摩擦，并在锚具锥形孔内产生微小的滑移，这种滑移可能会使锚索的预紧力在初始张力的基础上损失 10%左右。通常，单根锚索的预紧力可达 150 kN 以上。

3. 端部锚固预应力锚索

如图 1-40 所示，端部锚固预应力锚索是由钢绞线、锚具、托板、加劲管、锚钮和锚固剂等部件组成的一套完整的锚固构件。预应力锚索的锚固机理，类似于预应力锚杆。所不同的是其强度更高，作用范围更大，受力也更加复杂。

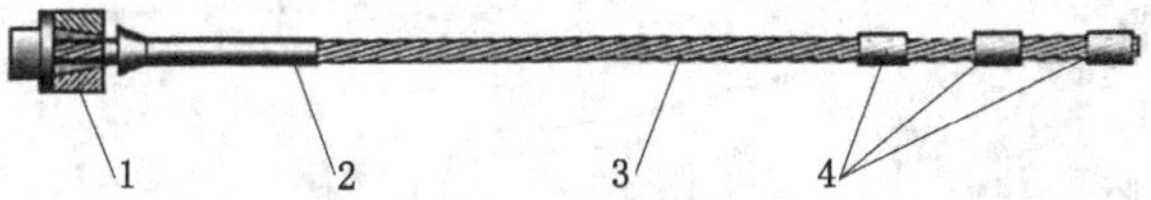

1—锚具；2—加劲管；3—钢绞线；4—锚钮。

图 1-40　端部锚固预应力锚索

端部锚固预应力锚索多选用普通树脂锚固剂，锚固剂的几何尺寸和力学性能指标与锚杆锚固剂的相同。由于树脂药卷凝结时间短，可实现锚索快速安装和及时承载的效果，其有利于巷道快速施工和维持围岩稳定。

树脂锚固剂与钢绞线间的黏结长度和树脂锚固剂与钻孔岩壁间的黏结长度按式(1-30)和式(1-31)计算

$$L_a=\frac{KN_t}{\pi d t_a} \tag{1-30}$$

$$L_b=\frac{KN_t}{\pi D t_b} \tag{1-31}$$

式中　L_a——树脂锚固剂与钢绞线间的黏结长度，mm；

L_b——树脂锚固剂与钻孔岩壁间的黏结长度，mm；

K——锚索安全系数；

N_t——锚索设计承载力，N；

d——单根钢绞线直径，mm；

D——钻孔直径，mm；

t_a——树脂锚固剂与钢绞线间的凝结强度，MPa；

t_b——树脂锚固剂与钻孔岩壁间的凝结强度，MPa。

设计中，选 L_a 和 L_b 二者中的大值作为锚索的锚固长度。确定锚索锚固长度的最有效和可靠的途径是锚索的现场拉拔试验。

4. 全长锚固预应力锚索

全长锚固预应力锚索如图 1-41 所示。锚索增加的压花(或鸟笼)部分，有利于搅拌、混合锚固剂，同时也有利于增加锚索的锚固力。

图 1-42 为注浆式全长锚固预应力锚索的施工情况。施工中首先对锚索进行端锚，并施加预紧力；而后通过锚索的外留注浆孔由浆液泵进行注浆。浆液通常为化学浆液。注浆锚固方式不仅可以对锚索与孔壁岩层间进行黏结和固化，而且由于浆液的渗透作用，更有利于对裂隙发育或松软岩层的加固。

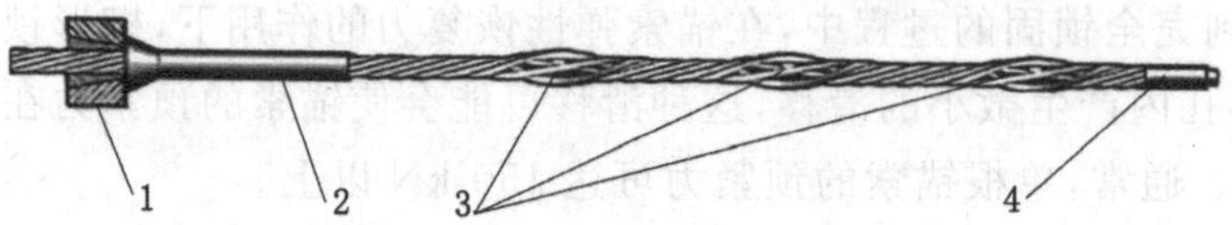

1—锚具；2—加劲管；3—鸟笼；4—锚钮。

图 1-41　全长锚固预应力锚索

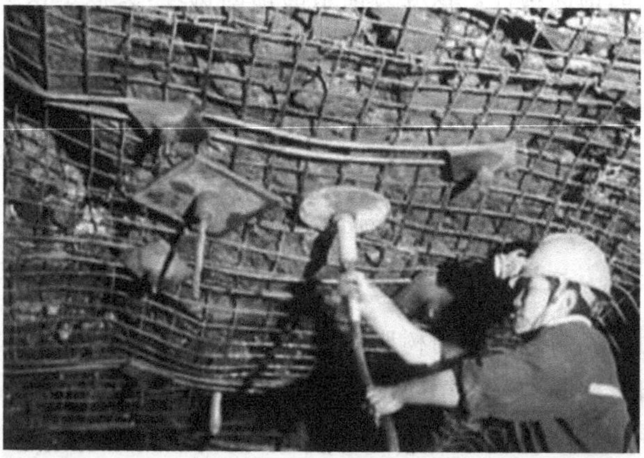

图 1-42　注浆式全长锚固预应力锚索施工现场

5. 全长锚固预应力锚索锚固系统的破坏模式

如图 1-43 所示，假设巷道顶板锚固岩层存在一个主要的岩层界面，在重力和其他外力（如岩层的碎胀力、剪切错动引起的剪切膨胀力等）的作用下，层面下方锚固岩层有铅垂运动的趋势（空心箭头方向）。当巷道围岩条件、锚固剂及锚索强度等锚固因素在某方面发生变化，并使得锚固系统的承载力无法抵抗外力作用时，锚固系统将发生破坏。

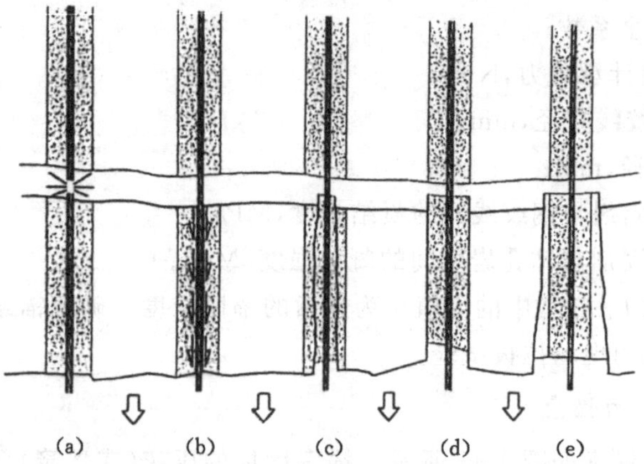

图 1-43　全长锚固预应力锚索锚固系统的破坏模式

全长锚固预应力锚索锚固系统可能有以下五种不同的破坏模式：

(a) 锚索发生拉伸断裂；

(b) 锚索与锚固材料的界面间发生剪切破坏；

(c) 锚固材料发生剪切破坏；

(d) 锚固材料与钻孔孔壁界面间剪切滑移；

(e) 钻孔岩壁发生剪切破坏。

因此，在巷道顶板锚固设计中，预先确定锚索的锚固范围、承担载荷的大小、应力传递的特点和服务年限等对锚固系统的影响，以及锚固系统破坏的可能性等都非常重要。

第六节　托板、钢带、钢筋梯子梁、金属网

一、概述

托板、钢带、钢筋梯子梁和金属网是煤层巷道锚固系统中不可或缺的构件。设置在锚杆螺母（或锚索锚具）与巷道围岩之间的托板，可增加锚杆（或锚索）传递载荷的面积，降低直接接触区的载荷集度，在一定程度上可以避免锚孔周围岩层表面发生挤压破损而导致锚固失效。钢带或钢筋梯子梁是同排锚杆的连接纽带，其在锚固系统中起着维系锚杆间的载荷平衡和变形协调作用。金属网的主要作用是阻止巷道表面破碎岩层的冒落。另外，在整个锚固系统中，锚杆、锚索、托板、钢带、钢筋梯子梁、金属网之间相互作用和相互依存，构成整体的锚固体系，共同维系巷道围岩锚固结构的平衡与稳定。

就巷道支护而言，“支”与“护”可以看作一个问题的两个方面。在巷道围岩锚固结构中，锚杆和锚索是主要的承载构件，起“支”的作用；托板、钢带、钢筋梯子梁和金属网的主要作用是维护巷道表面围岩的完整性，起“护”的作用，并为锚杆和锚索提供反作用力的支承点。显然，如果“护”的方面不能保障，则“支”的效果就无从谈起。另外，巷道锚固设计中，所有锚固构件都须符合国家相关技术规范要求。

二、托板

锚杆和锚索的托板有很多种，其大体可分为三大类：平板形、碟形和异形，如图 1-44 所示。

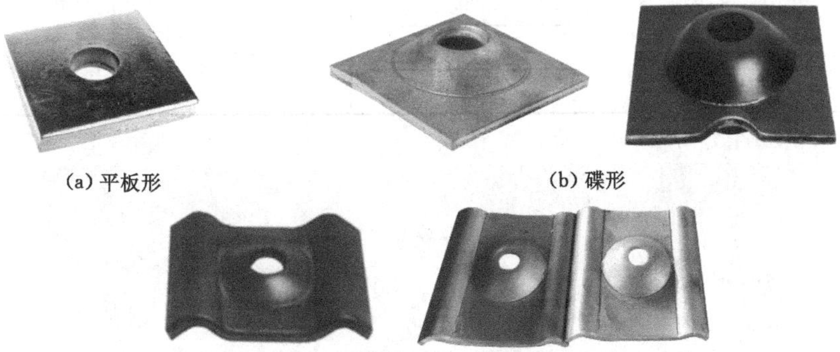

(a) 平板形　　(b) 碟形

(c) 异形

图 1-44　锚杆和锚索托板

托板强度和刚度须与锚杆、锚索的承载力相匹配。否则，在重载作用下，托板可能产生严重的屈曲变形，从而使托板与顶板岩层表面的接触面积减小，载荷集度增加，锚孔周边岩层表

面挤压破损而导致锚固失效；甚至托板被直接拉穿，锚固失效。这种现象在现场经常观测到。

加大托板面积是为了降低作用于托板上的载荷集度和增加其对顶板的遮盖面积。碟形设计可增加托板的抗弯刚度。托板的几何尺寸、强度和刚度须符合相关技术要求。

锚杆托板一般为正方形或圆形，尺寸多为 120 mm×120 mm，150 mm×150 mm，钢板厚度多为 8～10 mm。锚索托板一般为正方形，尺寸不小于 150 mm×150 mm，钢板厚度不小于 15 mm。

平托板的特点是加工简单，造价低，相对刚度小，承载力低。锚索在倾斜布置的情况下，托板处会产生弯曲应力，锚固效率会随着倾斜角度的增加而降低，托板甚至会由于偏载产生应力集中而断裂。表 1-8 给出了 ϕ17.8 mm 钢绞线的实验室变角度强度试验结果。试验装置如图 1-45 所示，钢绞线的破断力为 366.0 kN。

表 1-8　ϕ17.8 mm 钢绞线的变角度强度试验结果

钢绞线外露段与受拉段间夹角 α/(°)	破断力/kN	破断力平均值/kN	效率 η
0	356	359.7	0.98
	363		
	360		
5	345	346.3	0.94
	352		
	342		
10	326	329.7	0.90
	328		
	335		
15	314	315.7	0.86
	317		
	316		
20	288	289.7	0.79
	289		
	292		

图 1-45　钢绞线静载变角度强度试验装置

碟形托板，除了具有良好的力学性能之外，对锚索产生的偏载还有一定的调节作用。

三、钢带

如图 1-46 所示，矿用钢带采用厚度为 2～5 mm，宽度为 180～320 mm 的卷钢板冷弯成 W/M 型。与平钢带相比，W/M 型钢带的抗弯截面模量提高 37 倍以上，刚度提高 70 倍左右，利用冷轧过程中的硬化作用抗拉强度可提高 12%～15%。表 1-9 给出了 W 型钢带的力学性能指标。

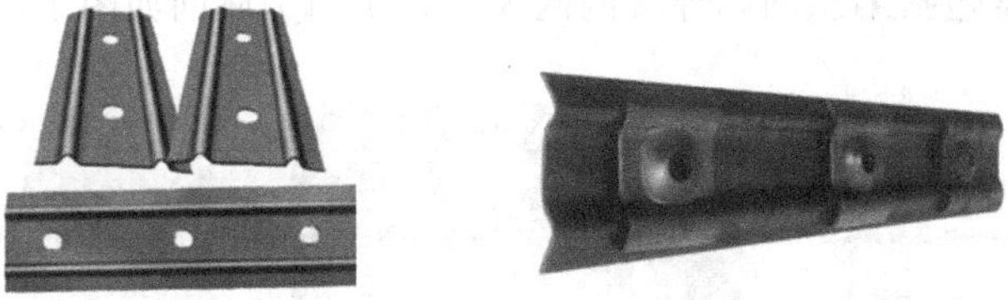

(a) 钢带　　(b) 带有异形托板的钢带

图 1-46　W/M 型钢带

表 1-9　W 型钢带的力学性能指标

屈服点/(N/mm²)	抗拉强度/(N/mm²)	延伸率/%
≥235	375～500	≥20

四、钢筋梯子梁

如图 1-47 所示，钢筋梯子梁通常由 ϕ12～18 mm 的普通钢筋焊接而成。钢筋梯子梁宽度通常为 100～120 mm。表 1-10 给出了钢筋梯子梁规格及力学性能指标。

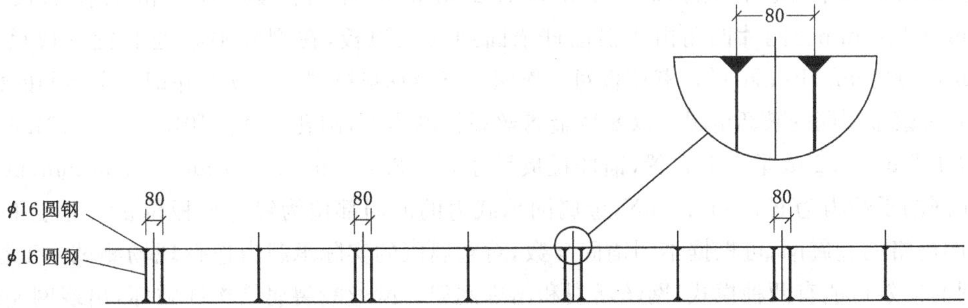

图 1-47　钢筋梯子梁

表 1-10　钢筋梯子梁规格及力学性能指标

钢筋直径/mm	梯子梁宽度/mm	截面积/mm²	屈服载荷/kN	拉断载荷/kN
10	60～100	157.1	37.3	59.7
12		226.2	54.3	86.8
14		307.9	73.9	117.0
16		402.1	96.5	152.8
18		508.9	122.1	193.4

钢筋梯子梁或钢带与锚杆和托板一起使用，维护巷道围岩并减少锚杆间围岩碎石的冒落。沿巷道周向布置时，每根钢筋梯子梁或钢带紧固在同一排锚杆上；沿巷道轴向布置时，每根钢筋梯子梁或钢带与数排锚杆连接。工程中应根据不同支护强度，选择合适型号的钢筋梯子梁或钢带。

五、金属网

矿用金属网通常包括编织网和焊接网两大类。矿用金属网如图 1-48 所示。

(a) 经纬网　(b) 菱形网　(c) 焊接网

图 1-48　矿用金属网

编织网采用线号(BWG)为 12、10 或 8 的金属丝编织而成；编织网又分为经纬网和菱形网等多种编织形式。

焊接网由线号(BWG)为 14、12、10 或 8 的金属丝焊接而成；普通焊接网由 ϕ6～10 mm 的普通钢筋焊接而成。

金属网强度测试：例如，以 1.2 m×1.2 m 的网片为测试网，方格网孔的尺寸为 100 mm×100 mm。网片四角由 4 根锚杆锚固到巷道顶板，在网片中心处安置一块尺寸为 300 mm×300 mm×10 mm 的加载压板对金属网进行铅垂张拉试验。读取并记录金属网的载荷-位移值，观察金属网的破坏情况。以 8 号金属丝焊接网为例，网孔尺寸为101.6 mm×101.6 mm，锚杆以 1.2 m×1.2 m 呈方形布置，锚杆托板尺寸为 152.4 mm×152.4 mm×9.53 mm，试验测得金属网的承载力为 9.3～15.8 kN，金属网承载力的薄弱部位为锚杆托板位置。对于不同材质、不同规格的金属网，可根据不同锚固参数，对金属网的实际承载力进行现场测试。工程中，金属网的失效可能有两种模式：网丝断裂和出现网兜。网丝断裂属结构性破坏，出现网兜属过量变形。

第七节　煤层巷道锚固强度设计计算

一、煤层开采技术条件假设

煤层平均采深：$H=420$ m；长壁工作面轨道巷毛断面(沿底板掘进)：巷宽×巷高＝4.30 m×3.00 m；煤层及其顶底板岩层物理力学性质指标如表 1-11 所示。

表 1-11　煤层及其顶底板岩层物理力学性质指标

岩性	平均层厚/m	重度/(kN/m³)	单轴抗压强度/MPa
粉砂岩	12.20	26	42.6(=42 600 kN/m²)
泥岩互层	3.00	26	31.2(=31 200 kN/m²)
煤	5.00	14	13.0(=13 000 kN/m²)
粉砂岩	4.20	26	40.2(=40 200 kN/m²)

二、巷道煤柱临界宽度

由式(1-11)确定巷道煤柱临界宽度，即

$$W^*=\frac{-b+\sqrt{b^2-4ac}}{2a}$$

式中，$a=\frac{0.085\sigma_c}{h}$；$b=-(\gamma H-0.15\sigma_c)$；$c=-\gamma HB$。

根据煤层开采的相关技术参数，可求得：

$$a=\frac{0.085\sigma_c}{h}=\frac{0.085\times 13\ 000}{3.00}=368.3\ (\text{kN/m}^3)$$

$$b=-(\gamma H-0.15\sigma_c)=-(26\times 420-0.15\times 13\ 000)=-8\ 970.0\ (\text{kPa})$$

$$c=-\gamma HB=-26\times 420\times 4.3=-46\ 956.0\ (\text{kN/m})$$

由此可求得巷道煤柱临界宽度 W^*

$$W^*=28.78\ \text{m}$$

三、采空区侧巷帮锚固强度设计计算

关于采空区侧巷帮锚固强度计算问题，可按挡土墙原理的 Rankine 强度准则进行计算，即

$$\sigma_3=\sigma_1\tan^2\left(\frac{\pi}{4}-\frac{\varphi}{2}\right)-2C\tan\left(\frac{\pi}{4}-\frac{\varphi}{2}\right) \tag{1-32}$$

式中　σ_3——巷道煤柱锚固强度；

σ_1——巷道煤柱竖向载荷集度。

根据 Griffith 强度理论，取煤柱单轴抗压强度与抗拉强度的比值为 8，即 $\sigma_c/\sigma_t=8$。由此可得，煤柱的抗拉强度 $\sigma_t=1.625$ MPa=1 625 kN/m²。

根据非线性 Coulomb 强度准则①，单轴压缩条件下煤柱的内聚力 C 和内摩擦角 φ 由式(1-33)和式(1-34)确定

$$C=\sqrt{\frac{\sigma_c\sigma_t}{2}} \tag{1-33}$$

$$\varphi=2\arctan\sqrt{\frac{\sigma_c}{2\sigma_t}}-\frac{\pi}{2} \tag{1-34}$$

---

① 贾喜荣，刘跃东，刘畅，等：《基于岩石单轴抗压强度和抗拉强度的非线性 Coulomb 强度准则》，岩石力学与工程学报，2025，44(增 1)。

由此得

$$C=\sqrt{\frac{13\times 1.625}{2}}=3.25\ (\text{MPa})=3\ 250\ \text{kN/m}^2$$

$$\varphi=2\arctan\sqrt{\frac{13}{2\times 1.625}}-\frac{\pi}{2}=36.87°$$

另由式(1-2)求得煤柱静载荷集度 q_j

$$\sigma_1=q_j=\gamma H\left(1+\frac{B}{W}\right)=26\times 420\times\left(1+\frac{4.3}{W}\right)\quad (\text{kN/m}^2)$$

将 C,φ 和 q_j 值代入式(1-32),可求得静载条件下采空区侧巷帮锚固强度 σ_3。

另外,在极限平衡状态下,令式(1-32)中的 $\sigma_3=0$,则可求得 Rankine 强度准则条件下煤柱的极限平衡宽度 $W=22.5$ m。该结果与煤柱临界宽度 W^* 相比较,临界宽度煤柱的稳定性系数大约是 Rankine 强度准则的 1.3 倍,即在该技术参数条件下,$W^*/W=28.78/22.5=1.279\approx 1.3$。

方案Ⅰ:取巷道煤柱设计宽度 $W=28$ m。

① 采空区侧巷帮:当取煤柱动载系数 $k=1$(静载)时,由式(1-2)求得静载荷集度 $\sigma_1=q_j=12\ 597$ kN/m²;由式(1-32)求得巷帮支护强度 $\sigma_3=-100.76$ kN/m²。当取煤柱动载系数 $k=1.1$ 时,动载荷集度 $\sigma_1=q_d=12\ 597\times 1.1=13\ 856.7$(kN/m²),巷帮锚固强度 $p=\sigma_3=214.17$ kN/m²。取帮锚杆排距为 0.9 m,单排锚固面积为 0.9 m×3.0 m=2.7 m²,每排安装 4 根 ϕ20 mm 螺纹钢锚杆(材质为 20MnSi,破断载荷为 174.3 kN),巷帮设计锚固强度 $p_s=4\times 174.3\div 2.7=258.22$(kN/m²),巷帮锚固强度系数 $K_m=p_s/p=258.22/214.17=1.21$。

② 实体煤侧巷帮:按支护密度要求考虑,可选用 4 根 ϕ20 mm×2 200 mm 螺纹钢锚杆(材质为 20MnSi,破断载荷为 174.3 kN);或者选用锚固力为 80 kN 的 ϕ22 mm×2 200 mm 玻璃钢锚杆。

③ 辅以钢筋梯子梁(或 W 型钢带)+金属菱形网护帮。

方案Ⅱ:取巷道煤柱设计宽度 $W=25$ m。

当取煤柱动载系数 $k=1$(静载)时,由式(1-2)求得静载荷集度 $\sigma_1=q_j=12\ 798.24$ kN/m²;由式(1-32)求得巷帮支护强度 $p=\sigma_3=-50.45$ kN/m²。当取煤柱动载系数 $k=1.1$ 时,动载荷集度 $\sigma_1=q_d=12\ 798.24\times 1.1=14\ 078.06$(kN/m²),巷帮支护强度 $p=\sigma_3=269.51$ kN/m²。取帮锚杆排距为 0.9 m,单排锚固面积为 0.9 m×3.0 m=2.7 m²,每排安装 4 根 ϕ20 mm 螺纹钢锚杆,巷帮设计锚固强度 $p_s=4\times 174.3\div 2.7=258.22$(kN/m²),巷帮锚固强度系数 $K_m=p_s/p=258.22/269.51=0.96$。设计方案中可考虑增设巷帮锚索补强加固。

四、巷道顶板岩层锚固强度

根据煤层及其顶板岩层的组成结构特征,按照锚杆+锚索的双结构预应力锚固系统,对巷道顶板岩层进行锚固方案设计。

1. 全锚杆单结构预应力锚固系统

取顶锚杆孔深 $h_1=\sum h_1=2.3$ m,顶锚杆长度为 2.4 m;

顶锚杆锚固岩层的平均重度 $\gamma_1=(2\times 14+0.3\times 26)\div 2.3=15.57$(kN/m³);

顶锚杆锚固岩层总载荷集度 $q_1=2\times14+0.3\times26=35.8(\mathrm{kN/m^2})$。

取 JRC=0 和 $\varphi_b=30°$，由式(1-27)可得锚杆须对锚固岩层层面提供的法向有效锚固应力$[\sigma]_1$

$$[\sigma]_1=\frac{0.25\gamma_1 B}{\tan\Phi}=\frac{0.25\times15.57\times4.3}{\tan30°}=28.99\ (\mathrm{kN/m^2})$$

由式(1-28)可得顶锚杆设计锚固强度 p_1

$$p_1=[\sigma]_1+\gamma_1\sum h_1/2=28.99+15.57\times2.3\div2=46.90\ (\mathrm{kN/m^2})$$

取顶锚杆排距为 0.9 m，单排锚固面积为 $0.9\times4.3=3.87(\mathrm{m^2})$，顶锚杆对锚固岩层须提供的锚固强度为

$$p_{1排}=46.90\times3.87=181.50\ (\mathrm{kN/排})$$

每排顶锚杆须对锚固岩层提供的预紧力 p_{01} 为

$$p_{01}=\gamma_1\frac{\sum h_1}{2}\times3.87=15.57\times2.3\div2\times3.87=69.29\ (\mathrm{kN/排})$$

2. *锚杆＋锚索的双结构预应力锚固系统*

取顶锚索孔深 $h=\sum h=6.0$ m，顶锚索长度为 6.20 m；

顶锚索锚固岩层的平均重度 $\gamma=(2\times14+4\times26)\div6.0=22.0(\mathrm{kN/m^3})$；

顶锚索锚固岩层总载荷集度 $q=2\times14+4\times26=132.0(\mathrm{kN/m^2})$。

取 JRC=0 和 $\varphi_b=30°$，由式(1-27)可得锚索须对锚固岩层层面提供的法向有效锚固应力$[\sigma]$

$$[\sigma]=\frac{0.25\gamma B}{\tan\Phi}=\frac{0.25\times22.0\times4.3}{\tan30°}=40.96\ (\mathrm{kN/m^2})$$

由式(1-28)可得锚索须对锚固岩层提供的锚固强度 p

$$p=[\sigma]+\gamma\sum h/2=40.96+22\times6\div2=106.96\ (\mathrm{kN/m^2})$$

取顶锚索排距为 1.8 m，单排锚固面积为 $1.8\times4.3=7.74(\mathrm{m^2})$。每排顶锚索须对锚固岩层提供的锚固强度为

$$p_{排}=106.96\times7.74=827.87\ (\mathrm{kN/排})$$

每排顶锚索须对锚固岩层提供的预紧力 p_0 为

$$p_0=\gamma\frac{\sum h}{2}\times7.74=22\times6\div2\times7.74=510.84\ (\mathrm{kN/排})$$

3. *巷道顶板岩层锚固设计方案*

① 顶锚杆：取排距为 0.9 m，间距为 0.9 m，每排 5 根 ϕ20 mm×2 400 mm 螺纹钢锚杆(材质为 20MnSi，破断载荷为 174.3 kN)。顶锚杆设计锚固强度 $p_{s1}=5\times174.3\div3.87=225.19(\mathrm{kN/m^2})$，顶锚杆锚固强度系数 $K_{m1}=p_{s1}/p_1=225.19/46.90=4.80$。

② 顶锚索：选用每排 2 根 1×19/ϕ17.8 mm×6 200 mm 锚索(最大拉力为 387 kN)，排距为 1.8 m，间距 2.7 m 与 1.8 m 间隔布置。顶锚索设计锚固强度 $p_s=2\times387\div7.74=100.00(\mathrm{kN/m^2})$，顶锚索锚固强度系数 $K_m=p_s/p=100.00/106.96=0.93$。

如果选每排 2 根 1×7/ϕ21.6 mm×6 300 mm 锚索(最大拉力为 561 kN)，排距为 1.8 m，间距 2.7 m 与 1.8 m 间隔布置，顶锚索设计锚固强度 $p_s=2\times561\div7.74=144.96(\mathrm{kN/m^2})$，顶锚索锚固强度系数 $K_m=p_s/p=144.96/106.96=1.36$。

③ 辅以钢筋梯子梁(或 W 型钢带)和金属菱形网护顶。

应当强调指出的是:这里所涉及的煤柱尺寸确定、巷帮及顶板岩层锚固设计,都采用的是基于剪胀锚固理论的计算设计方法。计算过程中所涉及的动载系数和锚固强度系数取值的合理性,往往依赖设计工程师的经验和工程类比等。其中,动载系数取值范围的变化幅度较小;顶板岩层锚固强度系数的取值要综合考虑煤层赋存条件和开采技术条件。显然,通过实际工程应用来修正这些参数是最为有效的技术途径。

根据剪胀锚固理论,顶板岩层的锚固强度取决于锚固岩层的厚度、重度、内摩擦角和巷道跨度。与此同时,每根锚杆(或锚索)的受力状况与其所处位置相关。由于对称性,如图 1-16 所示,巷道两侧锚杆(或锚索)承受的剪力最大;巷道跨中锚杆(或锚索)所受的剪力为零;同一锚杆(或锚索),在不同锚固深度处的应力状态也完全不同。由此可见,每根锚杆(或锚索)始终处于某种复杂的应力状态;锚固岩层中的锚杆(或锚索),显然不是一种简单的拉伸构件。

第八节 煤层巷道围岩稳定性分类

一、巷道顶板下位岩层裂隙度分级

煤层巷道顶板下位(锚固)岩层的组成结构和裂隙发育程度,直接影响顶板岩层锚固方案的确定和巷道围岩的稳定。为了客观评价巷道顶板下位岩层的稳定性,并为顶板岩层锚固设计提供科学依据,提出按顶板下位岩层(0～9 m)岩石质量指标 RQD 进行分级方案,如表 1-12 所示。煤层巷道顶板下位岩层裂隙度测定统计表,见表 1-13。

表 1-12 煤层巷道顶板下位岩层裂隙度分级方案(据贾喜荣,2020)

级别	1 级(完整)	2 级(较完整)	3 级(较破碎)	4 级(破碎)	5 级(很破碎)
指标 RQD/%	RQD≥65	45≤RQD<65	25≤RQD<45	5≤RQD<25	RQD<5

表 1-13 煤层巷道顶板下位岩层裂隙度测定统计表

分段层位	全段	A 段	B 段	C 段
区间/m	0～9	0～3	3～6	6～9
指标 RQD/%	均值	分段值	分段值	分段值

二、煤层巷道围岩稳定性分类

煤层巷道围岩稳定性与煤层赋存条件和开采技术条件密切相关。为了客观评价煤层巷道围岩稳定性,并为巷道锚固设计提供科学依据,提出按煤柱临界宽度 W^* 划分煤层巷道围岩稳定性的分类方案。如式(1-11)所示,巷道围岩稳定性指标 W^* 与巷道高度、巷道宽度、煤层强度、煤层采深和覆岩重度等参数有关,较客观地反映了巷道的工程地质条件和开采技术条件。煤层巷道围岩稳定性分类方案如表 1-14 所示。

表 1-14　煤层巷道围岩稳定性分类方案(据贾喜荣,2020)

类别	1类(稳定)	2类(较稳定)	3类(较不稳定)	4类(不稳定)	5类(极不稳定)
指标 W^*/m	$W^* \leqslant 40$	$40 < W^* \leqslant 60$	$60 < W^* \leqslant 80$	$80 < W^* \leqslant 100$	$W^* > 100$

第九节　开采深度对巷道围岩稳定性影响及开采深度分级方案

随着能源需求量的日益增加和浅部资源的逐渐枯竭,采矿业相继进入深部开采领域。深部开采中的巷道大变形、高强度冲击地压、高概率煤与瓦斯突出等矿压显现加剧,其对矿井生产带来的威胁是不言而喻的;浅部开采中行之有效的岩层控制技术,在深部开采中可能会完全失效。深部巷道围岩控制已成为许多国家面临的重大课题。由于深部开采的技术难度大和巷道维护成本高等因素,一些国家或地区甚至相继关闭了深井。

一、开采深度对巷道围岩稳定性的影响

高原岩应力是深井开采的技术难题,尤其对巷道稳定性的严重危害已成为制约深部矿井开采的主要因素。深部矿井巷道矿压显现的主要特征有:

① 巷道围岩应力通常都高于巷道围岩强度,尤其远高于煤层巷道和软岩巷道的围岩强度,所以矿井主要大巷和采准巷道,不论是否受到采动影响,矿压显现都比较强烈。

② 巷道围岩不仅在掘进和回采过程中因扰动而引起急剧变形,而且在应力重新分布并趋于稳定后仍会产生持续不断的流变。

③ 围岩力学性质和组成结构对巷道矿压显现的影响,随着采深的增加而增大。

④ 深部矿井巷道围岩具有环向同步变形大、底板鼓起强烈等特点。随采深加大,巷道底鼓量在其顶底板相对移近量中所占的比例也随之增加。

深部矿井中,巷道围岩稳定性问题仍然是原岩应力、巷道围岩物理力学性质指标、巷道几何尺寸和巷道支护方式之间相互协调和相互适应的问题。从总体看,在同等条件下,随着开采深度的增加,巷道围岩的变形量增加,巷道的维护成本也会随之增加。

根据我国的研究成果,开采深度以 300 m 为准,采深每增加 100 m,巷道的维护成本相应增加 15%～32%,巷道围岩的变形量相应增加 30%左右。在较稳定岩层条件下,巷道围岩变形量增长率为 23%,巷道维护成本的增长率为 19%;在中等稳定岩层条件下,增长率分别为 26%和 21%;在比较松软的岩层条件下,增长率分别为 30%和 24%。

德国专家在 1989 年提出,掘进引起的巷道围岩移近量与采深(或原岩应力)和巷道底板岩层强度之间的关系式为

$$K_A = 13.3\frac{p}{\sqrt{\sigma_c}} - 46 \tag{1-35}$$

式中　K_A——掘进引起的围岩移近量占巷道初始高度的比例,%;

p——原岩应力,MPa,$p=\gamma H$(注:取覆岩平均重度 $\gamma=25$ kN/m^3,H 为采深);

σ_c——底板岩层单轴抗压强度,MPa。

利用式(1-35)计算的结果如图 1-49 所示。由此可见,掘进引起的围岩移近量随采深的增加而增长,其增长率与巷道围岩性质有关。采深每增加 100 m,煤层巷道($\sigma_c=14$ MPa)掘

进期间围岩移近量增加 8.9%，在软岩（σ_c=28 MPa）中增加 6.3%，在页岩（σ_c=45 MPa）中增加 5%，在砂岩（σ_c=97 MPa）中增加 3.4%。同时还可以看出，掘巷过程中引起围岩明显变形的临界深度，煤层中为 512 m，软岩中为 732 m，页岩中为 930 m，砂岩中为 1 360 m。

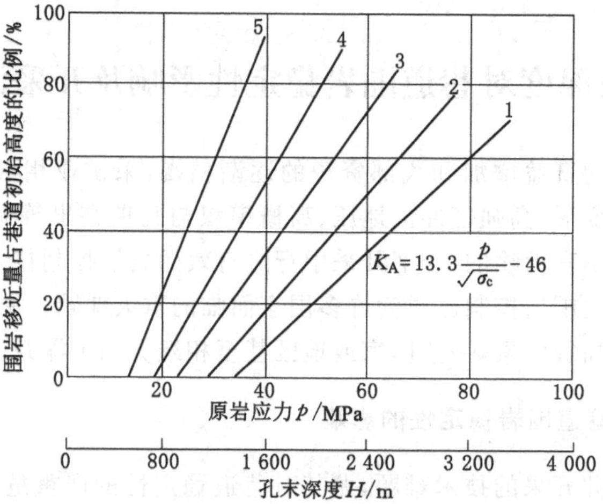

1—砂岩（σ_c=97 MPa）；2—砂质页岩（σ_c=68 MPa）；3—页岩（σ_c=45 MPa）；
4—软岩（σ_c=28 MPa）；5—煤（σ_c=14 MPa）。

图 1-49　巷道围岩移近量与原岩应力（采深）和底板岩层强度的关系

二、煤层开采深度分级方案

在研究采深对地下工程结构稳定性及工程灾害的影响中，通常以特定的赋存地质环境（应力场、温度场、瓦斯赋存状况、水文环境等）和开采技术条件（巷道和煤柱几何参数、支护方式等）为前提，分析采深和巷道煤柱（或矿柱）工程强度对巷道稳定性的影响。

对于深部开采的划界问题，目前在概念上和确定方法上存在分歧。国外学者通常把 600～1 000 m 的采深确定为深部开采；我国学者认为，煤矿与金属矿对深部开采的划分存在显著差异，多数把煤矿临界开采深度界限确定为 800～1 500 m，金属矿山为 1 000～2 000 m。

事实上，除采深（或原岩应力）外，岩层强度也是影响巷道稳定性的重要因素。对于软岩巷道，即使采深仅为 300～400 m，同样也会出现巷道围岩大变形的状况。为了客观评价采深和岩层强度对煤层巷道围岩稳定性的影响，这里提出临界开采深度的概念。

设定，当覆岩自重应力等于煤层试样标准试件单轴抗压强度时，其对应的开采深度定义为临界开采深度，即

$$H_0=\frac{\sigma_c}{\gamma} \tag{1-36}$$

式中　H_0——煤层临界开采深度，m；

σ_c——煤层试样标准试件单轴抗压强度，kN/m^2；

γ——煤层覆岩平均重度，kN/m^3。

式(1-36)表明，煤层临界开采深度与煤层单轴抗压强度和覆岩平均重度有关，与煤层赋存地质环境和开采技术条件无关。

以煤层临界开采深度 H_0 为基本指标，将煤层开采深度 H 与临界开采深度 H_0 的比值确定为开采深度分级指数 k，即

$$k=\frac{H}{H_0} \tag{1-37}$$

式中　k——煤层开采深度分级指数；

H——煤层开采深度，m。

根据开采深度分级指数 k，将煤层开采深度划分为 1 级深度、2 级深度、3 级深度和 4 级深度四个级别，分级方案如表 1-15 所示。

表 1-15　煤层开采深度分级方案(据贾喜荣，2012)

级别	临界开采深度	1 级深度	2 级深度	3 级深度	4 级深度
k	$k=1.0$	$1.0<k\leqslant1.5$	$1.5<k\leqslant2.0$	$2.0<k\leqslant2.5$	$k>2.5$

煤层开采深度级别划分举例如表 1-16 所示。

表 1-16　煤层开采深度级别划分举例($\gamma=25$ kN/m³)

单轴抗压强度 /(kN/m²)	临界开采深度 ($k=1.0$)/m	1 级深度 ($k=1.5$)/m	2 级深度 ($k=2.0$)/m	3 级深度 ($k=2.5$)/m	4 级深度 ($k>2.5$)/m
10 000	400	600	800	1 000	>1 000
15 000	600	900	1 200	1 500	>1 500
20 000	800	1 200	1 600	2 000	>2 000

确定煤层临界开采深度和划分开采深度级别，对于深部矿井岩层控制方案设计、深部矿井灾害防治以及相关理论研究均具有重要意义。

第十节　煤层巷道矿压观测

煤层巷道矿压观测内容主要包括巷道围岩表面位移观测、巷道围岩内部位移(离层量、破碎半径)观测和锚杆(索)受力状况观测等。

一、巷道围岩表面位移观测

巷道围岩表面位移是最基本的巷道矿压监测内容，包括顶底板移近量、两帮移近量、顶板下沉量、底鼓量及侧帮位移等。根据监测结果，可计算巷道表面位移速度、巷道断面收敛率，绘制位移、位移速度与采掘工作面位置和时间的关系曲线，分析巷道围岩变形规律，评价围岩的稳定性和巷道支护效果。

巷道表面位移常采用十字布点法设置监测断面(图 1-50)。在顶底板中部垂直方向和两帮水平方向钻孔，安装木桩、测钉等测量基点。一个测站一般布置两个监测断面，沿巷道轴向间隔 0.6～1.0 m。如图 1-50 所示，监测时测读 AO，AB，CO，CD 值，也可测量 AC，AD，CD 值，通过计算得到顶板下沉量、底鼓量及帮位移。同时，测量监测断面距采掘工作

面的距离,记录监测时间。测量频度根据巷道围岩变形量确定,一般距采掘工作面 50 m 内,每天观测 1 次,其他时间每周观测 1～2 次。

测量巷道表面位移的仪器有多种,如钢卷尺、测杆、测枪、收敛计等。选择测量仪器时应根据巷道断面尺寸、预测的围岩位移及要求的测量精度等因素确定。上述几种仪器结构简单、测量方便,能够满足一般精度的要求。

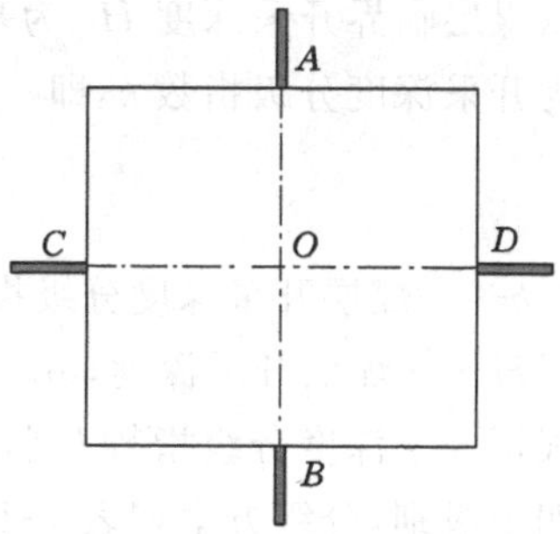

图 1-50 巷道表面位移监测断面

二、巷道围岩内部位移观测

巷道围岩内部位移观测可利用钻孔窥视仪来实现。目前,用于煤矿井下围岩结构观测的窥视仪有光导纤维窥视仪和电子窥视仪两种。

光导纤维窥视仪由光导纤维传递图像,通过目镜直接观测,其工作原理如图 1-51 所示。该仪器还可与照相机等记录装置配套使用,记录观测结果。FS75×20 钻孔窥视仪如图 1-52 所示。

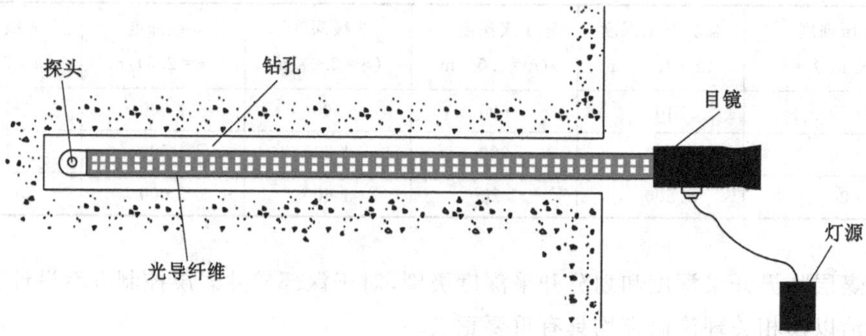

图 1-51 光导纤维窥视仪原理图

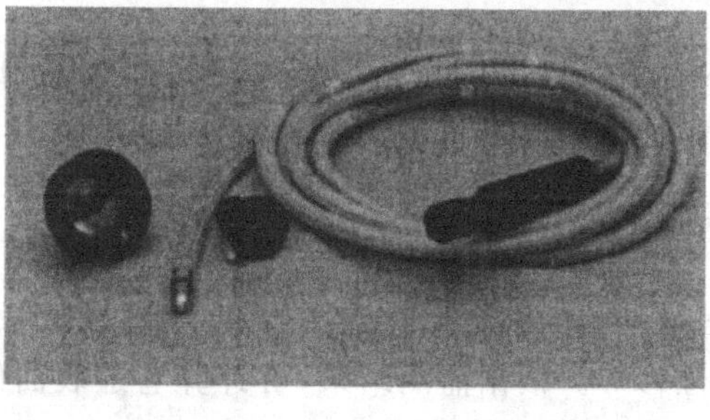
图 1-52 FS75×20 钻孔窥视仪

在井下巷道中打好钻孔后,就可以进行钻孔结构观测。首先将钻孔窥视仪插入钻孔中至最大窥视深度,然后接上矿灯,从目镜中观测钻孔形态。边观察,边慢慢转动和抽出窥视仪,并记录观测结果。

三、锚杆受力状况观测

工程实际中，锚杆的锚固方式可分为端部锚固和全长(或加长)锚固两种方式，不同锚固方式的锚杆受力状况不同，锚杆受力的测量方式亦不同。对于端部锚固的锚杆，通常采用在锚杆外露端的托板与锁紧螺母(或锚具)间安设测力计的方式对锚杆(索)受力状况进行测量，如图 1-53 所示。

对于全长(或加长)锚固的锚杆，要用测力锚杆对锚杆的受力状况进行测量。如图 1-54 所示，测力锚杆采用电阻应变片作为敏感元件，通过测量粘贴在锚杆上的应变片的电阻变化率来测得锚杆杆体的应变，并换算出锚杆杆体的应力。全长锚固锚杆的工作原理类似于钢筋混凝土中钢筋的受力状态。

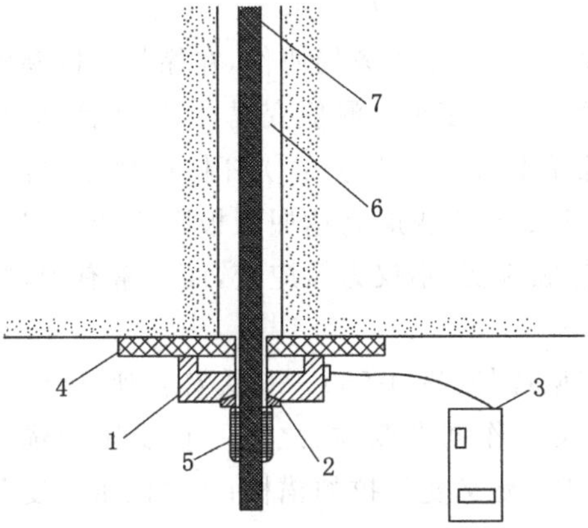

1—弹性元件；2—球形垫片；3—应变仪；
4—托板；5—锚具；6—钻孔；7—锚索索体。

图 1-53　GYS-300 型锚杆(索)测力计安装示意图

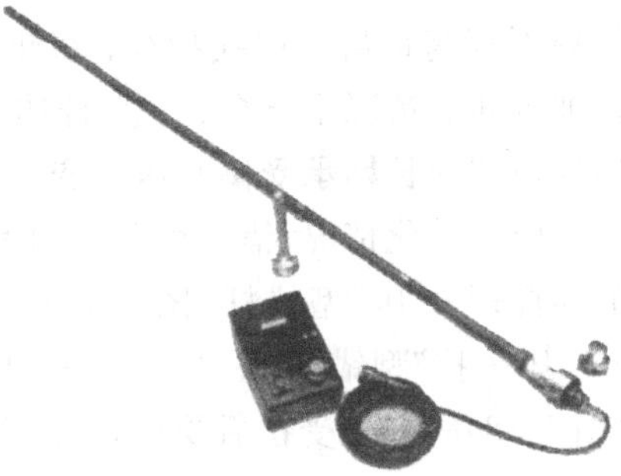

图 1-54　CM-200 型测力锚杆

CM-200 型测力锚杆(图 1-54)主要由杆体、保护接头、静态电阻应变仪、多通道转换开关、连接导线等几部分组成。杆体两侧开设浅槽，全长等距布置 6 对应变片。应变片的引线接入保护头内的航空插座中，接通应变仪即可进行测试。

值得注意的是，对于端部锚固的锚杆，由于会受到被锚固岩层的拉伸和剪切作用，其实际受力状态比较复杂，沿杆长方向上的受力并不均等。因此，测力计量测到的载荷，往往只反映靠近测力计段锚杆的局部受力情况，其很难说明锚杆的整体受力状态。

四、锚杆受力状况的工程测试研究成果①

虽然锚杆使用的良好效果已被公认，国内外提出的对锚杆作用原理的解释及计算方法也已不止数十种，但至今对锚杆力学本质的认识和掌握仍然可以说是粗浅的。其原因有以下三点：

① 锚杆是“隐蔽工程”，对其变形破坏情况难以从直观上掌握。

① 李世平：《锚杆应变的实测与分析》，煤炭学报，1983，8(1)。

② 单根锚杆或锚杆群与岩体组合在一起，在力学上常构成"不均质、非线性、各向异性三维黏弹塑性问题"，对其理论分析的难度是相当大的。

③ 邻近采场的巷道常受到剧烈的采动影响。这类巷道用锚杆支护的岩体，往往早已超过弹性极限、屈服极限，甚至强度极限，而且在破裂后仍继续变形移动，锚杆也常常是达到屈服极限以后仍继续工作。利用现有的力学分析手段，包括弹塑性理论、有限元法与边界元法等，解决如此复杂的力学问题，还是很困难的。

为满足锚固技术对锚杆加固理论研究的需求，通过实测方法去探讨锚杆问题，似乎是一种更现实可行的途径。

从锚杆应变的大量实测结果中发现："锚杆受拉"这个传统概念并不完全正确。实测证明，锚杆基本上是承受拉应变的，但在某些条件下，约有半数以上的锚杆在不同时期承受大小不等的轴向偏心压应变。

从 1976 年开始，中国矿业学院(现中国矿业大学)与徐州矿务局协作，在徐州矿区新河、大黄山、权台、庞庄等煤矿的 9 条巷道中，先后安设了 190 多根电测应变锚杆，实测得到上万个原始数据。分析这些测得的锚杆应变数据，通常有以下三个特点：① 杆体应变随时间的变化呈现不等高锯齿状曲线特征；② 钢材锚杆的应变数值普遍高达屈服极限应变量以上，但杆体被拉断的情况十分罕见；③ 杆体所受轴向合成应变，不仅为拉应变，而且常有半数以上的锚杆短期或长期承受偏心压应变。

根据应变变化情况，锚杆可分为四类：① "拉"型锚杆(图 1-55)——从安装到最终一直受拉的锚杆；② "压"型锚杆(图 1-56)——在安装及工作初期受拉，之后一直受压的锚杆；③ "拉—压—拉"型锚杆(图 1-57)——先受拉后受压，复又变受拉的锚杆；④ "拉压交变"型锚杆(图 1-58)——先受拉后受压，以后受拉压反复变化的锚杆。

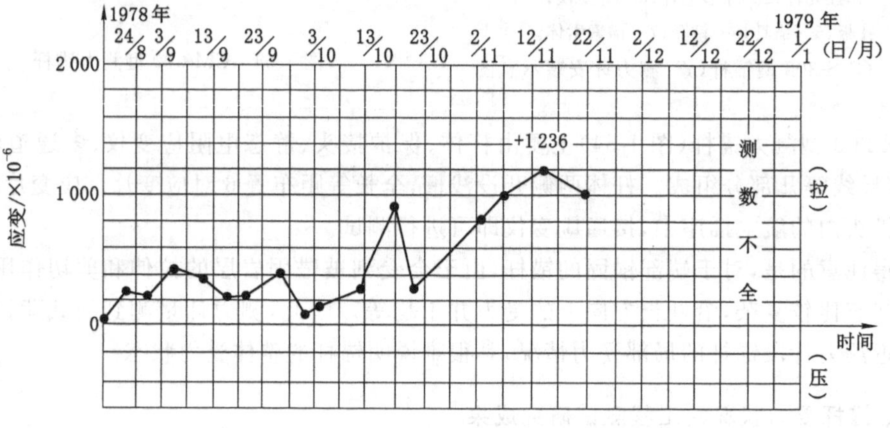

图 1-55 "拉"型锚杆应变变化曲线

以权台矿 3101 综采区联络巷为例，共安设互成 90°的 4 应变片锚杆 37 根。其中，"拉"型锚杆 16 根，占 43.2%；"压"型锚杆 11 根，占 29.7%；"拉—压—拉"型锚杆 7 根，占 18.9%；"拉压交变"型锚杆 3 根，占 8.1%。在不同时期出现压应变的锚杆合计 21 根，占总数的 56.8%。

在 9 条巷道中，除了电测应变锚杆以外，还用伸缩式测杆实测了巷道表面即锚杆杆尾的

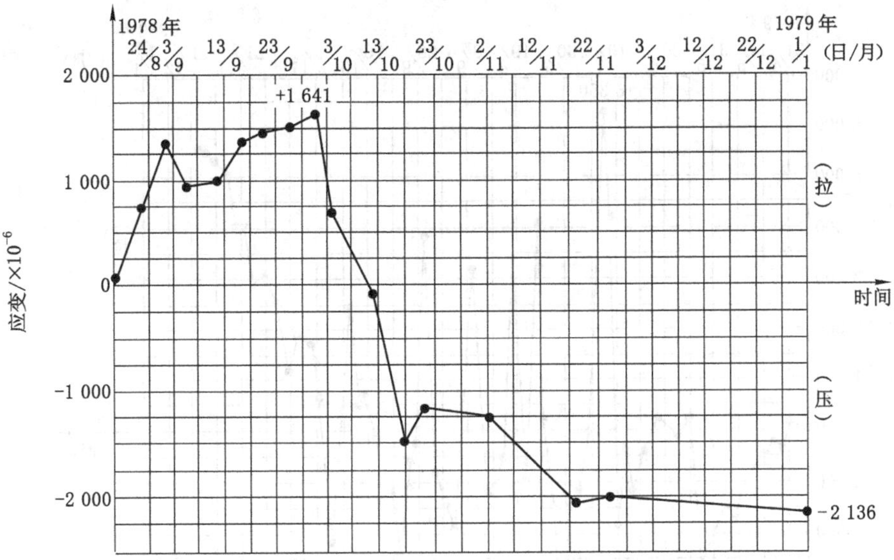

图 1-56 "压"型锚杆应变变化曲线

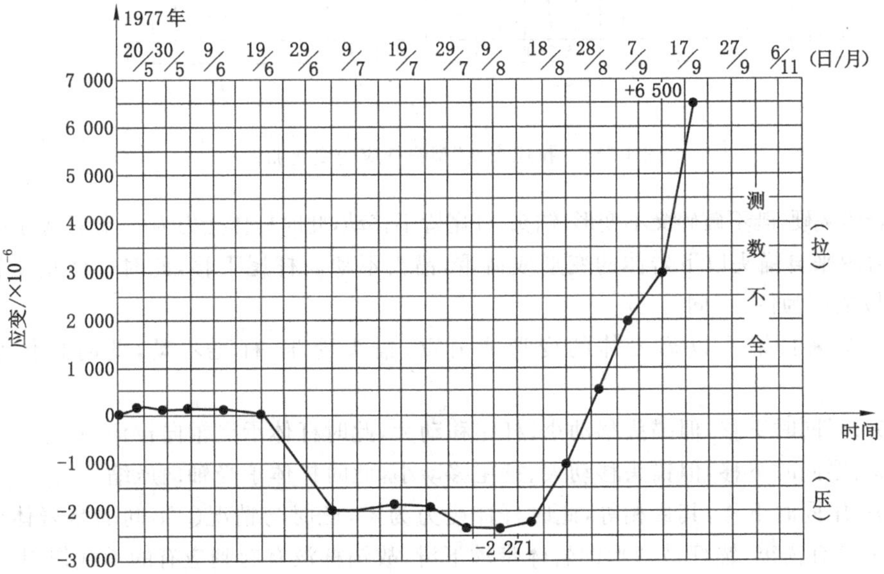

图 1-57 "拉—压—拉"型锚杆应变变化曲线

位移,并用单点位移计实测了与锚杆等深钻孔孔底的位移。

实测表明:在受采动影响较剧烈的巷道,一般锚头(锚固段的端头)生根处的岩体即处在围岩的缓慢变形移动范围内,锚头位移甚至可达杆尾位移的 80%～90%。

锚杆呈现拉、压应变交互工作状态的原因,必须从岩体与锚杆或锚头与杆尾之间的相对运动中去考察。这种相对运动变化关系,可概括为以下七种情况:

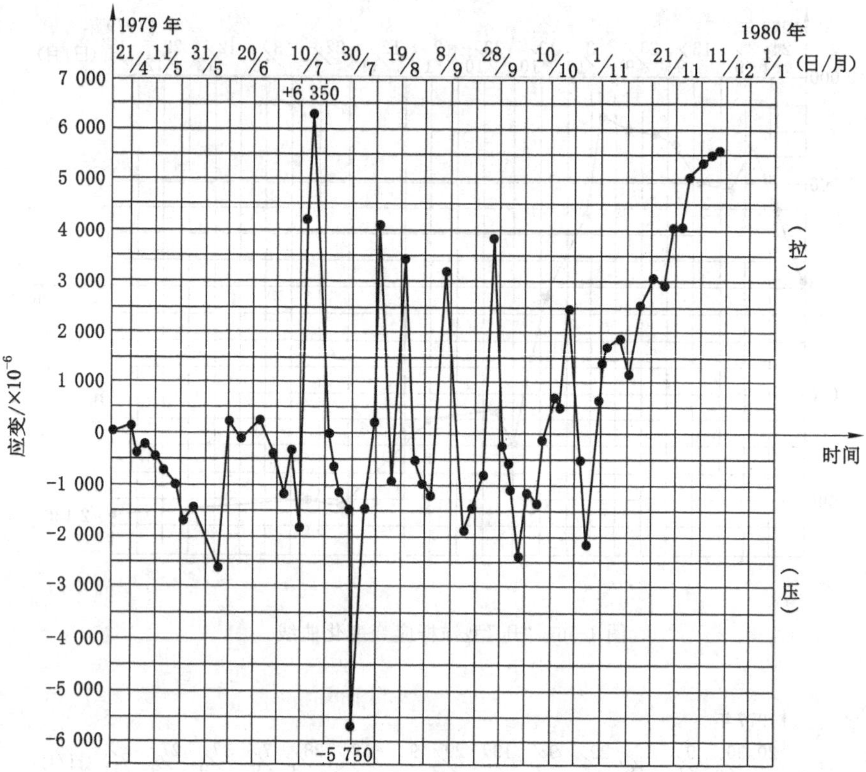

图 1-58 “拉压交变”型锚杆应变变化曲线

① 岩体坚硬,既不破碎又不变形,锚头、杆尾皆不移动,此时杆体受力为零,锚杆等于虚设。

② 力源来自锚头以下岩体的变形或荷重,锚头不动而杆尾下移,此时杆体承受轴向拉伸(以顶板锚杆为例,下同)。

③ 力源来自锚头以远岩体的变形或荷重,锚头受压,杆尾不动,此时杆体承受轴向压缩。

④ 头、尾同时下移,但锚头移动小、杆尾移动大,此时杆体承受轴向拉伸。

⑤ 头、尾同时下移,但锚头移动大、杆尾移动小,此时杆体承受轴向压缩。

⑥ 头、尾同时下移,其量相等,此时杆体受力为零,此时与情况①不同的是岩体已有移动,但锚头没有锚牢,锚杆被变形的岩体带动下滑,故锚杆没有起到应有的承载作用。

⑦ 杆体开始处于拉紧状态,后因喷层剥裂、板帽破断、垫木朽坏或煤壁压碎等种种原因,孔口丧失承载能力,从而使杆尾上移,杆体卸载至零。

锚杆有的受拉,有的先受拉后受压,有的受拉压交互变化,原因就在于岩体与锚头、杆尾之间的相对运动变化关系有上述七种组合。

锚头、杆尾相对位移的大小,与杆体是否屈服及岩体是否离层有密切关系。如果岩体不离层,则一般总是越靠近巷道表面的位移越大,即保持锚杆尾部的位移大于锚头的关系。此时锚杆无疑处于拉应变状态。然而,锚杆支护的岩体往往是会离层的,尤其是在受采动影响较剧烈的巷道更是如此。

提示与练习

1. 煤的标准试件单轴抗压强度、煤样的现场临界立方体单轴抗压强度、煤柱强度、煤柱临界宽度的力学概念及其工程价值。

2. 煤柱强度的计算方法。

3. 煤柱临界宽度的计算方法。

4. D. J. Dodds 认为的岩层锚固机理的关键所在。

5. 巷道顶板锚固岩层剪应力分布规律。

6. Goodman 曲线在岩层锚固机理中的作用。

7. 锚杆或锚索的锚固强度、锚固力、预紧力的区别与联系。

8. 以第一章第七节中煤层巷道锚固强度设计计算实例为例，改变个别参数，如采深、巷道断面尺寸、煤样标准试件单轴抗压强度，分组进行煤层巷道锚固设计计算。

第二章　长壁工作面采场矿压

第一节　引　　言

采场矿压是矿井岩石力学的组成部分。采场围岩泛指受煤层开采扰动的煤层顶板、底板、煤壁及采空区垮落岩层等空间影响区域。采场矿压研究中，顶板岩层物理力学性质、顶板岩层组成结构以及支护系统载荷的确定，构成了采场岩层控制的三大主题。

采场矿压是矿井岩层控制技术及控制理论中最为复杂的问题。例如，井巷地压与采场矿压尽管同属矿井岩石力学范畴，但是井巷地压在其控制原理和方法上与隧道工程和其他地下工程并没有本质区别，其基本原则是要求这些地下工程结构在较长的服务期限内满足工程要求和处于静态平衡的稳定空间。采场矿压的基本问题则是顶板岩层在动态过程中的控制问题。在全部垮落法开采中，工作面围岩-支架间的作用时间很短，是一种动态过程中的相对平衡，支架的工作性质更类似于一种转载系统。问题还在于，要在岩层物理力学性质和岩层结构都并不十分清楚的前提下确定支架所承担的动态载荷。

在扰动范围方面，采场显然远大于巷道。在层面范围内，由于大量的煤层被采出，相应范围内的原岩应力转移到与开挖空间相邻的煤壁上。这种高峰值的支承压力伴随工作面推进而不断向前“滚动”，工作面前方煤壁及两侧回采巷道往往因受支承压力的“碾压”而遭破坏。煤壁中支承压力极限平衡区域的大小，不仅影响工作面煤壁的稳定，同时也影响采准巷道的稳定性和煤柱尺寸的确定。在铅垂方向上，除影响本工作面顶板岩层外，还会影响相近的上部煤层及其围岩，且最终会波及地表，引起开采沉陷。

就采煤工作面顶板岩层控制而言，其主要对象是直接顶和基本顶，确定采动过程中的顶板岩层物理力学性质、顶板岩层结构和顶板岩层作用于工作面支架上的载荷量值，其本质仍然是研究岩层从原岩平衡状态过渡到另一种工程平衡状态的围岩-支架间的相互作用关系。

采场矿压是研究层状岩层（沉积岩）介质在矿床（主要指煤层）开采中应力、应变、位移和破坏等过程的规律和原理的一门基础性学科，它与固体力学密切相关，同时与生产工艺和生产过程相联系。因此，绝不能违背一些基本的力学原则，不可将理论研究与生产实践相脱离。随着矿井岩石力学在新的试验和理论基础方面的迅速发展，采场矿压研究也在不断取得新进展，并已成为煤矿生产中不可分割的一部分和思考问题的必备知识。

但应当指出，与其他边缘学科一样，在本学科领域，一些旧的、已被科学所推翻的，甚至很原始的概念和研究成果及计算方法，还经常与有论据的最新研究成果并存。由此，可能使一些不合理的投资增加，有时数额还很大，而工程本身又处于不利的甚至危险的条件之中。

对岩石力学问题的重要性认识不够往往会带来巨大的经济损失，甚至会出现灾难性的工程事故和人员伤亡。因此应特别强调，要竭尽全力地研究和预测这些现象，找出对其预防和防治的方法，以避免这些现象的发生。

第二节　采场矿压基本概念

一种新的基本概念的建立，关系到对研究内容钻研方向的确定，决定着研究工作向成功的方向发展。同时，一个完整概念的形成，又依赖学科本身的完善程度。目前，在许多技术文献和专门论著中，对采场矿压基本概念的表述并不十分统一，有些分歧甚至直接来自不同矿压假说的理论基础。

从总体看，岩石力学是固体力学的一个分支，岩石力学所涉及的基本问题依然是岩体在具体外载或具体应力场条件下，围岩的变形、破坏及其作用于支护系统上的载荷量值，在技术上应解决围岩控制或围岩稳定性问题。

随着矿井岩石力学的发展，岩石力学在采矿工程中已形成几个专门的研究领域。诸如井巷地压、冲击地压和采场矿压等。井巷地压研究中，通常是把井筒或巷道围岩视为相对均质的统一整体，并在具体围岩应力场条件下确定围岩的变形、破坏以及支护系统承担的载荷，即所谓的井巷地压。

采场矿压研究中，涉及的对象是煤层及其顶底板岩层。在力学性质上，煤层与其顶底板岩层一般都差异很大，在做力学分析时要区别对待，即要作为不同力学属性的层状介质系统对待。这在分析方法上完全不同于井巷地压。采场矿压研究中，把顶板岩层、煤层、工作面支架以及底板岩层看作相互作用的不同物体，并由此引出工作面顶板和底板、矿山压力和矿山压力显现等一系列重要的专业概念。

一、煤层顶板和底板

顶板——在地质意义上，把赋存在煤层之上（一定高度范围内）的邻近岩层称为煤层顶板，简称为顶板。但在煤层开采过程中，往往又会由于开采方法的不同而给顶板这个概念赋予不同的特定内涵。在上行分层开采和放顶煤开采中，把顶煤及其以上的岩层统称为顶板；在下行分层开采时，习惯上把人工顶板也称为顶板。

底板——把赋存在煤层之下（一定深度范围内）的邻近岩层称为煤层底板，简称为底板。其抗压强度在对工作面支架提供有效反作用力方面有极为重要的影响。

事实上，工程实际中的顶、底板命名可分为两种形式：一种是未开采前以煤层为基准的地质命名，如图 2-1 所示；另一种是指开采过程中以煤层的开采部位为基准而命名。两者在具体的工程实际中都有其特定的含义。在以下的顶板命名中，主要是从岩层的相对位置、垮落特征、断裂特征和载荷特征四个方面考虑所提出的约定。

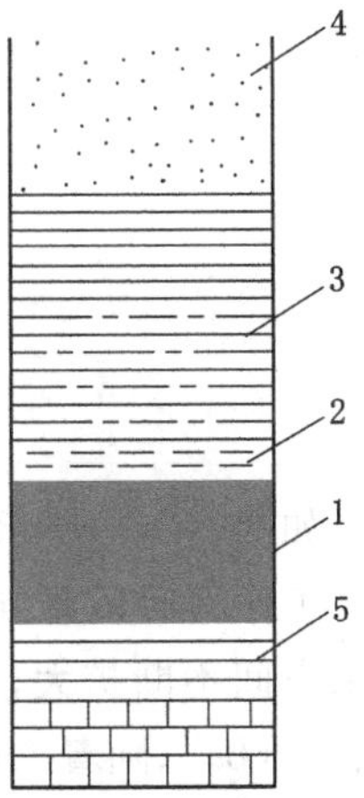

1—煤层；2—伪顶；
3—直接顶；4—基本顶；
5—底板（或直接底）。

图 2-1　煤岩层柱状图

伪顶——紧贴于煤层之上的薄（0.3～0.5 m）而易碎岩层。

断裂特征：随采煤而垮落；

结构特征：散体结构；

载荷特征：岩层不对支架产生作用。

直接顶——位于伪顶或煤层之上的一组有一定强度的稳定岩层。

断裂特征：岩层呈悬臂梁断裂，易于随移架或回柱而自行垮落；

结构特征：悬臂梁，非承载结构；

载荷特征：断裂岩层的荷重全部由工作面支架承担。

基本顶——位于直接顶之上的厚层状坚硬岩层。

断裂特征：断裂岩层会形成铰接板（梁）结构；

结构特征：三铰拱半承载结构；

载荷特征：铰接板（梁）结构能够承担部分自身荷重，剩余部分要转移到支架上。

顶板上覆岩层——基本顶以上至地表的岩土层。

断裂特征：断裂岩层的下部形成裂缝带，断裂岩层的上部形成弯曲下沉带；

结构特征：自承载结构；

载荷特征：岩层荷重全部由自身结构承担。

采煤工作面——煤层开采过程中，直接进行采煤作业的场所称为采煤工作面。

全部垮落法管理顶板中，采煤工作面空间可归结为三种基本形式，如图 2-2 所示。

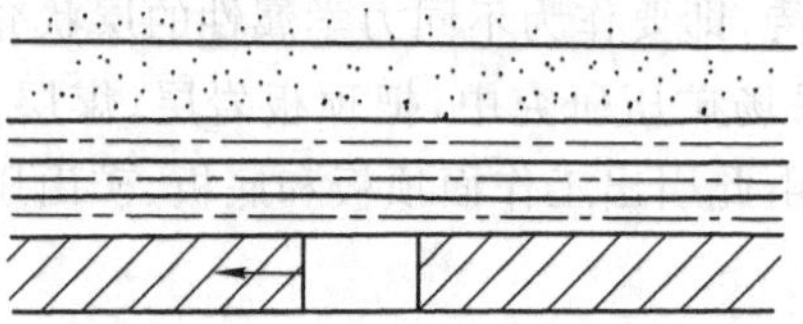

(a) 初始状态

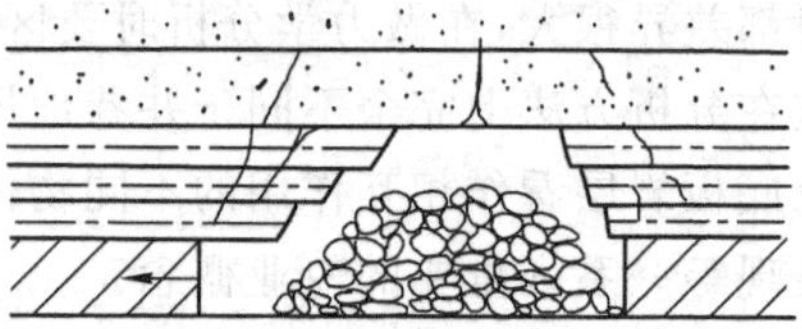

(b) 基本顶初次断裂

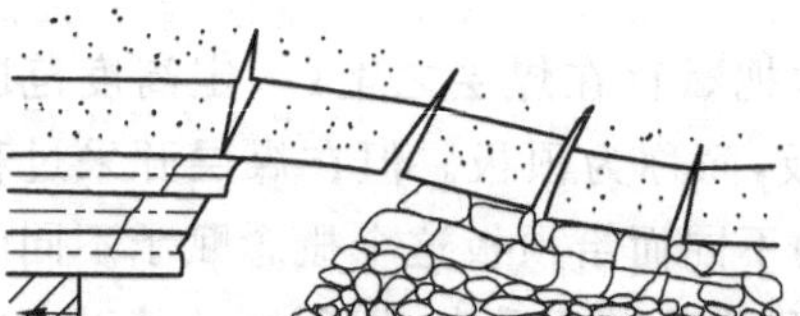

(c) 一般状态

图 2-2　全部垮落法采煤工作面空间的变化过程

如图 2-2(a)所示，沿采煤工作面始采线掘进一条以供安装采煤设备的煤巷，它的上（下）端与工作面回风巷（运输巷）相通，工程上把这条特殊的煤巷称为开切眼。随着工作面推进，回采空间不断扩大，顶板岩层逐渐弯曲下沉，相继发生直接顶初次垮落和基本顶初次断裂[图 2-2(b)]；随着工作面继续推进，回采空间进入相对稳定的一般状态[图 2-2(c)]。

就采煤工作面顶板控制而言，基本顶是主要的支撑对象，直接顶是主要的维护对象，即顶板控制中的“支”与“护”是针对不同对象采取的相应控制措施。伪顶尽管也是顶板的范畴，但其一般不作为顶板控制的对象。顶板以上的上覆岩层，一般不作为工作面顶板控制考虑的范围。

采场——通常把直接进行采煤的作业空间及其一定的影响区域称为采场。除采煤工作面外，采场还可以包括回采巷道和邻近采煤工作面的采空区区域。

在矿压理论研究中，其核心问题是确定基本顶岩层的层位及物理力学性质、基本顶断裂前后形成的结构和基本顶岩层作用于工作面支架上的载荷量，即以基本顶岩层作为研究对象来建立相应的力学模型。基本顶岩层既有别于其下的直接顶岩层，又不同于其上的顶板上覆岩层。它最为显著的力学结构特征就在于其断裂后不仅是作用于工作面支架上的一种主要载荷，同时也是一种重要的承载结构。相对而言，直接顶岩层断裂后是一种毫无自承能力的单纯载荷；基本顶以上的顶板上覆岩层(通常所指的裂缝带和弯曲下沉带)断裂后会形成自承载系统，由其自重引起的载荷不对工作面支架产生明显的作用，但是对采场支承压力产生重要影响。

二、岩层控制术语

岩层控制——煤层地下开采中，沉积岩层的变形、载荷、应力分布状态的控制。岩层控制研究的基本内容包括：

① 巷道围岩变形控制——巷道围岩加固参数方案设计计算。巷道围岩变形量可能超过巷道跨度的20%。这种大变形在隧道工程、水电工程和其他地面工程中是无法容忍的。

② 采煤工作面顶板岩层载荷(压力)控制——工作面支架选型和额定工作阻力设计计算。采煤工作面支架既要保障控顶区内顶板岩层的稳定，又要允许控顶区外(采空区侧)顶板岩层自由垮落。工作面支架既是一种承载机构，又是一种转载机构。工作面支架与顶板岩层之间形成一种特殊的短暂平衡系统。

③ 采场围岩应力分布状态控制——冲击地压防治方案设计。人为干预采场围岩应力分布状态，降低围岩应力集中峰值，以规避冲击地压风险。

采场矿压——采场矿山压力和采场矿山压力显现的统称，简称为矿压。

采场矿山压力——采场岩层作用于支承结构(支架、煤壁、煤柱、采空区矸石或充填物等)上载荷的统称，简称为矿山压力。

采场矿山压力显现——由采场矿山压力作用所引起支承结构的变形、破坏及其力学效应的统称，简称为矿压显现。

采场支承压力——由采掘工程在煤壁上引起的集中应力(二次应力)，称为采场支承压力。

顶板压力——指顶板岩层(直接顶和基本顶)作用于采煤工作面支架上的载荷。

支架工作阻力——指为平衡顶板压力，采煤工作面支架所承担的反作用力。

支架额定工作阻力——指支架设计最大承载力。

应当指出，矿山压力与矿山压力显现，在固体力学范畴中应归结为载荷与变形、破坏间的因果关系，但其绝非固体力学中的应力-应变关系，二者间的本构关系一时还难以确立。

工程实际中，顶板压力一般不足采场覆岩载荷的5%；采场矿压理论研究的核心内容，正是要在这5%之内，来确定顶板压力的具体量值，为工程中选择合理支架工作阻力提供可靠的理论依据。

此外，支架在工作面装备的投资中占有很大的比例，其涉及金额达数千万元。支架工作阻力的确定，直接关系到装备可靠性和装备投资额度的优化与抉择。显然，支架额定工作阻力选择过大，会增加设备的可靠度，同时也会大幅度增加设备的成本；相反，支架额定工作阻力选择过小，最大的风险是装备损坏和生产隐患，其后果有可能是灾难性的。图 2-3 所示为工作面支架的过载损坏情况。

图 2-3　工作面支架的过载损坏情况

三、顶板岩层断裂机制

岩石抗拉强度和抗剪强度远低于其抗压强度。以受均布载荷作用的悬臂岩梁为例，如图 2-4 所示，在自重载荷 q 作用下，岩梁可能发生两种断裂：拉伸断裂，或者剪切断裂。

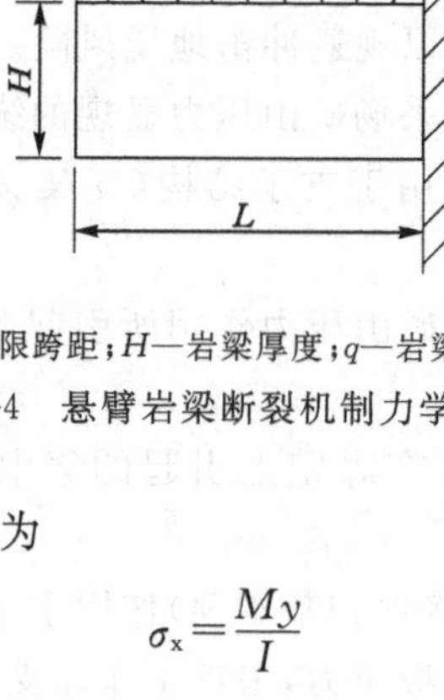

L—岩梁极限跨距；H—岩梁厚度；q—岩梁自重载荷。

图 2-4　悬臂岩梁断裂机制力学模型

由材料力学，弯曲梁的正应力为

$$\sigma_x = \frac{My}{I} \tag{a}$$

式中　σ_x——弯曲梁的正应力；

M——梁的弯矩；

y——梁的截面高度；

I——惯性矩，矩形截面梁 $I = bH^3/12$；

b——梁的宽度。

按照岩梁拉伸断裂力学机制，取正应力 $\sigma_x = \sigma_t$，截面高度 $y = H/2$，悬臂岩梁的最大弯矩 $M_{max} = qL_t^2/2$，则极限应力状态下

$$\sigma_t = \frac{M_{max}y}{I} = \frac{3qL_t^2}{H^2} \tag{b}$$

式中　σ_t——岩梁抗拉强度；

q——岩梁自重载荷($q=\gamma H$)；

γ——岩梁重度；

H——岩梁厚度；

L_t——岩梁拉伸断裂极限跨距。

由式(b)，悬臂岩梁拉伸断裂的极限跨距为

$$L_t=H\sqrt{\frac{\sigma_t}{3q}} \tag{c}$$

此外，极限应力状态下，悬臂岩梁平均剪应力为

$$\tau_{avg}=\frac{V}{A}=\frac{L_\tau Hb\gamma}{Hb}=L_\tau\gamma \tag{d}$$

式中　τ_{avg}——岩梁平均剪应力；

V——岩梁剪力；

A——岩梁横截面积；

L_τ——岩梁剪切断裂极限跨距。

由材料力学，弯曲梁的最大剪应力为

$$\tau_{max}=\frac{VH^2}{8I}=\frac{3V}{2A}=1.5\tau_{avg} \tag{e}$$

式中　τ_{max}——岩梁最大剪应力。

极限平衡状态下，取岩梁最大剪应力等于其抗剪强度，$\tau_{max}=[\tau]$。由式(d)、(e)，可得悬臂岩梁剪切断裂的极限跨距 L_τ

$$L_\tau=\frac{\tau_{avg}}{\gamma}=\frac{\tau_{max}}{1.5\gamma}=\frac{[\tau]}{1.5\gamma}=\frac{[\tau]H}{1.5q} \tag{f}$$

式中　$[\tau]$——岩梁抗剪强度。

另外，根据 Griffith 强度理论，岩石抗剪强度是其抗拉强度的 2 倍，由此令$[\tau]=2\sigma_t$，可得悬臂岩梁剪切断裂的极限跨距 L_τ

$$L_\tau=\frac{2\sigma_t H}{1.5q} \tag{g}$$

由式(c)和式(g)得

$$\frac{L_\tau}{L_t}=\frac{2}{1.5}\sqrt{\frac{3\sigma_t}{q}} \tag{h}$$

此时：

当$\frac{\sigma_t}{q}=0.187\,5$(或 $q=5.333\,3\sigma_t$)时，$L_t=L_\tau$，拉伸断裂与剪切断裂同时存在；

当$\frac{\sigma_t}{q}>0.187\,5$(或 $q<5.333\,3\sigma_t$)时，$L_t<L_\tau$，拉伸断裂；

当$\frac{\sigma_t}{q}<0.187\,5$(或 $q>5.333\,3\sigma_t$)时，$L_\tau<L_t$，剪切断裂。

取岩梁重度 $\gamma=25\ \mathrm{kN/m^3}$，岩梁抗拉强度 $\sigma_t=1\ \mathrm{MPa}=1\,000\ \mathrm{kN/m^2}$，并令$\frac{\sigma_t}{q}=\frac{\sigma_t}{\gamma H}=0.187\,5$，得

$$H=\frac{\sigma_t}{0.187\ 5\gamma}=\frac{1\ 000}{0.187\ 5\times 25}=213.3\ (\text{m})$$

在此条件下，悬臂岩梁拉伸断裂与剪切断裂的分界点为 $H=231.3$ m，即当岩梁厚度小于 231.3 m 时，岩梁的断裂机理可视为属于拉伸断裂。

第三节　顶板岩层断裂机制及运动过程

赋存稳定的缓倾斜煤层，其顶板岩层明显的力学特征表现在各自然分层厚度的均匀性和良好的连续性，这类顶板岩层的工作状态类似于单层板或组合板的工作状态。工程实践和模拟试验已证实了这种显著的特征。因此，应用薄板理论的分析方法研究采场岩层控制问题是一项非常有意义的工作。

一、直接顶

煤层开采过程中，工作面的回采工艺过程是在直接顶下方完成的。根据直接顶的性质，它可能是很容易支护或者很难支护的。因此，在某些情况下，可以使用简便的支护方式进行维护，而在另一些情况下，必须采用十分复杂的支护措施才能维持正常生产。工程实际中，如果对直接顶不能进行有效的维护（或控制），往往会导致工作面顶板控制的失败，甚至会造成重大顶板事故。因此，维护直接顶的完整与稳定是顶板控制的基本要求。

直接顶的工作状况可分为两种运动过程：

① 初始运动过程。它包括从开切眼掘进到直接顶初次垮落完成的整个期间。

② 稳定运动过程。它是从直接顶初次垮落后开始，一直到工作面终采为止。在此期间，因顶板岩层的岩性不同，直接顶可能在多数情况下会随移架而迅速垮落，或者出现普遍的悬顶现象，并把直接顶的垮落步距称为稳定垮落步距。

稳定运动过程在力学机制上比较简单，下面着重讨论直接顶的初始运动过程。

对于由节理不发育的层状岩层组成的直接顶，在初次垮落前，其变形受回采工艺过程的影响，往往引起悬板的非对称弯曲。这种非对称弯曲，不仅是弹塑性变形，而且受蠕变的影响也会很大。

如图 2-5 所示，在边界条件完全对称的情况下，悬板的最大挠度并不位于其几何形心 O_1 处，而是位于 O_2，即沿走向和倾向都有偏心距离。悬板最大挠度的位置随工作面推进而前移，挠度值随之增加。直接顶的悬露面积也随工作面推进而增加，而悬顶空间的边长比 a/b 却减小，最终以悬板达到极限跨距而完成直接顶的初始运动过程。

当煤层倾角和顶板支承条件不同时，悬板的非对称弯曲也会随之发生改变。另外，在岩层无节理情况下，蠕变变形量可达到弹性变形量的 100%～250%。

多数情况下，直接顶的垮落是分区域和分阶段完成的，且各部分的垮落形状呈不同大小的椭圆状，这种卵形周边内的主要裂隙按“封闭信封”形扩展，如图 2-6 所示。

直接顶岩层初次垮落的顺序是不固定的，它取决于岩层的力学性质、厚度、破裂程度和接触面的黏结力等因素。为此可能会出现岩层顺序垮落、自然分层组顺序垮落，或者是这些顺序垮落的组合。

靠近煤层的直接顶岩层，绝大多数情况下，其垮落的发展情况如图 2-6(a)至图 2-6(d)

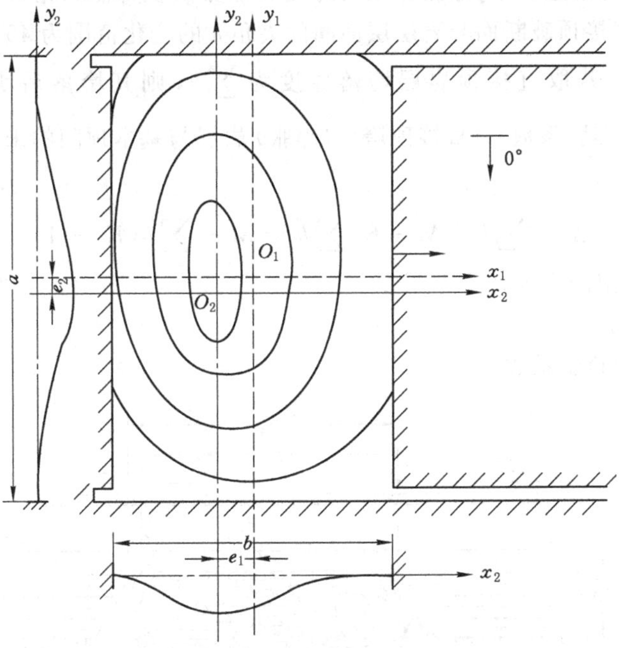

图 2-5 直接顶初次垮落前的变形特征

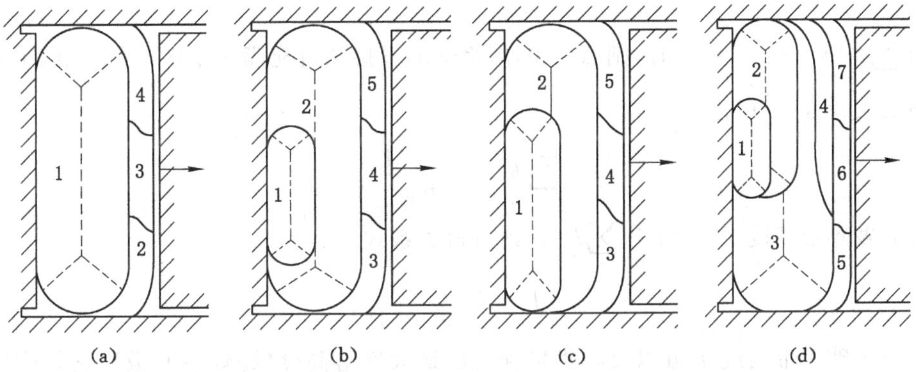

图 2-6 直接顶破裂垮落发展的形状和典型顺序示意图

所示，每种情况垮落顺序的序号如图中标示。

对于缓倾斜煤层顶板，当无地质破坏时，多数的破裂扩展会出现如图 2-6(a)所示的形式。对于综采工作面，在移架放顶时直接顶会分块垮落，垮落顺序如图 2-6(a)中序号 2，3，4 所示。

直接顶初次垮落步距是指直接顶初次垮落时工作面煤壁到开切眼煤壁之间的距离。并约定顶板冒高超过 0.5 m 区域的累计长度（工作面长度方向上）占工作面全长的 50%作为直接顶初次垮落判据指标。直接顶初次垮落步距一般为 6～20 m。当直接顶稳定性较强时，初次垮落步距一般较大。生产中为了减少直接顶初次垮落对工作面安全的威胁，通常要采取专门的技术措施——采煤工作面初次放顶。

直接顶在初次垮落过程中，悬露顶板的跨度和悬露面积都随垮落高度增加而减小。各支承边界的中部，直接顶破断面与岩层层面间的夹角 α 的变化范围为 45°～70°。

如图 2-7 所示，若取直接顶岩层垮落厚度为 $\sum h$，则其垮落后块体的碎胀高度为 $K_p \sum h$（K_p 为平均碎胀系数）。直接顶垮落（碎胀）岩层与基本顶间的未充填（自由空间）高度 Δ 的关系式为

$$\Delta = \sum h + M - K_p \sum h = M - \sum h(K_p - 1) \tag{2-1}$$

式中 Δ—— 自由空间高度；

M—— 采高；

K_p—— 平均碎胀系数。

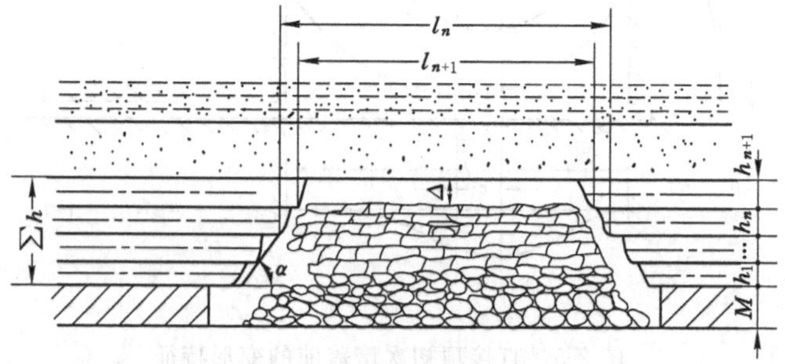

图 2-7 直接顶的碎胀特征

当 $\sum h(K_p - 1) = M$ 时，则 $\Delta = 0$，即垮落的直接顶将充满采空区，可得充满采空区的直接顶最大厚度 $\sum h_{max}$

$$\sum h_{max} = \frac{M}{K_p - 1} \tag{2-2}$$

若取破碎带高度 $J = M + \sum h_{max}$，则可得关系式

$$J = M \frac{K_p}{K_p - 1} \tag{2-3}$$

采空区破碎带高度 J 可以反映直接顶岩层最大垮落高度（距煤层底板），它是确定支架工作阻力的重要指标。若取 K_p＝1.15～1.40，则破碎带高度 J＝(3.5～7.67)M，即它是采高的 3.5～7.67 倍。此时，如果工作面支架只承担垮落高度范围内直接顶岩层的自重，则支架的支护强度应不小于 2.5～6.67 倍采高的岩层自重。

在缓倾斜煤层条件下，直接顶垮落岩层往往不足以充满采空区空间，采空区处于不耦合充填状态。此时上方基本顶岩层的变形、断裂和垮落等工作状态与薄板相类似。

裂隙体岩层的极限悬露面积比类似非裂隙体岩层要小很多。多裂隙体岩层变形时，在裂隙面上作用有挤压力。这种挤压力使贯穿岩层的裂隙的摩擦力增加。

直接顶在初始运动过程中的变形、破断和垮落与四边固支板相类似；它在稳定运动过程中，则与三边固支悬板相一致。对于垮落岩层的碎胀性，直接顶初次垮落时悬露面积较大，垮落岩层在垂直层理方向上的碎胀率很小。因此，它比稳定运动过程中的碎胀率要小很多。

垮落岩层的碎胀系数不仅与岩层结构和岩性有关，而且还与其下落高度、下落前块度等

因素相关。表 2-1 列出了黏土页岩和页岩在不同采高下的碎胀系数取值。

表 2-1 黏土页岩和页岩的碎胀系数

采高/m	碎胀系数 K_p	
	黏土页岩	页岩
<1	1.15～1.20	1.20～1.25
1～2	1.25～1.30	1.30～1.35
2～3	1.30～1.35	1.35～1.40

坚硬顶板的碎胀性和垮落特征有别于松软顶板。大同同家梁矿 11 号煤层 301 盘区 8102 工作面是一典型实例。工作面上分层采厚 2.0 m，下分层采厚 3.0 m，煤层厚度 5 m 左右。工作面上分层于 1967 年 5 月开始回采，1968 年 10 月终采。下分层于 1969 年 3 月开始回采，1970 年 1 月终采。1971 年 2 月 20 日开始对采空区顶板垮落状况进行实地探测，探测结果见表 2-2。采空区顶板垮落实测情况如图 2-8 所示。

表 2-2 采空区顶板垮落状况实测结果

采高/m	2.10	5.0	5.0	5.0	5.0	5.0	5.0	5.0	5.0
顶板岩层	中细砂岩	细砂岩	细砂岩	细砂岩	细砂岩	细砂岩	粉砂岩	粉砂岩	粉砂岩
距开切眼煤壁距离/m	5	10	15	20	25	30	35	40	43
顶板垮落高度/m	2.24	3.50	5.40	6.00	14.60	17.20	19.80	24.00	27.26
垮落岩块堆集高度/m	4.00	7.80	8.20	9.20	17.50	21.60	24.20	28.20	31.80
自由空间高度/m	0.55	0.80	2.40	1.60	2.20	0.50	0.60	0.70	0.30
碎胀系数	1.79	2.23	1.52	1.53	1.20	1.26	1.22	1.18	1.17
$\frac{顶板垮落高度}{采高}$	1.07	0.70	1.08	1.20	2.92	3.44	3.96	4.80	5.45

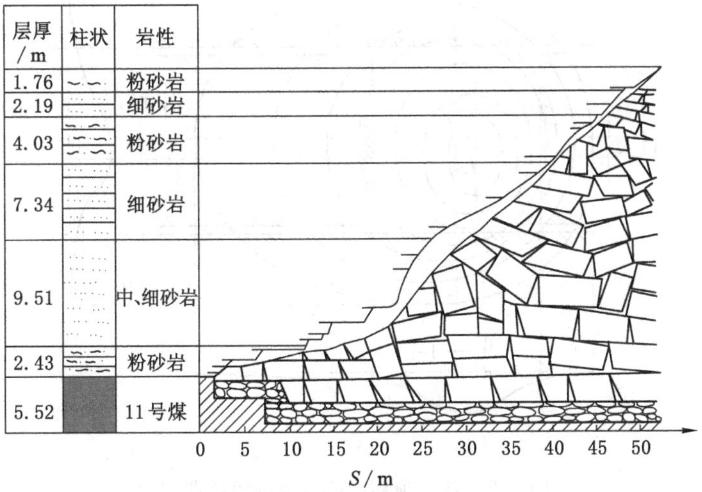

图 2-8 采空区顶板垮落实测情况示意图

从下分层工作面终采到采空区顶板垮落状况实地探测，已时隔 13 个月之久，顶板已经基本稳定。探测人员到达的探测终点距工作面隔离煤柱 43 m，探测到的顶板最大垮落高度为 27.26 m，探测终点前方仍有 0.3 m 的自由空间，考虑探测工作的安全，探测工作到该处结束。

从图 2-8 中可以看到，采空区顶板破断角的变化可分为两个区段。第一个区段为 0～20 m 处，该段最大垮落高度为 6 m，顶板破断角为 16.7°。第二个区段为 20～43 m 处，该段最大垮落高度为 27.26 m，顶板破断角为 42.8°。探测段 0～43 m 内顶板的平均破断角为 32.4°。

二、基本顶

基本顶是位于直接顶之上的坚硬岩层。该岩层破断后覆盖于垮落的直接顶碎胀岩石（层）上。由于基本顶岩层的强度较高、破断块度大以及破断后受到采空区碎胀岩石的支撑作用等，基本顶岩层断裂后，其断裂块体常形成结构。这种岩层块体的结构形式是建立矿压理论力学模型的基础。

基本顶岩层的破断、下沉和失稳对工作面支架产生的作用力远大于直接顶。对于整体强度很高的基本顶岩层，其运动往往对工作面支护系统产生很大的冲击载荷，甚至造成严重的顶板事故。

顶板岩层控制中，基本顶与直接顶之间、支架与顶底板之间是一个复杂的相互作用过程。生产实际中，顶板岩层控制的可靠性与生产工艺及顶板控制的技术水平密切相关。

类似直接顶，基本顶的工作状态也可分为两种运动过程：

① 初始运动过程。它包括从掘进开切眼到基本顶初次垮落的整个期间。

② 稳定运动过程。它包括从基本顶初次垮落到采煤工作面终采的全部过程。

有时，上述两种运动过程之间存在较短的过渡段。两种运动过程中的基本运动形式可明显地分为两个阶段：断裂前的变形阶段和断裂后的下沉与垮落阶段。

在初始运动过程中，非裂隙体基本顶岩层，其典型的变形特征是沿走向和倾向的弯曲有些不对称。初次断裂前，基本顶的等挠曲线如图 2-9 所示。

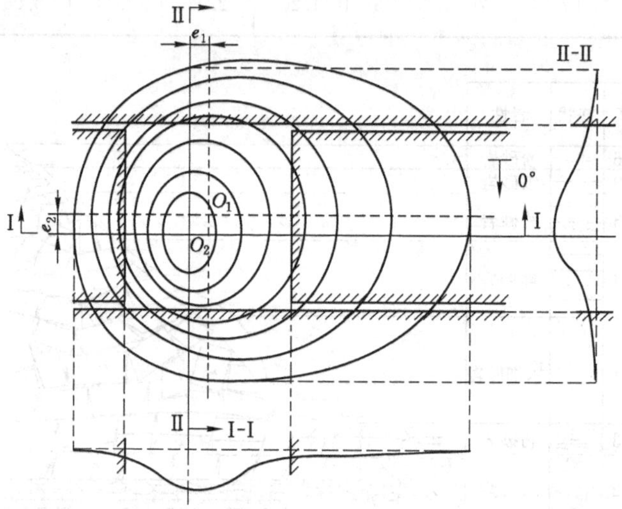

图 2-9　基本顶初次断裂前的等挠曲线

一般情况下，沿走向的最大挠曲位置的偏心距 e_1 与沿倾向的偏心距 e_2 是不相等的。在其他条件相同的情况下，随着基本顶岩层的强度和刚度的增加，悬顶的极限跨距随之加大，而比值 e_1/e_2 也会增大。

多数情况下，$e_2 \ll e_1$，在计算基本顶断裂前的极限悬露面积时，基本顶弯曲的不对称性在初步近似中可以忽略不计。当达到极限跨距时，基本顶发生初次断裂。当接近初次断裂时，顶板具有很大的潜在位能，当这种位能在初次断裂和初次垮落中释放时，伴有非常猛烈的矿压显现发生，并经常发生采场冒顶事故。

通常把基本顶发生初次破断，使工作面顶板压力增大称为初次来压。把开切眼煤壁到基本顶初次来压时工作面煤壁间的距离称为基本顶初次来压步距。基本顶初次来压步距与顶板岩性、地质条件及开采条件等因素相关，一般为 20～45 m。基本顶从断裂到垮落是一个持续过程，持续距离通常可达 4～8 m。

一般情况下，基本顶的初次断裂呈卵形（图 2-10），类似于前述直接顶情况。卵形内的主要断裂按“封闭信封”形式分布，并且向顶板悬露面积隅角的方向延伸。与此同时，产生的次级裂隙加剧了顶板的破断和垮落。

基本顶初次垮落后，随着工作面的继续推进，基本顶进入稳定运动过程，其基本运动方式为：悬露—断裂—转动—下沉触矸，且这种运动呈周期性出现。通常把这种由于基本顶的周期性破断在采煤工作面支护系统中产生明显作用的力学现象称为周期来压。把周期来压之间的距离称为周期来压步距。通常周期来压步距在初次来压步距的 40%以下。

基本顶周期性断裂的过程如图 2-11 所示。其断裂线的形状与初次垮落（或断裂）时工作面前方边缘线的形状一致，并周期性地重复出现。在浅部煤层的长壁垮落法开采中，这种间隔的弧形断裂会波及地表。

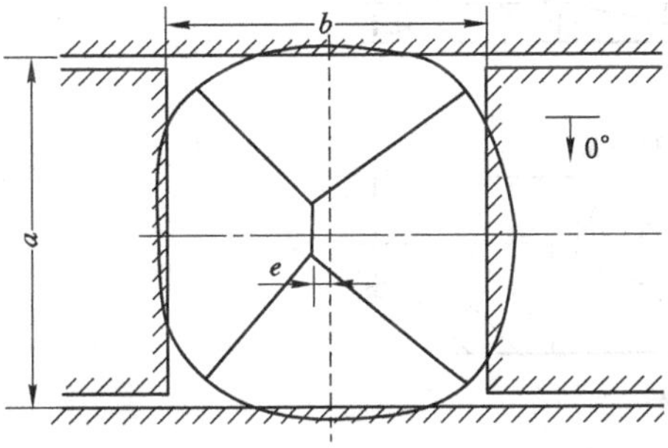

图 2-10　基本顶岩层初次断裂的特征和形状

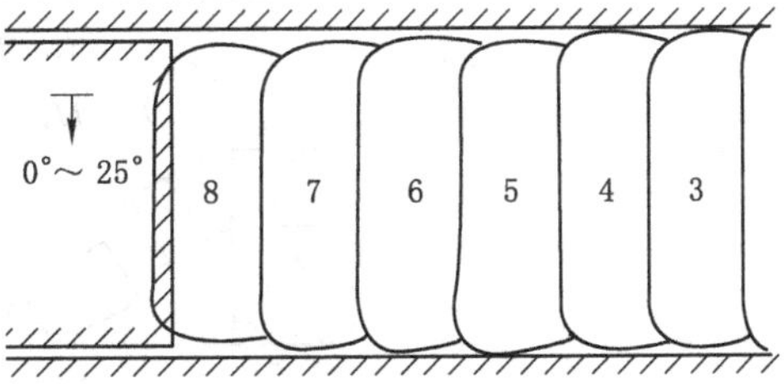

图 2-11　稳定运动过程中基本顶的断裂过程

对于裂隙体基本顶岩层，其主要矿压破断裂隙（如初次断裂和周期断裂）将贯穿天然裂隙，其分布状态与非裂隙体岩层的相同。当天然裂隙的方向接近主要断裂裂隙方向时，边界上的主要断裂的发展将发生一些改变，此时天然裂隙对基本顶在支承边界上的裂隙发展规律有一定影响。

当基本顶厚度与悬露面积短边的比值很小时，初次垮落期间的裂隙体顶板可能有很高的自承能力。但是，随着该比值的增大，顶板的自承能力将降低，即裂隙体顶板的厚度越大，自承能力越低。

当岩层裂隙比较发育时，岩层的断裂往往是天然裂隙的张开而分离，其并不是真实意义上的断裂。因此，基本顶初次断裂裂隙基本上与天然裂隙重合。在近水平条件下，基本顶岩层的变形往往是由于分离岩块间的相对转动，所以随着跨度的增大，悬板很容易形成对称弯曲，即生产工序对裂隙体岩层非对称蠕变变形的影响很小。

第四节　库兹涅佐夫铰接岩块矿压假说①

苏联学者库兹涅佐夫（Г. Н. Кузнецов）于 1950—1954 年期间，根据相似材料模型的试验研究并结合井下的实际观测结果，提出了有关采场上方顶板岩层的运动过程、支架与围岩相互作用的铰接岩块矿压假说。该假说认为，工作面回采后，顶板岩层的破坏形式可以分为“两带”，即直接靠近采空区底板的不规则垮落带及其上部的规则移动带。

不规则垮落带内的岩层，由于受到破断裂隙的分割，分裂成许多单个岩块，这些岩块可以自由地在采空区垮落且互不阻碍。

规则移动带内的岩层，虽然也破裂成一段段的层状岩块，但是每一层内的岩块之间仍保持一定的联系。它们形成了一条多环节的铰链，规则地整体下沉，且岩块没有单个垮落的现象。

库兹涅佐夫认为，岩层的规则移动和不规则垮落，取决于岩块之间是否保持上述的铰链联系。形成铰链的条件取决于顶板垮落岩层的厚度 H 和该岩层垮落时的自由空间高度（例如，煤层之上第一层岩石垮落的自由空间高度就是采高）M。根据垮落岩层厚度 H 和自由空间高度 M 的比例关系不同，可以把岩层的活动分为三种基本方式（图 2-12）。

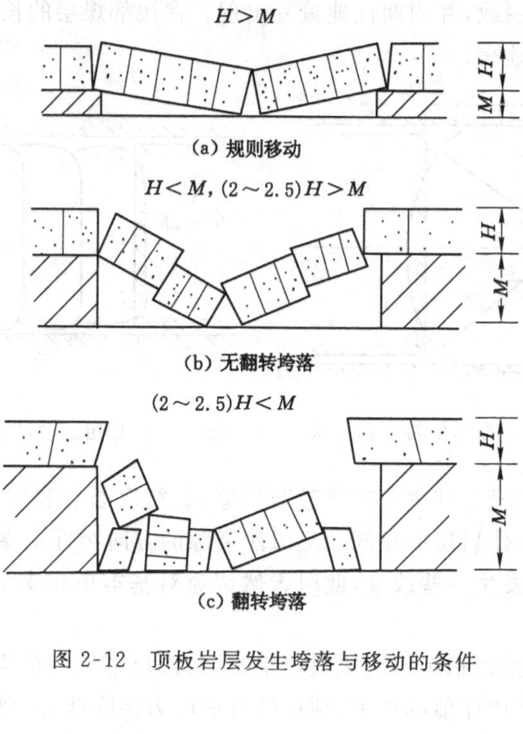

图 2-12　顶板岩层发生垮落与移动的条件

① 北京矿业学院，等：《采煤学》，煤炭工业出版社，1959 年。

第一种基本方式的形成条件是 $H>M$[图 2-12(a)]。在这种条件下，即使岩块发生到达底板的最大下沉，岩块仍保持成向上隆起的三铰拱(图 2-13)。岩块之间的水平推力可以避免岩块沿裂隙面分离成碎块，因而形成了上述的规则移动。

岩层活动的第二种和第三种基本方式的形成条件是 $H<M$[图 2-12(b)、图 2-12(c)]。在这种条件下，当岩块下沉到底板之前，上述向上隆起的三铰拱已被破坏，岩块间的水平推力变得很小或完全消失。此时，大岩块将被破碎为较小的碎块，形成无规则垮落。第二种和第三种基本方式的差别在于：前者为$(2\sim2.5)H>M$，岩块虽不规则垮落，但各岩石碎块在垮落过程中不至于发生翻转，仍按原有方向平铺在底板上；而后者是$(2\sim2.5)H<M$，垮落岩层厚度比垮落高度小得更多，垮落后只能形成杂乱无章的碎石堆。两者构成不规则垮落带。

由于碎矸堆积的杂乱程度不同，不同垮落方式的岩石破碎膨胀性也有差异。按第三种方式垮落的矸石碎胀系数 $K_A=1.25\sim1.40$；第二种方式，碎胀系数 $K_B=1.05\sim1.15$；而第一种方式，碎胀系数 $K_C=1.01\sim1.02$。

采空区上方岩层自下而上逐层垮落，由于已垮落岩石碎胀，上部岩层垮落的自由空间高度逐渐减小，这就使顶板岩层的活动由第三种和第二种方式逐渐过渡为第一种方式，即从不规则垮落带过渡到规则移动带。通常第三种方式构成不规则垮落带的下部，而第二种方式构成不规则垮落带的上部。

根据上述原理，库兹涅佐夫提出确定各带岩层总厚度的计算公式(图 2-14)。

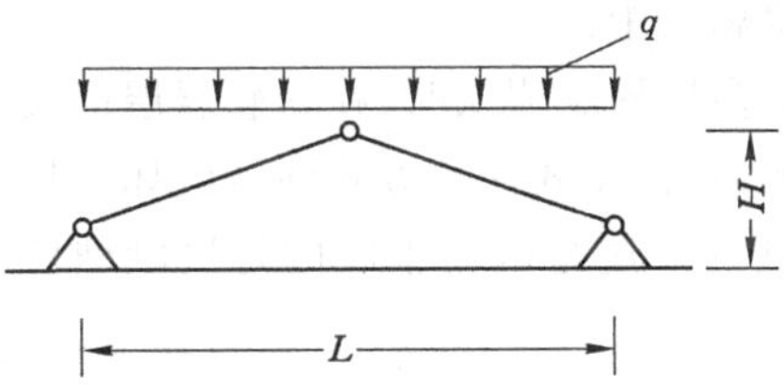

图 2-13　平面三铰拱

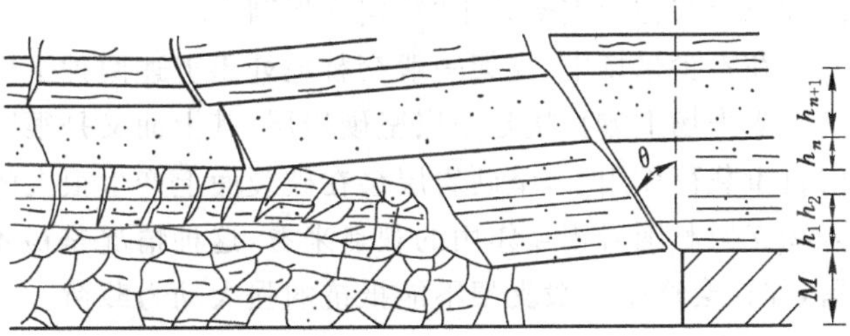

图 2-14　采场顶板的规则移动带和不规则垮落带

构成不规则垮落带下部和上部的岩层总厚度分别为 $\sum_{m=1}^{i}h_m$(第 1 ~ i 层) 和 $\sum_{m=i+1}^{n}h_m$(第 $i+1\sim n$ 层)，其可分别按式(2-4a) 和式(2-4b) 计算。

$$(2\sim2.5)h_{i+1}\geqslant M-(K_A-1)\sum_{m=1}^{i}h_m=\Delta\quad(h_{i+1}<\Delta)\tag{2-4a}$$

$$h_{n+1}>M-(K_A-1)\sum_{m=1}^{i}h_m-(K_B-1)\sum_{m=i+1}^{n}h_m=\Delta\quad(h_{n+1}>\Delta)\tag{2-4b}$$

式中　M——采高；

h_{i+1}——第 $i+1$ 层顶板岩层厚度；

h_{n+1}——第 $n+1$ 层顶板岩层(即规则移动带的最下层)厚度。

Δ——采空区自由空间高度。

笔者注：事实上，式(2-4b)是库兹涅佐夫给出的规则移动带(基本顶)的判据。即当上部某稳定岩层(第 h_{n+1}层)的厚度大于自由空间高度 Δ 时，将该岩层确定为规则移动带(基本顶)；其下部岩层均为不规则垮落带。

第 $n+1$ 层规则移动的岩层在采场上方形成三铰拱，它不但能支承本身的自重，而且还可能承受上部岩层传来的载荷，从而减轻采场支架所受的载荷。

随着工作面推进，这些铰接岩梁发生周期性的移动和破坏。岩梁跨度随工作面推进而逐渐增大，相邻岩块在铰接点处发生挤压；当岩梁悬伸长度达到一定值时，这种挤压力会超过悬伸岩梁所能承担的极限值，此时会引起强烈的移动，原有的铰接平衡状态遭到破坏。随着工作面的推进，将会建立起新的三铰拱。

该假说认为，采场支架的受力情况，取决于规则移动带中的悬梁与其相邻岩块间的相互作用，也取决于规则移动带与不规则垮落带中悬梁间的相互作用特性。根据这种特性的不同，支架可能处于两种根本不同的工作状态。

① 如果第 $n+1$ 层是变形很小的基本顶坚硬岩层，当其仅发生下沉而不发生折断时，则下部岩层(第 $1\sim n$ 层)就可能和它发生离层，且可能在自身重力作用下折断，支架最多只承受折断岩层的全部重力，故称支架处于“给定载荷”状态。在这种情况下，如果支护强度很低，直接顶就可能沿煤壁切落，这种情况必须防止。

② 若下部第 $1\sim n$ 层岩层是在第 $n+1$ 层坚硬岩层影响下而折断，则支架所承受的载荷(包括自重载荷和变形载荷)并不决定于下部岩层的重力，而取决于第 $n+1$ 层岩块间相互作用的条件。在这种情况下，支架上的载荷可能随整个岩层的下沉而不断增加(此时支架承担的变形载荷大于岩层自重载荷)，直到第 $n+1$ 层岩层受到充填物或垮落矸石的支撑为止。这种情况被称为支架处于“给定变形”状态。

在不少采场中，支架一般交替地处于上述两种工作状态之中。

当采场上方直接是一层坚硬岩层，其上面又是很厚的多层松软岩层时，在松软岩层巨大的自重载荷作用下，坚硬岩层会在破裂面上产生很大的剪力，铰接式活动方式便被破坏。从采场支架和围岩相互作用的观点来看，这种情况是最不利的。这是因为很厚的岩层剧烈垮落，往往会产生一般支架不能抵抗的强大动力载荷。

如果坚硬顶板上面同样是较厚的坚硬岩层，由于上部坚硬岩层的重力并不全部施加在下部岩层上，顶板的铰链式活动就仍然存在。

该假说对采场围岩的力学活动特性作了较详细的阐述，特别是关于支架和围岩间相互力学作用的分析是比较切合实际情况的。

第五节　采场薄板矿压理论[①]

在采场矿压理论与应用研究中，基本顶岩层的物理力学性质、结构模式以及确定其来压步距和来压强度是问题的关键。采场围岩结构特征可大体分为松散体压力拱结构、弹性悬梁(或悬板)结构、裂隙体结构和块体铰接结构四大类。在早期的研究中，根据模型的结构特征，从各个角度对采场矿压的客观规律进行认识，并作出了某些粗糙的解释。

近年来，国内外从事矿压研究的专家学者在采煤工作面支架与围岩相互作用研究方面取得了丰硕的成果，在支架工作阻力计算方面提出了一些力学模型和相应的计算公式。但

① 贾喜荣，等：《采场矿压计算分析方法》，煤炭学报，1993，18(5)。

不足的是，这些理论计算公式往往涉及一些待定的或者是工程中难以确定的参数，估算结果的取值范围过大甚至与工程要求值完全不符。因此，理论计算结果还不能十分有效地指导生产实践。

工程实际中，目前仍然是以具体条件下的工程类比或经验公式计算来估算支架载荷，而且工程实测法被认为是最为有效的可靠方法，即把工作面部分支架或部分立柱作为工作面顶板压力变化的“传感器”，由实测载荷的统计值来确定工作面支架工作阻力。

设法通过计算途径来预测采煤工作面顶板来压步距和来压强度，并以此来估算支架工作阻力，这无疑是矿压理论研究的根本任务，它对工作面支架选型及顶板控制方案确定具有重要的工程意义。在具体工作中，正确地确定顶板岩层结构模型及其计算方法是分析问题的基础，而如何有效地确定有关计算参数则是决定该计算方法具有实用价值的前提。

采场薄板矿压理论把断裂前的顶板岩层视为薄板，设法借助弹性力学中的薄板理论，结合煤矿开采中的工程实际建立力学模型进行定量分析，力图用理论计算方法定量地确定顶板岩层的来压步距和来压强度，并使其尽可能达到工程应用的程度。

笔者自 1982 年开始把弹性薄板理论应用于采场稳定岩层控制分析中，针对采煤工作面不同边界条件建立了相应的力学模型，分析了顶板下沉规律、应力分布规律及断裂过程①。随后，对断裂后的顶板岩层结构进行了逐步的深入研究，经过十多年的不断探索，根据顶板岩层在不同时期的运动特征，建立了“弹性薄板与铰接板结构”力学模型，即顶板岩层在断裂前被视为多种支承条件下的“弹性薄板结构”，在断裂后被视为“铰接板结构”。在该力学模型的基础上，给出了适用于采煤工作面稳定岩层顶板来压步距和来压强度计算的解析表达式。近年来，该成果已成功地用于采煤工作面顶板来压步距和来压强度的计算及预测中。

应当指出，在严格意义上，顶板岩层属各向异性的非连续介质。顶板岩层经历了漫长年代的地质作用，内部存在着不同程度的裂隙、节理、层理乃至破断，在力学属性上与理想介质(如弹性体、塑性体等)显然是不同的，况且时间效应对顶板岩层力学性能也会产生重要影响。另外，工作面顶板在开采过程中呈动态变化，其介质属性也会随之发生改变。但是，大量研究结果表明，把稳定岩层顶板简化为弹性薄板是一种较为适用的力学模型。尽管其力学属性与理想弹性薄板有较大的差异，但在没有明显地质构造影响的区域，稳定岩层顶板的工作状态、变形特征以及破断特征等均与弹性薄板类似，顶板岩层的裂隙发育程度主要影响顶板岩层的刚度和强度，对顶板岩层变形及断裂特征的影响一般很小。

在讨论采场薄板矿压理论之前，首先介绍弹性薄板理论的一般概念和基本方程。

一、薄板理论的形成与发展

L. Euler(欧拉)最先探索弹性平板的挠曲问题。在描述一理想薄膜的振动时，他把它当作由两组互相垂直且拉紧的线所组成的。他得到有关的微分方程

$$\frac{\partial^2 w}{\partial t^2} = A\frac{\partial^2 w}{\partial x^2} + B\frac{\partial^2 w}{\partial y^2} \tag{2-5}$$

式中，w 为挠度；A，B 为常量。欧拉还将该想法用于钟振动的研究。

Jacques Bernoulli(雅各布·伯努利)将同样的概念用于板的分析，得到微分方程

① 贾喜荣：《浅论坚硬顶板的下沉与断裂》，第二届煤矿采场矿压理论与实践讨论会论文汇编，1984 年。

$$D\left(\frac{\partial^4 w}{\partial x^4}+\frac{\partial^4 w}{\partial y^2}\right)=q \tag{2-6}$$

式中，D 为板的抗弯刚度；q 为横向荷重的强度。Bernoulli 很清楚地表示，他的方程只是个近似而已，并且如果取两组并不是直交的梁，则获得的结果将稍有不同；他之所以发表这个公式，只是作为解板的弯曲问题的第一个尝试而已。

E. F. F. Chladni（克拉尼）对于声学的研究，尤其是他对板的振动试验，引起了人们对于板理论极大的兴趣。在板面上铺上一层细砂，Chladni 就能证实板的各种振动形式的节线的存在，从而决定其相应的频率。1809 年，法国科学院邀请 Chladni 做该试验的表演时，拿破仑亲自光临，并深为试验所感服。在拿破仑的建议之下，法国科学院提出了一个悬赏的题目：探求板振动的数学理论，并用试验进行校核。1811 年 10 月为应征的截止期，但只有一个人应征，她就是 Sophie Germain（索菲・热尔曼）。

Sophie Germain 幼时就酷爱数学，并学习拉丁文，以便攻读牛顿的《原理》。当她知道法国科学院所提出的悬赏时，就决定研究板的理论。她是熟悉欧拉的弹性曲线工作的，即由弯曲变形能的积分式以变分原理来获得挠度曲线微分方程。她决定采用同样的方法，并设板的弯曲变形能的积分式为

$$A\iint\left(\frac{1}{\rho_1}+\frac{1}{\rho_2}\right)^2\mathrm{d}s \tag{2-7}$$

式中，ρ_1，ρ_2 为弯曲面的主曲率半径。在计算积分的变分时，Germain 的计算有错误，因而未能获得正确的方程。但作为审查人之一的 J. L. Lagrange（拉格朗日，1736—1813）发现了她的错误，并做了修改，就得到所求方程的一个满意的形式

$$k\left(\frac{\partial^4 w}{\partial x^4}+2\frac{\partial^4 w}{\partial x^2\partial y^2}+\frac{\partial^4 w}{\partial y^4}\right)+\frac{\partial^2 w}{\partial t^2}=0 \tag{2-8}$$

这就是索菲・热尔曼-拉格朗日方程。

S. D. Poisson（泊松）做了进一步的努力来改进板的理论。为了给式(2-8)一个物理上的说明，Poisson 设想板由分子组成，其相互之间有分子力作用（与分子间距离的改变成比例）。由一组分子的平衡条件，他成功地得到了方程式(2-8)，但由于他设想所有的质点都分布在板的中间面内，因而在他的方程中常数 k 与板厚度 h 的平方成比例，而不是理所当然地与板厚度的立方成比例。在同一篇论文中 Poisson 指出：方程式(2-8)不仅可得自积分式(2-7)，也可以得自积分

$$A\iint\left[\left(\frac{1}{\rho_1}+\frac{1}{\rho_2}\right)^2+m\left(\frac{1}{\rho_1^2}+\frac{1}{\rho_2^2}\right)\right]\mathrm{d}s$$

其实，适当地选择常数 A 与 m，该算式就是弹性薄板的弯曲变形能的正确算式。这就说明，虽然积分式(2-7)的量并不是板弯曲的变形能，而为何 Germain 仍能得到薄板的微分方程的正确形式。

作为一个二维的解，Poisson 得到在载荷作用下板的挠度方程

$$D\left(\frac{\partial^4 w}{\partial x^4}+2\frac{\partial^4 w}{\partial x^2\partial y^2}+\frac{\partial^4 w}{\partial y^4}\right)=q \tag{2-9}$$

式中，q 为载荷强度。并且，他讨论了板的边界条件。对于简支边和固定边，Poisson 的条件与现在认为正确的相一致。对于沿着边界有已知力分布的情形，他要求有三个条件（而现在只用两个条件）。这些条件为：剪力、扭矩及弯矩（自边的任一微段的分子力所计算得到的）

必须平衡作用在边界上的相应的力。从三个条件减少为两个是后来由 G. R. Kirchhoff(克希霍夫)完成的,Lord Kelvin(开尔文爵士)对于条件的减少做了物理的解释。为了说明该理论的应用,Poisson 研究圆形板的圆对称弯曲,即荷重的强度仅为径向距离的函数。Poisson 将方程(2-9)用极坐标重新写出,并对这些问题作出了一完整的解。后来,他将解应用于均布荷重,并得到简支边与固定边板的方程。他研究了板的横向振动,解出圆板的圆对称振动问题。

板弯曲的第一个满意的理论,应该归诸 C. L. Navier(纳维叶)。在他的论文中,正如 Poisson 所设想的,Navier 设想板是由质点所组成的。但他认为质点分布在板的厚度内,并设在弯曲时,质点的位移平行于板的中间面,且与中间面的距离成正比。于是他得到了在任何横向荷重下均正确的微分方程。Navier 认为质点之间相互作用的力与它们之间距离的改变成比例而与方向无关,因此他得出的结果只包含一个弹性常数。如果取泊松比等于 1/4,则 Navier 所得方程中的 D(板的抗弯刚度)值与现在一般认为正确的值相同。Navier 将他的方程应用于简支边矩形板,提出了正确的边界条件,并以双重级数的形式给出正确的解。他解了均布荷重及在板中点作用集中力这两种情形。这些解是矩形板弯曲问题的正确解的创始。

Navier 研究了沿边界有均布压力 T 作用的板的横向屈曲问题,并得到了屈曲面的正确的微分方程

$$D\left(\frac{\partial^4 w}{\partial x^4}+2\frac{\partial^4 w}{\partial x^2\partial y^2}+\frac{\partial^4 w}{\partial y^4}\right)+T\left(\frac{\partial^2 w}{\partial x^2}+\frac{\partial^2 w}{\partial y^2}\right)=0$$

他将此方程应用于四个角顶被支承的矩形板的问题求解,但并没有得到一个可取的解。

G. R. Kirchhoff 对弹性理论很有兴趣。1850 年,他发表了薄板理论的重要论文。在论文中,人们见到一个完善的板的弯曲理论,在论文的开始,Kirchhoff 对该问题做了一个简短的阐述。他提到 Germain 首先企图获得板弯曲面的微分方程,以及 Lagrange 修正了她的错误。他并没有提到 Navier 如何用分子力的假设来获得板的方程。他讨论了 Poisson 的工作,并指出:Poisson 的三个边界条件一般是不可能同时满足的,只是由于这位法国的弹性力学家所讨论的振动,其对称形式自然地满足了三个边界条件之一,才能正确地解出圆形板的振动问题。

Kirchhoff 的板的理论是建立在目前所公认的两个假设基础上的:① 原来垂直于板的中间面的线段,当板弯曲时仍旧保持直线且垂直于弯曲了的板的中间面;② 在横向荷重作用下板发生小挠曲时,板的中间面并不受到拉伸。这两个假设接近杆弯曲的初等理论中截面保持平面的假设。运用他的两个假设,Kirchhoff 给出板弯曲的变形能的正确算式

$$V=\frac{1}{2}D\iint\left[\left(\frac{\partial^2 w}{\partial x^2}\right)^2+\left(\frac{\partial^2 w}{\partial y^2}\right)^2+2\mu\frac{\partial^2 w}{\partial x^2}\frac{\partial^2 w}{\partial y^2}+2(1-\mu)\left(\frac{\partial^2 w}{\partial x\partial y}\right)^2\right]\mathrm{d}x\mathrm{d}y \quad (2\text{-}10)$$

Kirchhoff 运用虚功原理以获得板弯曲面的微分方程。对于任何虚位移,分布在板面上的载荷 q 所做的功必等于板的变形能的增量,即

$$\iint q\delta\omega\mathrm{d}x\mathrm{d}y=\delta V$$

将式(2-10)代入并进行变分计算,Kirchhoff 得到了为大家所熟悉的板的弯曲方程。而且他指出:只存在两个边界条件,而不是像 Poisson 所设想的应该有三个边界条件。

Kirchhoff 将他的方程用于自由边界的圆形板的振动理论。他不仅研究对称形式(其节

线为同心圆)，而且研究以圆的直径为节线的形式(对于这种情形，Poisson 的边界条件是不能用的)。他做了很多的计算，得出了一般的解并建立了对于各种振动形式计算频率的表。他用这些结果来分析 Chladni 所获得的板的振动试验结果。他首先要从这些结果中得到泊松比 μ 的正确值。但由于 μ 的值对频率的影响不大，因而这些试验并不适宜用来精确地确定 μ。

在讲稿中，Kirchhoff 将他的板的理论扩展到挠度不是很小的情形。大挠度板理论的提出使弹性理论大大地跨进了一步。该理论后来在各种薄壁构造设计中得到了广泛应用，因此是十分重要的。

Lord Kelvin 在他和 P. G. Tait(戴脱)合写的《论自然哲学》一书中，在讨论到薄板的弯曲理论时，很浅显地解释了为何当挠度比板的厚度小得多时，Kirchhoff 的初等理论是足够精确的。对于边界条件，该书给了一个富有启发的见解。Kirchhoff 已经证明：在边界上只需有两个边界条件，而并不是如 Poisson 所说的三个边界条件。对于边界条件的减少，Kelvin 作出了物理上的说明。运用关于静力相当的圣维南原理，他指出：沿着板一边上的分布扭矩，可以用一静力相当的分布剪力来代替。因而在边上只需有剪力与弯矩这两个边界条件。对于沿矩形板的周界上作用着均布扭矩并使板产生马鞍形的曲率这一特殊情形，如用剪力代替扭矩就形成了在矩形板的一对角线的两端各作用一垂直力 p，而在另一对角线的两端亦各作用一垂直力 p 的有趣味的系统。这一系统的力是很容易加在板上的，在这种方式下所产生的挠度可用来测定板的抗弯刚度。

在近代结构中，薄板的广泛运用促进了薄板理论的发展。虽然有关的方程是由 Kirchhoff 所得并曾用之于声学，但在工程中广泛地运用板的理论是在 20 世纪才开始的。

M. Levy(莱维)研究了两对边简支而另两边为任意边界条件的矩形板。这是具有很大实用价值的。工程师们研究了多种特殊的荷重情况，并累积了最大挠度和最大弯矩结果。当得不到问题的精确解，或者由级数所表示的解不适宜实际应用时，工程师们就依赖近似的分析。在板的理论中广泛地运用了 W. Ritz 所提出的方法，并得到很多重要的结果。在某些复杂的情况下，采用差分方程，并用数值计算来获得所需的资料。

公路路面板内的应力分析，将板的理论引入引起了对于弹性地基上的板的注意。这尤其明显地反映在 H. W. Westergaard 的工作中。J. Vint，W. N. Elgood 和 G. Murphy 都曾做过这种板的试验。

木料板及钢筋混凝土板的许多应用，均引入各向异性板的弯曲理论。虽然这一类的工作最早由 F. Gehring 所创，但对实际有用的解主要是由 M. T. Huber 所得出的。他对于这个问题的求解都收集在 *Probleme der Statik technish Wichtiger orthotroper Platten* 一书中。

从 20 世纪 60 年代开始，由于计算机的应用，对于难以用一个或多个函数求解的薄板问题，可用有限元法得到由节点函数所表示的离散解。将板分为若干个三角形或四边形，节点函数可以是挠度或内力矩，由节点所连成的三角形或四边形内各点的函数值，可由插入函数表示。然后根据最小位能原理，或最小余能原理，或广义变分原理，列出节点函数应满足的联立方程。弹性薄板的有限元法是多样化的，各有其优点与不足之处。这方面的探讨已成为一个从事研究的园地。

二、弹性薄板理论的一般概念和基本方程

1. 弹性薄板的近似理论

板可分为薄板、厚板以及薄膜。所谓薄板，实际上是指具有一定厚度的板。通常把满足下列条件的板作为薄板

$$\left(\frac{1}{100}\sim\frac{1}{80}\right)\leqslant\frac{h}{b}\leqslant\left(\frac{1}{8}\sim\frac{1}{5}\right)$$

式中，b 为板的较小的边长；h 为板的厚度。否则就是厚板$\left(\frac{h}{b}>\frac{1}{8}\sim\frac{1}{5}\right)$或薄膜$\left(\frac{h}{b}<\frac{1}{100}\sim\frac{1}{80}\right)$。薄板一词用来区别于厚板与薄膜。

板是一种抗弯扭的结构单元。厚度很小的薄膜，其抗弯扭的能力很低，可以认为其抗弯刚度等于零，而横向外载荷由轴向力与中间面剪力来承担；当板的厚度足够大时，其内部的应力状态与三维物体类似，难以采用较多的简化措施，所以厚板的分析要复杂得多。

在弹性薄板理论中所讨论的板，其厚度 h 远小于其他两边尺寸。而且不同于弹性力学中的平面问题，作用于板的荷重并非位于平分板厚度的中间面内，而是垂直于板的平面，使板的中间面发生弯曲变形。

弹性薄板理论之所以称为近似理论，由于它是以几个假设为基础的。当然，这些假设必须反映事物本质的主要方面，而舍弃了次要方面；而且从这些假设所导出的结论，必须很好地为实践所证实。因此，一方面我们应了解薄板理论的近似性，其中必然存在一些并不很重要的自相矛盾之处(如略去剪力对板弯曲的影响等)；另一方面也必须认识到该理论表达了事物的主要特征。如果不从这些假设出发，而企图获得满足弹性力学所有微分方程的精确解，则将引导到目前认为是最困难的数学问题之一。因而到目前为止，只是对于极个别的简单情形才获得一些解。因此，可以了解薄板近似理论在工程实际中的重要性。

以发生弯曲变形前板的中间面作为 xy 坐标面，z 轴垂直向下(图 2-15)。当板弯曲时，中间面内各点在 z 方向将有一位移 $w(x,y)$，称为板各点的挠度，设 w 与 h 相比要小得多，这样就可以忽略板在弯曲时中间面内各点的应变。这就是属于板弯曲的小挠度范畴的问题。弹性薄板弯曲的理论，是建立在以下两个假设基础上的：

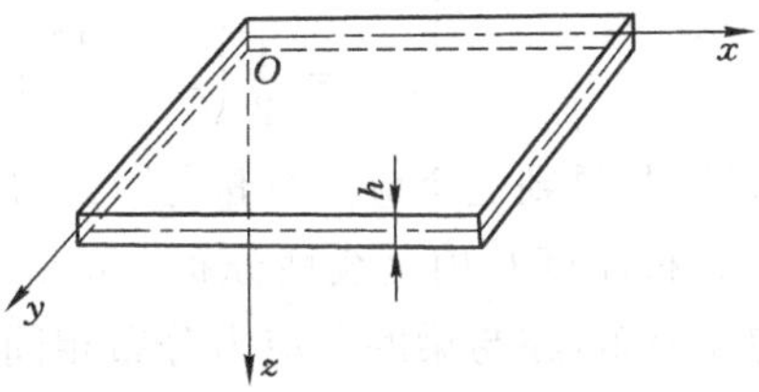

图 2-15　板的坐标系统

① 在板变形前，原来垂直于板中间面的线段(即设想板是由无数长为 h 的垂直于中间面的线段材料密集而成的)，在板变形以后，仍垂直于微弯了的中间面。这就是板与壳理论中的“法线假设”。

② 作用于与中间面相平行的诸截面内的正应力 σ_z，与横截面内的应力 $\sigma_x,\sigma_y,\tau_{xy}$ 等相比很小，故可以忽略不计。

由于我们所讨论的，只限于 $w(x,y)$ 较板的厚度要小得多的问题(小于板厚度的 1/5～1/4)，故认为中间面内各点在 x 与 y 方向的位移 u 与 v 是不存在的。但由第一个假设，在离中间面距离为 z 的点，其位移 u 与 v 分别为

$$u=-z\frac{\partial w}{\partial x},v=-z\frac{\partial w}{\partial y} \tag{2-11}$$

于是应变分量分别为

$$\begin{cases}\varepsilon_x=\dfrac{\partial u}{\partial x}=-z\dfrac{\partial^2 w}{\partial x^2}\\ \varepsilon_y=\dfrac{\partial u}{\partial y}=-z\dfrac{\partial^2 w}{\partial y^2}\\ \gamma_{xy}=\dfrac{\partial v}{\partial x}+\dfrac{\partial u}{\partial y}=-2z\dfrac{\partial^2 w}{\partial x\partial y}\end{cases} \tag{2-12}$$

由第二个假设，从胡克定律得到

$$\begin{cases}\sigma_x=-\dfrac{Ez}{1-\mu^2}\left[\dfrac{\partial^2 w}{\partial x^2}+\mu\dfrac{\partial^2 w}{\partial y^2}\right]\\ \sigma_y=-\dfrac{Ez}{1-\mu^2}\left[\dfrac{\partial^2 w}{\partial y^2}+\mu\dfrac{\partial^2 w}{\partial x^2}\right]\\ \tau_{xy}=-2Gz\dfrac{\partial^2 w}{\partial x\partial y}\end{cases} \tag{2-13}$$

应力分量 τ_{zx} 与 τ_{zy} 可由以下两个平衡方程

$$\frac{\partial\sigma_x}{\partial x}+\frac{\partial\tau_{yx}}{\partial y}+\frac{\partial\tau_{zx}}{\partial z}=0$$

$$\frac{\partial\tau_{xy}}{\partial x}+\frac{\partial\sigma_y}{\partial y}+\frac{\partial\tau_{zy}}{\partial z}=0$$

来确定。将式(2-13)代入以上两式，并且 $G=\dfrac{E}{2(1+\mu)}$，同时注意到在板的上下两面 $z=\pm h/2$，$\tau_{zx}=\tau_{zy}=0$，于是得到

$$\begin{cases}\tau_{zx}=\dfrac{1}{2}\left(z^2-\dfrac{h^2}{4}\right)\left[\dfrac{E}{1-\mu^2}\dfrac{\partial}{\partial x}\left(\dfrac{\partial^2 w}{\partial x^2}+\mu\dfrac{\partial^2 w}{\partial y^2}\right)+2G\dfrac{\partial^3 w}{\partial x\partial y^2}\right]\\ \tau_{zy}=\dfrac{1}{2}\left(z^2-\dfrac{h^2}{4}\right)\left[\dfrac{E}{1-\mu^2}\dfrac{\partial}{\partial y}\left(\dfrac{\partial^2 w}{\partial x^2}+\mu\dfrac{\partial^2 w}{\partial y^2}\right)+2G\dfrac{\partial^3 w}{\partial x^2\partial y}\right]\end{cases} \tag{2-14}$$

这样，共得到五个应力分量[式(2-13)和式(2-14)]。平行于板中间面(xy 坐标面)的 σ_x，σ_y，τ_{xy} 在板厚度 h 内呈线性分布。正应力的分布与梁的相同。剪应力 τ_{zx} 和 τ_{zy} 沿板厚度 h 呈抛物线分布，亦与梁的剪应力分布相同。在图 2-16 中，按照通常表示正应力与剪应力正负的习惯，给出它们沿板厚度的分布。在后面计算板的弯矩、扭矩与剪力时，都按照图中所示的分布为依据。

回顾材料力学中梁的理论，对理解薄板理论是有益的。梁的正应力是根据横截面的平面假设而得到的。设想梁是由纵向线条材料集合而成的，而原来垂直于纵向线条材料的横截面，当梁弯曲以后仍保持平面且垂直于各纵向线条材料。这相当于忽略梁弯曲时较小的剪切变形。在由此得到梁的正应力以后，再由平衡条件计算梁的剪应力，剪应力应当产生剪切变形。因而在理解上前后不相一致。这对于薄板理论情况是相同的。直法线假设亦相当于忽略较小的剪切变形 γ_{zx}，γ_{zy}。在已得的应力 σ_x，σ_y，τ_{xy} 的基础上，再根据平衡方程计算剪应力 τ_{zx}，τ_{zy}。这两个剪应力应当产生相应的剪应变。这样，薄板理论与梁的理论一样，在推演和理解上完全一样。

自板截出底边为 $\mathrm{d}x$ 和 $\mathrm{d}y$，高为 h 的一个微小的六面体。作用在它侧面上的应力分量

(图 2-16)，将归结为弯矩 $M_x\mathrm{d}y, M_y\mathrm{d}x, M_{xy}\mathrm{d}y, M_{yx}\mathrm{d}x, Q_x\mathrm{d}y, Q_y\mathrm{d}x$，如图 2-17 所示。

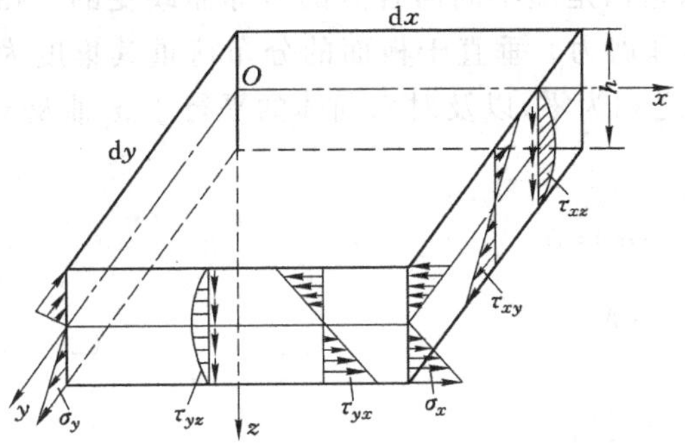

图 2-16　板单元体上的应力

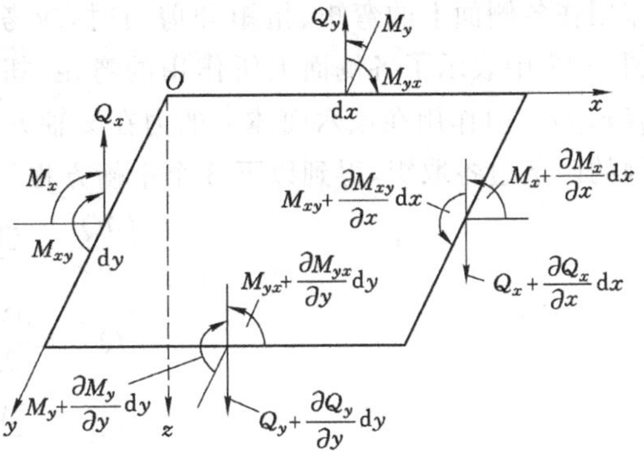

图 2-17　板单元体的受力系统

正的弯矩使板中间面以下受拉，以上受压，这与材料力学中梁的弯矩的正负相同，剪力 Q_x, Q_y 的正负亦与材料力学中的相同，即两相邻截面上的剪力 Q_x 所组成的力偶，其转向为逆时针的。至于扭矩 M_{xy} 和 M_{yx}，当以向量来表示时，以截面的外法线方向表示正扭矩。于是，按照图 2-16 所示的正的正应力和剪应力分量，得到

$$M_x=\int_{-\frac{h}{2}}^{\frac{h}{2}}\sigma_x z\,\mathrm{d}z, M_y=\int_{-\frac{h}{2}}^{\frac{h}{2}}\sigma_y z\,\mathrm{d}z,$$

$$M_{xy}=-\int_{-\frac{h}{2}}^{\frac{h}{2}}\tau_{xy} z\,\mathrm{d}z, M_{yx}=\int_{-\frac{h}{2}}^{\frac{h}{2}}\tau_{yx} z\,\mathrm{d}z,$$

$$Q_x=\int_{-\frac{h}{2}}^{\frac{h}{2}}\tau_{xz}\,\mathrm{d}z, Q_y=\int_{-\frac{h}{2}}^{\frac{h}{2}}\tau_{yz}\,\mathrm{d}z$$

上式的 M_{xy} 的积分号前的负号，表示正的剪应力 τ_{xy} 将得到负的扭矩。将式(2-13)和式(2-14)代入上式，得到

$$M_x=-D\left(\frac{\partial^2 w}{\partial x^2}+\mu\frac{\partial^2 w}{\partial y^2}\right), M_y=-D\left(\frac{\partial^2 w}{\partial y^2}+\mu\frac{\partial^2 w}{\partial x^2}\right),$$

$$M_{xy}=-M_{yx}=D(1-\mu)\frac{\partial^2 w}{\partial x\partial y},$$

$$Q_x=-D\frac{\partial}{\partial x}\left(\frac{\partial^2 w}{\partial x^2}+\frac{\partial^2 w}{\partial y^2}\right), Q_y=-D\frac{\partial}{\partial y}\left(\frac{\partial^2 w}{\partial x^2}+\frac{\partial^2 w}{\partial y^2}\right) \tag{2-15}$$

式中，$D=\frac{Eh^3}{12(1-\mu^2)}$，称为板的抗弯刚度。相应的应力分量可由以下各式计算

$$\sigma_x=\frac{12M_x z}{h^3}, \sigma_y=\frac{12M_y z}{h^3}, \tau_{xy}=\frac{12M_{xy} z}{h^3},$$

$$\tau_{zx}=\frac{6Q_x}{h^3}\left(\frac{h^2}{4}-z^2\right), \tau_{zy}=\frac{6Q_y}{h^2}\left(\frac{h^2}{4}-z^2\right) \tag{2-16a}$$

关于扭矩将作以下补充。按照 Kirchhoff 的薄板理论，在列出板的 $x=a$ 边界条件时，将扭矩 $M_{xy}\mathrm{d}x$ 转化为相距 $\mathrm{d}x$ 而方向相反的两个垂直力 M_{xy}。因而在板的角点 (a,b) 将作用一集中力 R。

$$R=2(M_{xy})_{\substack{x=a\\y=b}}=2D(1-\mu)\left(\frac{\partial^2 w}{\partial x\partial y}\right)_{\substack{x=a\\y=b}} \tag{2-16b}$$

为了得到板弯曲面的微分方程，须写出这些微小的正六面体的平衡方程。在分别写出作用在各侧面上的弯矩、扭矩和剪力时，应考虑它仍是随中间面各点的坐标而改变的。在图 2-17 中表示了各侧面上所作用的弯矩、扭矩和剪力。垂直于板面的分布荷重其集度为 $q(x,y)$。由作用在该六面体上的力在 z 轴方向之和为零，以及对六面体的平行于 x 轴及 y 轴的两条边各取矩，得到以下 3 个平衡方程。

$$\begin{cases}\dfrac{\partial Q_x}{\partial x}+\dfrac{\partial Q_y}{\partial y}+q=0\\[2ex] Q_x=\dfrac{\partial M_x}{\partial x}+\dfrac{\partial M_{xy}}{\partial y}\\[2ex] Q_y=\dfrac{\partial M_y}{\partial y}+\dfrac{\partial M_{xy}}{\partial x}\end{cases}\tag{2-17}$$

将式(2-15)代入式(2-17)，即得

$$D\left(\frac{\partial^4 w}{\partial x^4}+2\,\frac{\partial^4 w}{\partial x^2\partial y^2}+\frac{\partial^4 w}{\partial y^4}\right)=q(x,y)\tag{2-18}$$

这就是板的弯曲面的微分方程$[w(x,y)]$。

2. 弹性地基上的板

若板位于一连续的弹性地基上，并被垂直于板面的荷重 $q(x,y)$ 所弯曲，当挠度较板的厚度甚小时，按照 Winkler-Zimmerman（温克勒-齐默尔曼）的假设，板的任一点基础反力 R 与该点的挠度成正比，即

$$R=kw$$

式中，k 称为地基的弹性系数。于是作用在板各点的荷重强度为 $q(x,y)-kw$。

因此，板弯曲面的微分方程为

$$D\left[\frac{\partial^4 w}{\partial x^4}+2\,\frac{\partial^4 w}{\partial x^2\partial y^2}+\frac{\partial^4 w}{\partial y^4}\right]+kw=q(x,y)\tag{2-19}$$

3. 板的边界条件

对于板的平衡问题，在于寻求一函数 $\omega(x,y)$。它在板的范围内须满足非齐次的双调和方程，而在板的边界上应满足边界条件。

① 固定边（或夹住边）——若沿 x 轴这边是固定的，则沿这边的挠度和斜度均为零，即

$$(w)_{y=0}=0,\left(\frac{\partial w}{\partial y}\right)_{y=0}=0\tag{a$_1$}$$

② 简支边——若沿 x 轴这边是简支边，则沿这边的挠度和弯矩为零，即

$$(w)_{y=0}=0,\left(\frac{\partial^2 w}{\partial y^2}+\mu\,\frac{\partial^2 w}{\partial x^2}\right)_{y=0}=0\tag{b$_1$}$$

③ 自由边——若 $x=a$ 这边为自由边，则沿这边的弯矩和剪力均为零，即

$$\begin{cases}\left(\dfrac{\partial^2 w}{\partial x^2}+\mu\,\dfrac{\partial^2 w}{\partial y^2}\right)_{x=a}=0\\[2ex] \left[\dfrac{\partial^3 w}{\partial x^3}+(2-\mu)\,\dfrac{\partial^2 w}{\partial x\partial y^2}\right]_{x=a}=0\end{cases}\tag{c$_1$}$$

④ 若沿 $x=a$ 这边，在单位长度内作用着弯矩 M_x 和剪力 V_x，则边界条件应为

$$\begin{cases} -D\left(\dfrac{\partial^2 w}{\partial x^2}+\mu\dfrac{\partial^2 w}{\partial y^2}\right)_{x=a}=M_x \\ -D\left[\dfrac{\partial^3 w}{\partial x^3}+(2-\mu)\dfrac{\partial^3 w}{\partial x\partial y^2}\right]_{x=a}=V_x \end{cases} \tag{d$_1$}$$

⑤ 对于自由角点，如悬臂矩形板的自由角点(a,b)，集中力R应不存在，即

$$R=2(1-\mu)\left(\frac{\partial^2 w}{\partial x\partial y}\right)_{\substack{x=a\\y=b}}=0 \tag{e$_1$}$$

4. 板的弯曲变形能

若自板内截取一微元体$h\mathrm{d}x\mathrm{d}y$，并计算当板弯曲时弯矩$M_x\mathrm{d}y$，$M_y\mathrm{d}x$，扭矩$M_{xy}\mathrm{d}y$，$M_{yx}\mathrm{d}x$所做的功（剪力Q_x和Q_y所做的功均略去不计），即得储存在微元体内的变形能。弯矩$M_x\mathrm{d}y$所做的功为$-\frac{1}{2}M_x\frac{\partial^2 w}{\partial x^2}\mathrm{d}x\mathrm{d}y$，式中的$-\frac{\partial^2 w}{\partial x^2}\mathrm{d}x$表示与弯矩相应的转角。同样，$M_y\mathrm{d}x$所做的功为$-\frac{1}{2}M_y\frac{\partial^2 w}{\partial y^2}\mathrm{d}x\mathrm{d}y$。对于扭矩$M_{xy}\mathrm{d}y$所做的功，可联系到相应的扭转角为$\frac{\partial^2 w}{\partial x\partial y}\mathrm{d}x$，于是得到其所做的功为$\frac{1}{2}M_{xy}\frac{\partial^2 w}{\partial x\partial y}\mathrm{d}x\mathrm{d}y$；扭矩$M_{yx}\mathrm{d}x$所做的功与之相同。又由于扭矩所做的功并不影响弯矩做功，于是将它们相加，即得变形能

$$\mathrm{d}V=-\frac{1}{2}\left(M_x\frac{\partial^2 w}{\partial x^2}+M_y\frac{\partial^2 w}{\partial y^2}-2M_{xy}\frac{\partial^2 w}{\partial x\partial y}\right)\mathrm{d}x\mathrm{d}y$$

将式(2-15)中的M_x，M_y，M_{xy}代入上式，得

$$\begin{aligned}\mathrm{d}V&=\frac{1}{2}D\left[\left(\frac{\partial^2 w}{\partial x^2}\right)^2+\left(\frac{\partial^2 w}{\partial y^2}\right)^2+2\mu\frac{\partial^2 w}{\partial x^2}\frac{\partial^2 w}{\partial y^2}+2(1-\mu)\left(\frac{\partial^2 w}{\partial x\partial y}\right)^2\right]\mathrm{d}x\mathrm{d}y\\&=\frac{1}{2}D\left\{\left(\frac{\partial^2 w}{\partial x^2}+\frac{\partial^2 w}{\partial y^2}\right)^2-2(1-\mu)\left[\frac{\partial^2 w}{\partial x^2}\frac{\partial^2 w}{\partial y^2}-\left(\frac{\partial^2 w}{\partial x\partial y}\right)^2\right]\right\}\mathrm{d}x\mathrm{d}y\end{aligned}$$

对于整个板，弯曲变形能为

$$V=\frac{1}{2}D\iint\left\{\left(\frac{\partial^2 w}{\partial x^2}+\frac{\partial^2 w}{\partial y^2}\right)^2-2(1-\mu)\left[\frac{\partial^2 w}{\partial x^2}\frac{\partial^2 w}{\partial y^2}-\left(\frac{\partial^2 w}{\partial x\partial y}\right)^2\right]\right\}\mathrm{d}x\mathrm{d}y \tag{2-20}$$

5. 薄板弯曲的近似解

薄板弯曲问题可归结为寻求板的平衡微分方程式(2-18)及其相应边界条件的解。能严格地满足微分方程式(2-18)及其相应边界条件的解，即板的精确解。但在实际问题中，往往得不到精确解。因而需要研究各种近似法。基于能量原理的变分法是一种非常有效的方法。

变分法研究定义在某一函数集上的某种积分的极值问题。它是微积分中求极值的方法的发展，其基本思想奠定了力学和物理学中变分原理的数学基础。

由变位移的最小势能原理可知，板的总势能等于板的弯曲变形能与载荷对板所做功之差，即

$$I=V-L \tag{2-21}$$

式中　I——板的总势能；

V——板的弯曲变形能，由式(2-20)确定；

L——载荷所做的功。

且

$$L=\iint qw\mathrm{d}x\mathrm{d}y \tag{2-22}$$

故有

$$I=\iint\left\{\frac{D}{2}\left\{\left(\frac{\partial^2 w}{\partial x^2}+\frac{\partial^2 w}{\partial y^2}\right)^2-2(1-\mu)\left[\frac{\partial^2 w}{\partial x^2}\frac{\partial^2 w}{\partial y^2}-\left(\frac{\partial^2 w}{\partial x\partial y}\right)^2\right]\right\}-qw\right\}\mathrm{d}x\mathrm{d}y \tag{2-23}$$

当板稳定平衡时，其势能最小。该最小势能可由变分方程

$$\delta I=0 \tag{2-24}$$

确定。即在给定外力作用下，实际存在的位移应使势能的变分为零。

首先选择一个级数来表示板的弯曲面 $w(x,y)$

$$w(x,y)=a_1 f_1(x,y)+a_2 f_2(x,y)+\cdots+a_n f_n(x,y) \tag{a$_2$}$$

它的每一项 $f_i(x,y)$ 都满足已知的边界条件，而每一项的系数 a_i 是待定的。这样就可以在已经满足边界条件的基础上，尽可能近似地满足微分方程(2-18)。

将式(a_2)代入总势能算式(2-23)，得到一个系数为 $a_1,a_2,\cdots,a_n$ 的二次齐次式。我们应如此地选择它们，使得 I 最小；也就是尽可能近似地满足微分方程(2-18)。要使 I 最小，必须有

$$\frac{\partial I}{\partial a_1}=0,\ \frac{\partial I}{\partial a_2}=0,\cdots$$

这样就得到了 n 个 $a_1,a_2,\cdots,a_n$ 的线性方程，从而可以解这些系数。将它们代入方程(a_2)，就得到板弯曲面的近似解。当级数[式(a_2)]所包含的项数 n 越大时，所得的结果就越趋于精确解。当所选的级数为一完全的函数系，如三角级数，则项数为无限多时，就得到精确解。在一般情况下，仅取式(a_2)的少数项，对于板的变形来说，就可以得到一个良好的结果。但由它的二次导数来计算弯矩，往往不能令人满意。以上所述的能量法，亦常称为 Rayleigh-Ritz(瑞利-里茨)法。

应当指出的是，方程式(2-18)其实就是自板内截取的微元体 $h\mathrm{d}x\mathrm{d}y$ 的平衡方程。此方程还可以由最小势能变分原理求得。因此，板的势能为最小的条件就等同于用微分方程式(2-18)所表达的平衡方程。于是，近似解就在于对每一特殊问题，去寻求一个已满足边界条件而使总位能最小的挠曲函数。

三、顶板岩层的挠曲及应力分布①

稳定岩层顶板条件下，采煤工作面基本顶初次来压步距通常远大于基本顶岩层厚度，因此可视基本顶为弹性薄板。根据支承状况不同，在基本顶初次断裂(来压)前，可将其视为四边固支板或三边固支一边简支板[图 2-18(a)、图 2-18(b)]。在周期断裂(来压)期间，可将基本顶视为三边固支一边自由板，或两边固支、一边简支、一边自由板[图 2-18(c)、图 2-18(d)]。考虑基本顶岩层的铰接结构特征，在自由边上还存在分布剪力和偏心受压引起的弯矩的作用。

为了具有一般性和便于解算分析，应用薄板弯曲的最小势能原理求解图 2-18(a)和图 2-18(c)所示支承条件下顶板下沉的挠曲面方程和应力分布情况。

---

① 贾喜荣：《浅析坚硬顶板的下沉与断裂》，山西矿业学院学报，1984(1)。

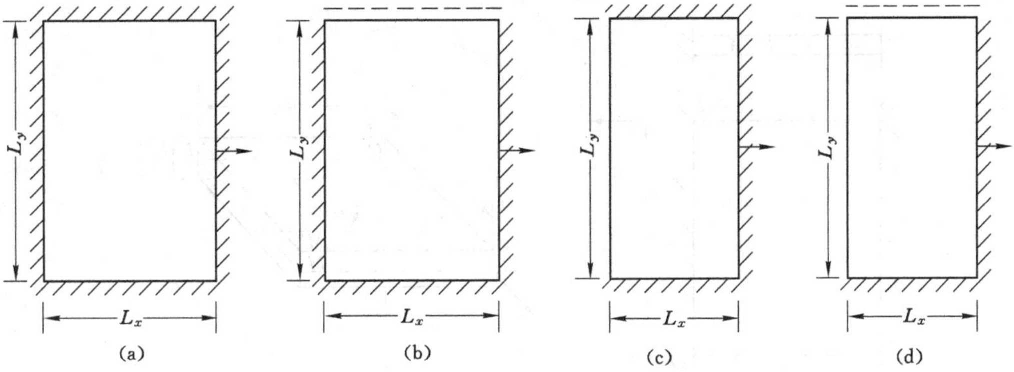

L_y—工作面采长；L_x—基本顶极限跨距。

图 2-18　基本顶岩层支承边界条件的简化

两点说明：

① 由于按位移求解，且仅取用无穷级数表示的位移函数的首项，这样以选定的位移函数求得的板的内力值，不一定能够满足问题对精度的要求，求得的各应力分量仅是板的内力的分布规律。对于板的内力的工程计算，可借助有关计算手册。

② 假定矩形板的边长为 a 和 b 时，板的内力达到极限平衡状态。由于岩石的抗压强度和抗剪强度远大于其抗拉强度，所以认为顶板在出现张拉断裂之前，各支边处不发生剪断破坏。又因采场支架是在顶板破坏之后，对其上部载荷起转载作用的，所以仅考虑无支护条件下的顶板下沉规律和应力分布规律。

1. *初次破断前基本顶的下沉与应力分布*

基本顶初次破断前的力学模型如图 2-19 所示，即四边均为固支受均布载荷 q 作用的矩形板，其边界条件为

$$\begin{cases} w\big|_{x=0}=0,\left.\dfrac{\partial w}{\partial x}\right|_{x=0}=0 \\ w\big|_{x=a}=0,\left.\dfrac{\partial w}{\partial x}\right|_{x=a}=0 \\ w\big|_{y=0}=0,\left.\dfrac{\partial w}{\partial y}\right|_{y=0}=0 \\ w\big|_{y=b}=0,\left.\dfrac{\partial w}{\partial y}\right|_{y=b}=0 \end{cases}$$

选取挠曲面方程

$$w=A\left(1-\cos\frac{2\pi x}{a}\right)\left(1-\cos\frac{2\pi y}{b}\right) \tag{2-25}$$

式(2-25)满足上述边界条件。

将式(2-25)代入式(2-23)，并令 $\dfrac{\partial I}{\partial A}=0$，可得

$$A=\frac{qa^4}{4D\pi^4\left[3+3\left(\dfrac{a}{b}\right)^4+2\left(\dfrac{a}{b}\right)^2\right]}$$

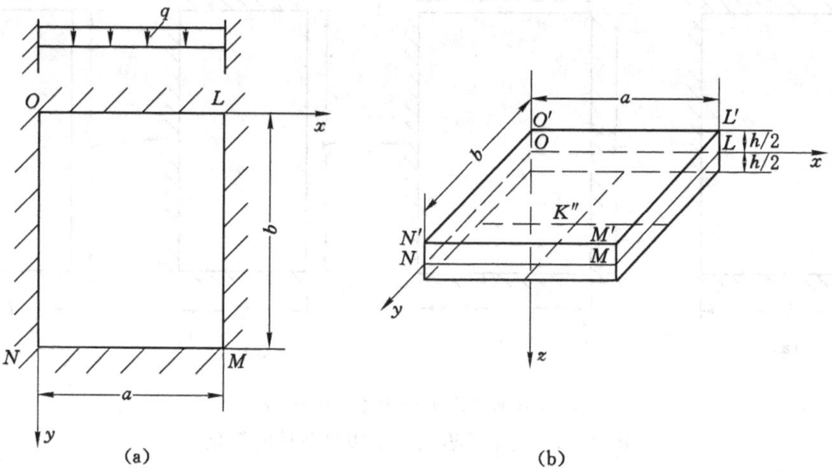

图 2-19　基本顶初次破断前的力学模型

即顶板下沉的挠曲面方程确定。

令$\frac{\partial w}{\partial x}=0$和$\frac{\partial w}{\partial y}=0$，得顶板最大下沉在点$K''\left(\frac{a}{2},\frac{b}{2},\frac{h}{2}\right)$处[图 2-19(b)]。这是十分显然的。

将式(2-25)代入式(2-13)可得顶板的应力表达式

$$\sigma_x=-\frac{8\pi^2 AEz}{a^2(1-\mu^2)}\left[\sin^2\frac{\pi y}{b}\cos\frac{2\pi x}{a}+\mu\left(\frac{a}{b}\right)^2\sin^2\frac{\pi x}{a}\cos\frac{2\pi y}{b}\right] \tag{2-26a}$$

$$\sigma_y=-\frac{8\pi^2 AEz}{b^2(1-\mu^2)}\left[\sin^2\frac{\pi x}{a}\cos\frac{2\pi y}{b}+\mu\left(\frac{b}{a}\right)^2\sin^2\frac{\pi y}{b}\cos\frac{2\pi x}{a}\right] \tag{2-26b}$$

$$\tau_{xy}=-\frac{4\pi^2 AEz}{ab(1+\mu)}\sin^2\frac{2\pi x}{a}\sin^2\frac{2\pi y}{b} \tag{2-26c}$$

由式(2-26)得边界$O'N'(0,y,-h/2)$和边界$L'M'(a,y,-h/2)$上的应力分布

$$\sigma_x=\frac{4\pi^2 AEh}{a^2(1-\mu^2)}\sin^2\frac{\pi y}{b}$$

$$\sigma_y=\frac{4\pi^2 AE\mu h}{a^2(1-\mu^2)}\sin^2\frac{\pi y}{b}$$

$$\tau_{xy}=0$$

边界$O'L'(x,0,-h/2)$和边界$N'M'(x,b,-h/2)$上的应力分布为

$$\sigma_x=\frac{4\pi^2 AE\mu h}{b^2(1-\mu^2)}\sin^2\frac{\pi x}{a}$$

$$\sigma_y=\frac{4\pi^2 AEh}{b^2(1-\mu^2)}\sin^2\frac{\pi x}{a}$$

$$\tau_{xy}=0$$

由计算分析可知，$O'L'$，$N'M'$和$O'N'$，$L'M'$四边中点截面处的弯矩是板的形心截面处的 2～3 倍(如两端固支梁，端头弯矩是跨中的 2 倍)。这说明顶板将首先沿四条支承边产生张拉断裂，此时由原来的四边固支板过渡为四边简支板。下面利用四边简支板来分析工作面顶板在第二阶段的下沉和断裂。

如图 2-20 所示,四边简支矩形板受均布载荷 q 作用,其边界条件为

$$\begin{cases} w\mid_{x=0}=0,\left(\dfrac{\partial^2 w}{\partial x^2}+\mu\dfrac{\partial^2 w}{\partial y^2}\right)_{x=0}=0 \\ w\mid_{x=a}=0,\left(\dfrac{\partial^2 w}{\partial x^2}+\mu\dfrac{\partial^2 w}{\partial y^2}\right)_{x=a}=0 \\ w\mid_{y=0}=0,\left(\dfrac{\partial^2 w}{\partial y^2}+\mu\dfrac{\partial^2 w}{\partial x^2}\right)_{y=0}=0 \\ w\mid_{y=b}=0,\left(\dfrac{\partial^2 w}{\partial y^2}+\mu\dfrac{\partial^2 w}{\partial x^2}\right)_{y=b}=0 \end{cases}$$

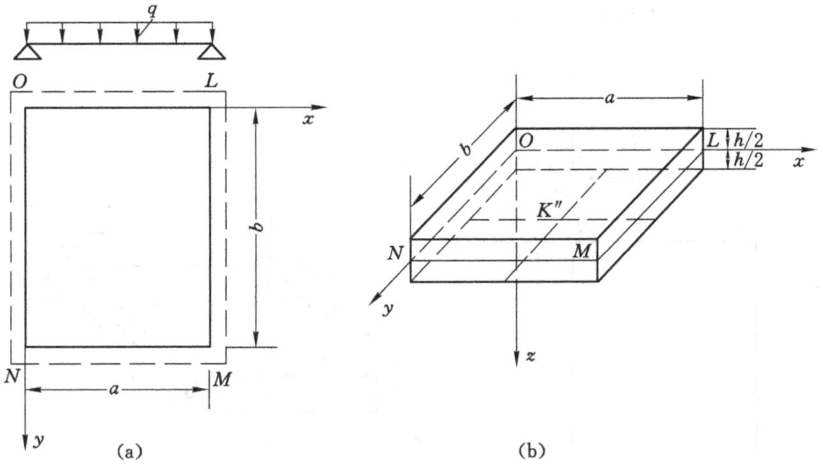

图 2-20　基本顶初次垮落前的力学模型

选取挠曲面方程

$$w=A\sin\frac{\pi x}{a}\sin\frac{\pi y}{b} \tag{2-27}$$

式(2-27)满足上述边界条件。

将式(2-27)代入式(2-23),并令$\dfrac{\partial I}{\partial A}=0$可得

$$A=\frac{16q}{\pi^6 D\left(\dfrac{1}{a^2}+\dfrac{1}{b^2}\right)^2}$$

由此可确定相应四边简支板的挠曲面方程。

令$\dfrac{\partial w}{\partial x}=0$和$\dfrac{\partial w}{\partial y}=0$,得此时顶板最大下沉在点 $K''(a/2,b/2,h/2)$处。

分析可知,顶板岩层的最大弯矩发生在形心处,其值远大于原固支边(图2-19)中点截面上的弯矩(如简支梁跨中弯矩是固支梁端头弯矩的 1.5 倍)。由此可见,顶板岩层一旦从固支板过渡为简支板后,悬板必然会发生更大范围的张性断裂。

2. 周期断裂前基本顶的下沉与应力分布

初采工作面正常推进的力学模型如图 2-21 所示。NO 为工作面长度,顶板由实体煤支

承，视为固定边界；工作面两侧 OL，NM 顶板也由实体煤支承，视为固定边界；工作面后方 ML 为采空区悬板，视为作用有分布剪力 V_x 和弯矩 M_x 的自由边界。顶板受均布载荷 q 作用，其边界条件为

$$\begin{cases} w\big|_{x=0}=0,\dfrac{\partial w}{\partial x}\Big|_{x=0}=0 \\ -D\left(\dfrac{\partial^2 w}{\partial x^2}+\mu\dfrac{\partial^2 w}{\partial y^2}\right)_{x=a}=M_x,\ -D\left[\dfrac{\partial^3 w}{\partial x^3}+(2-\mu)\dfrac{\partial^3 w}{\partial x\partial y^2}\right]_{x=a}=V_x \\ w\big|_{y=0}=0,\dfrac{\partial w}{\partial y}\Big|_{y=0}=0 \\ w\big|_{y=b}=0,\dfrac{\partial w}{\partial y}\Big|_{y=b}=0 \end{cases}$$

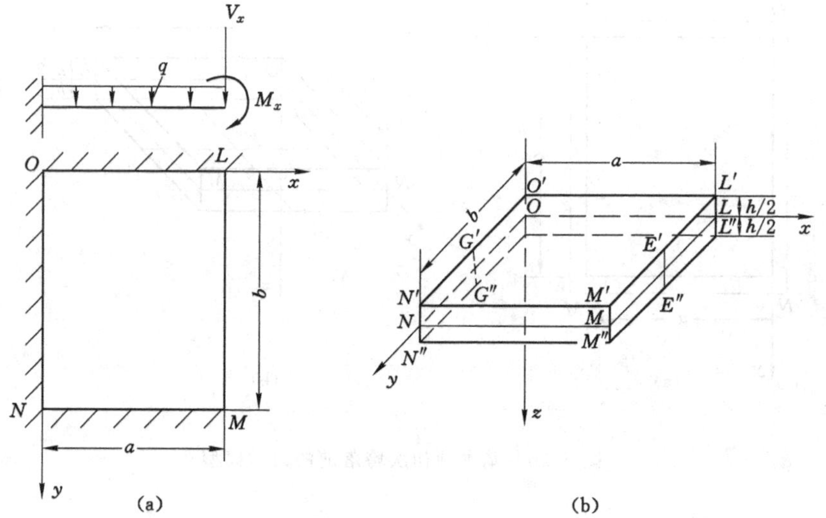

图 2-21 基本顶周期断裂前的力学模型

选取挠曲面方程

$$w=A\left(1-\cos\frac{\pi x}{2a}\right)\left(1-\cos\frac{2\pi y}{b}\right) \tag{2-28}$$

所选挠曲面方程在边界 $x=0$ 和 $y=0$，$y=b$ 上满足边界条件。

在边界 $x=a$ 上，由于

$$\frac{\partial^2 w}{\partial x^2}=A\left(\frac{\pi}{2a}\right)^2\cos\frac{\pi x}{2a}\left(1-\cos\frac{2\pi y}{b}\right)$$

$$\frac{\partial^2 w}{\partial y^2}=A\left(\frac{2\pi}{b}\right)^2\left(1-\cos\frac{\pi x}{2a}\right)\cos\frac{2\pi y}{b}$$

故有

$$M_x=-DA\mu\left(\frac{2\pi}{b}\right)^2\cos\frac{2\pi y}{b}$$

在 $x=a$ 上

$$\frac{\partial^3 w}{\partial x^3}=-A\left(\frac{\pi}{2a}\right)^3\sin\frac{\pi x}{2a}\left(1-\cos\frac{2\pi y}{b}\right)=-A\left(\frac{\pi}{2a}\right)^3\left(1-\cos\frac{2\pi y}{b}\right)$$

$$\frac{\partial^3 w}{\partial x\partial y^2}=A\frac{2\pi^3}{ab^2}\sin\frac{\pi x}{2a}\cos\frac{2\pi y}{b}=A\frac{2\pi^3}{ab^2}\cos\frac{2\pi y}{b}$$

故有

$$V_x=DA\left(\frac{\pi}{2a}\right)^3\left\{1-\cos\frac{2\pi y}{b}\left[1+16(2-\mu)\left(\frac{a}{b}\right)^2\right]\right\}$$

此时，如果 M_x，V_x 的计算值与工程中的实际值接近，可以认为方程(2-28)就是问题的解，且方程中的系数由式(2-23)和式(2-24)求得。

从本章顶板来压步距和来压强度计算分析中可以看到，基本顶自由边界上的弯矩和剪力与周期来压步距、岩层物理力学性质和开采条件等诸多因素相关。

下面由式(2-13)求解周期断裂前基本顶的应力分布情况。

将式(2-28)代入式(2-13)可得应力表达式

$$\sigma_x=-\frac{EAz}{1-\mu^2}\left(\frac{\pi}{2a}\right)^2\left[\cos\frac{\pi x}{2a}\left(1-\cos\frac{2\pi y}{b}\right)+\mu\left(\frac{4a}{b}\right)^2\left(1-\cos\frac{\pi x}{2a}\right)\cos\frac{2\pi y}{b}\right]\tag{2-29a}$$

$$\sigma_y=-\frac{EAz}{1-\mu^2}\left(\frac{2\pi}{b}\right)^2\left[\left(1-\cos\frac{\pi x}{2a}\right)\cos\frac{2\pi y}{b}+\mu\left(\frac{b}{4a}\right)^2\cos\frac{\pi x}{2a}\left(1-\cos\frac{2\pi y}{b}\right)\right]\tag{2-29b}$$

$$\tau_{xy}=-\frac{EAz}{1+\mu}\frac{\pi^2}{ab}\sin\frac{\pi x}{2a}\sin\frac{2\pi y}{b}\tag{2-29c}$$

由此可得，当 $x=0$，$z=-h/2$ 时

$$\sigma_x=\frac{EAh}{8(1-\mu^2)}\left(\frac{\pi}{a}\right)^2\left(1-\cos\frac{2\pi y}{b}\right)$$

$$\sigma_y=\frac{EA\mu h}{8(1-\mu^2)}\left(\frac{\pi}{a}\right)^2\left(1-\cos\frac{2\pi y}{b}\right)$$

$$\tau_{xy}=0$$

当 $y=0$，或 $y=b$，$z=-h/2$ 时

$$\sigma_x=\frac{2EA\mu h}{1-\mu^2}\left(\frac{\pi}{b}\right)^2\left(1-\cos\frac{\pi x}{2a}\right)$$

$$\sigma_y=\frac{2EAh}{1-\mu^2}\left(\frac{\pi}{b}\right)^2\left(1-\cos\frac{\pi x}{2a}\right)$$

$$\tau_{xy}=0$$

注意到，在 $x=0$ 的边界上，当 $y=b/2$，$z=-h/2$ 时有主应力的最大值

$$(\sigma_x)_{\max}=\frac{EAh}{1-\mu^2}\left(\frac{\pi}{2a}\right)^2\tag{a$_3$}$$

$$(\sigma_y)_{\max}=\frac{EA\mu h}{1-\mu^2}\left(\frac{\pi}{2a}\right)^2\tag{b$_3$}$$

在 $y=0$ 或 $y=b$ 的边界上，当 $x=a$，$z=-h/2$ 时有

$$(\sigma_x)_{\max}=\frac{2EA\mu h}{1-\mu^2}\left(\frac{\pi}{b}\right)^2\tag{c$_3$}$$

$$(\sigma_y)_{\max}=\frac{2EAh}{1-\mu^2}\left(\frac{\pi}{b}\right)^2\tag{d$_3$}$$

式(a_3)至式(d_3)的结果表明，在 $x=0$ 边界上的最大正应力值在边界中部 $y=b/2$ 处，在

$y=0$ 或 $y=b$ 边界上的最大正应力值在边界端部 $x=a$ 处。

由此可以得出结论，顶板断裂首先发生在点 $L'(a,0,-h/2)$ 和点 $M'(a,b,-h/2)$ 处（图 2-21）。

四、顶板岩层的工作状态与破断形式

在弹塑性理论中，对于四边支承或者三边支承的板，当其两个方向的跨度之比为 $1/2\leqslant L_x/L_y\leqslant 2$ 时（按弹性计算）或为 $1/3\leqslant L_x/L_y\leqslant 3$ 时（按塑性计算），板上的载荷就不能再认为是只沿短跨方向传递至支承边界上，而应考虑其实际的载荷传递路线，即板上的载荷分别向长跨和短跨两个方向传递至边界上。这样的板通常称为双向板。跨度比在以上约定范围以外者，称为单向板。在计算分析中，单向板可以近似地作为梁的问题处理，而双向板则不能作这样的简化。

采煤工作面顶板岩层的悬露面积随工作面推进而逐渐扩大，如图 2-22 所示，在壁式开采中，工作面从开切眼推进，如果顶板岩层足够稳定（或工作面采长适当短），初采时短跨方向与工作面推进方向一致，且初期为单向板[图 2-22(a)]；随工作面推进，悬露岩层会从单向板进入双向板工作状态，此时短跨方向仍与工作面推进方向平行[图 2-22(b)]；随后进入等边矩形板工作状态[图 2-22(c)]；工作面继续推进，顶板岩层进入新的双向板工作状态，此时短跨方向与工作面推进方向垂直[图 2-22(d)]；顶板岩层最终会随工作面推进距离增加而进入单向板工作状态，其短跨方向与工作面推进方向垂直，且短跨方向的长度不再随工作面推进而改变[图 2-22(e)]。

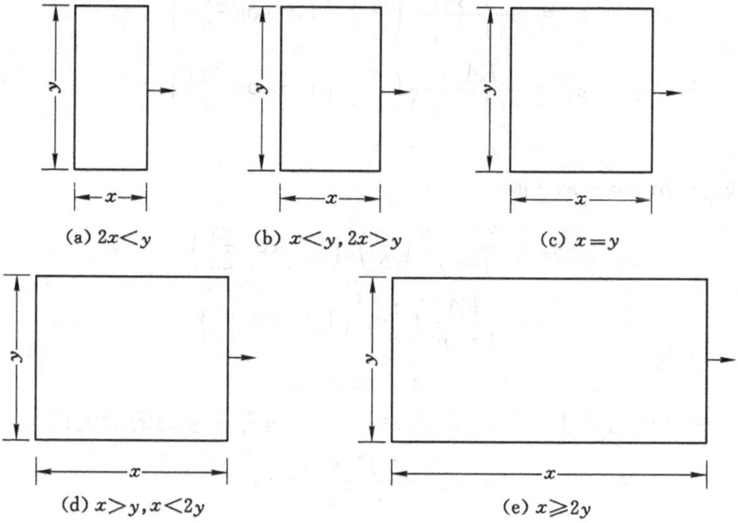

x—工作面推进距离；y—工作面采长。

图 2-22 顶板岩层的工作状态

工程实际中，顶板岩层的稳定可分为两种情况。一种情况是长期稳定。顶板岩层要经历单向板→双向板→等边矩形板→双向板→单向板全过程，最终进入短跨保持恒定的单向板稳定工作状态（图 2-22）。这种情况下顶板岩层的工作方式类似于非垮落式开采中顶板岩层的工作方式，工作面的矿山压力及矿压显现可以看作一种巷道效应。另一种是长壁垮落式采煤的情况。工作面悬顶为有限跨距，即顶板岩层会在某种工作状态下发生破断和垮落。但此时应清醒地认识到，绝不能用简单的最大悬顶面积来评价顶板岩层的稳定性。

分析可知，支承边界上分担载荷的多少与约束条件和边界相对长度有关。同等支承条件下，在单位长度上，长边分配到的载荷相对大，短边相对小。对于单向板，短边的支承作用可以忽略。在以后的讨论中我们会看到，顶板的断裂形迹与支承边界的相对长度相关。在同等条件下，工作面长度不同，可能会导致顶板岩层的工作状态、断裂方式、结构形式以及支架和支承煤柱的受力状况产生很大变化。

如同薄板理论应用于顶板稳定性分析中一样，板的塑性极限分析中的破裂线理论和地面工程结构研究中钢筋混凝土板的试验结果，对采煤工作面顶板岩层的破断机制分析具有重要意义。

破裂线理论认为，板的破裂线就是塑性铰线，破裂线把一个刚塑性板分成几个不同的刚性区。或者说，各刚性板块由塑性铰线把它们联结在一起，形成一个处于极限状态的破坏机构。通常约定，因正弯矩达到屈服极限 M_0 而形成的破裂线称为正破裂线；把负弯矩达到 M_0 而形成的破裂线称为负破裂线。

破裂线理论基于以下基本假定：

① 板在即将破坏时，在最大弯矩处形成破裂线（塑性铰线），且可以只用直线段来描述。

② 沿破裂线只有等于常数的弯矩 M_0 作用，扭矩和横剪力均略而不计，即认为沿破裂线没有相对滑动和扭曲。

③ 破裂线之间板块的弹性变形与板块绕破裂线的刚体转动相比很小，可略去不计。

④ 在各种可能的破断结构中，总会有一个较接近实际的。

由此可见，构造合适的破裂线是很重要的。为了得到最优破断结构，应考虑下列形成破断结构的一般规律：

① 由弹性理论算出的最大正弯矩的位置，一般就是正破裂线的起点。

② 沿固定边界形成负破裂线。

③ 板的支承线，一般就是转动轴线（图 2-23）。

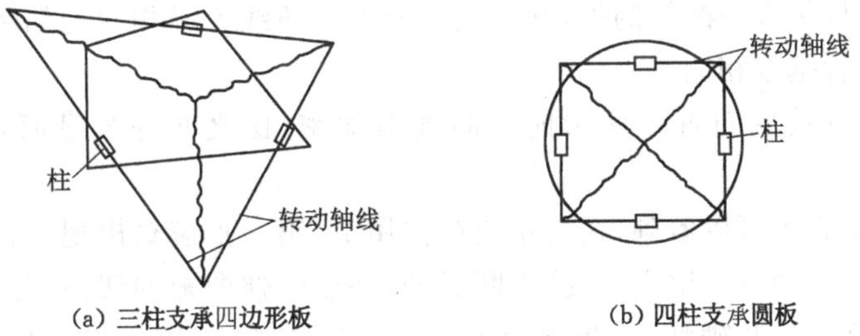

(a) 三柱支承四边形板　　(b) 四柱支承圆板

图 2-23　板的转动轴线

④ 破裂线过转动轴的交线（图 2-24）。

以上是构造破裂线的一些基本规律，可靠的最优破断结构可由试验得出。

在建筑工程构件中，对钢筋混凝土双向板进行了充分的试验研究，研究结果对分析采煤工作面顶板岩层的破断形式及破断机理是非常重要的。

对四边简支的正方形板与矩形板在均布载荷作用下的试验表明，在裂缝出现之前，板基

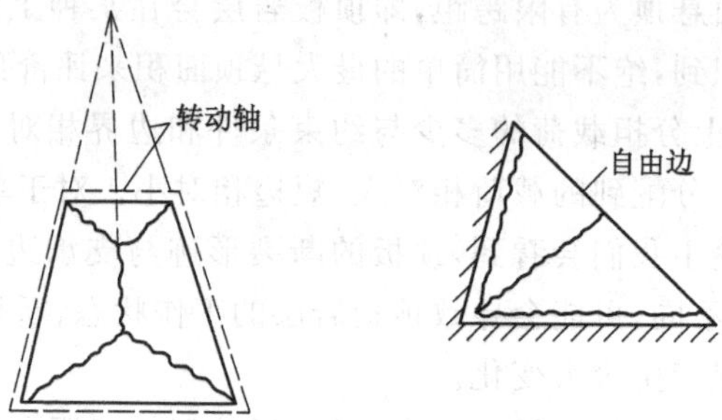

图 2-24 板的破裂线

本上处于弹性工作阶段，板的四角有翘起趋势。

在正方形板的试验中可以看到，当载荷逐渐增大时，板底对角线方向上出现第一批裂缝，随着载荷不断增大，裂缝宽度也不断扩大，并向两个正交的对角线方向发展。当钢筋应力达到屈服点后，裂缝宽度显著扩大。在板即将破坏时，板的顶面靠近四角处出现垂直于对角线方向的裂缝，大体上呈环状，这种裂缝的出现促使板底裂缝进一步展开，此后，板即破坏。正方形板底裂缝分布如图 2-25(a)所示。

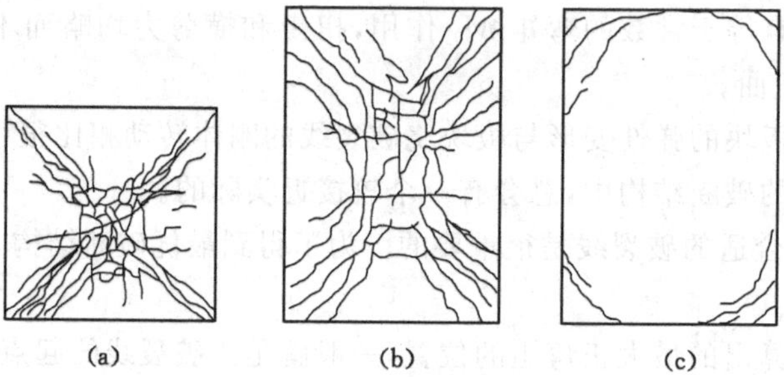

图 2-25 板的破断线形迹

试验表明，沿板长方向配筋的板，其抗裂度较沿对角线方向相同配筋率的板高；至于最终的破坏载荷，两者基本相同。

试验还表明，钢筋的布置由两边向中间逐渐加密，比之同等数量而均匀布置的更为有效。

在矩形板的试验中可以看到，在均布载荷作用下，第一批裂缝出现在板底中部，平行于长边方向。随着载荷的不断增大，裂缝不断展开，并逐渐伸向板的四角，此时裂缝与板边大体上呈 45°夹角；在板即将破坏时，板顶角区也产生环状裂缝，矩形板底和板顶裂缝分布如图 2-25(b)和图 2-25(c)所示。

四边简支的正方形板，在均布载荷作用下，角区塑性铰线将不沿对角线方向延伸而成。在载荷作用下，角区将向上翘起，跨中对角线方向的塑性铰线延伸至角区时，将分成两支，形成 Y 形，并分别延伸交边界于 A,B 两点。这样形成的角区板块将绕 A,B 两点转动而翘起，如图 2-26(a)所示。假如是四边固支正方形板，而角区板顶没有配置承受负弯矩的钢筋，这样的板在载荷作用下，跨中塑性铰线延伸至角区时，仍呈 Y 形，同时沿 AB 线顶部产生裂缝，如图 2-26(b)所示。

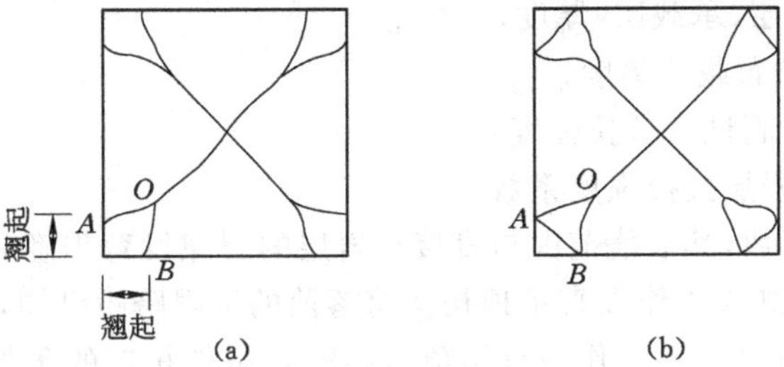

图 2-26　板的角区的影响

为了便于顶板岩层的结构分析，假定其典型的破断线形式为图 2-27 所示的情形，即把断裂后的顶板岩层视为刚塑性结构。

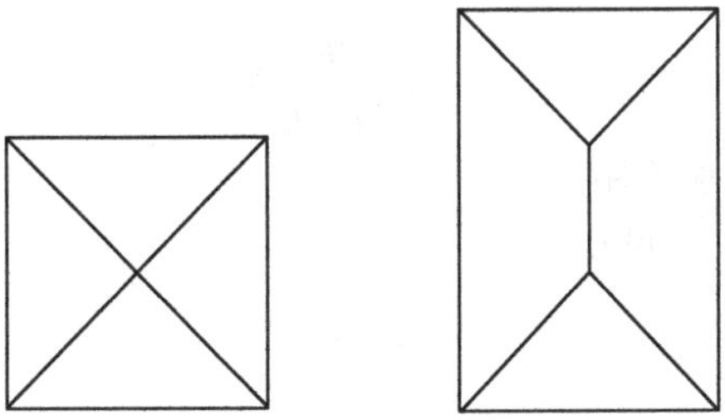

图 2-27　顶板岩层的刚塑性结构板块

上述有关顶板岩层的变形与断裂的基本结论在第二章第三节中就有过粗浅的介绍。这里主要从理论上加以阐述。双向板试验方法同样被有效地应用于顶板岩层断裂机制分析的相似模拟试验，并可获得非常理想的效果。

五、直接顶的极限跨距

1. 直接顶初次垮落步距

长壁工作面中，直接顶初次垮落步距是一种客观反映工作面直接顶稳定性的综合指标。在国内顶板分类中，已把这一指标作为直接顶稳定性分类的主要指标。在工作面顶板控制中，直接顶初次垮落期间的顶板事故率最高，因此这一指标在生产管理中得到普遍重视。

直接顶的极限跨距是指直接顶岩层的最大悬露跨度。在初次垮落时，该跨距可看作开切眼煤壁到工作面煤壁间的距离，即直接顶初次垮落步距。

直接顶的极限跨距一般都小于工作面长度之半，因此在计算中可按单向板考虑。初次垮落之前，直接顶的工作状态通常属四边固支板，其两侧由煤壁支承，前部位于工作面煤壁和工作面支架上，后部位于开切眼煤壁上。在实际计算中，可按受均布载荷作用的两端固支梁考虑。根据顶板岩层拉伸断裂机制，取直接顶岩层抗拉强度系数为 K_1，可得直接顶初次垮落步距

$$l_0 = h\sqrt{\frac{2K_1\sigma_t}{q_1}} \tag{2-30}$$

式中　l_0——直接顶初次垮落步距；

h——直接顶岩层（承载层）厚度；

q_1——直接顶均布载荷集度；

σ_t——直接顶岩石试件抗拉强度；

K_1——直接顶岩层抗拉强度系数。

系数 K_1 为待定系数，其取值范围与直接顶岩层的裂隙发育程度和顶板岩性有关，通常可取 $K_1=0.3\sim0.5$。如果工作面直接顶初次垮落前的极限跨距已知，则可利用式(2-30)来反求直接顶岩层抗拉强度。在工作面直接顶岩层赋存条件相近的条件下，这种岩层抗拉强度的适用性会远高于岩石试件强度。

2. 直接顶极限悬顶跨距

直接顶初次垮落后，如图 2-4 所示，随着工作面的推进，直接顶岩层呈悬臂梁（单向板）结构，其极限悬顶跨距为

$$l_i=h\sqrt{\frac{K_1\sigma_t}{3q_1}} \tag{2-31}$$

式中 l_i——直接顶极限悬顶跨距。

根据式(2-30)和式(2-31)可得

$$l_i=\frac{\sqrt{6}}{6}l_0 \tag{2-32}$$

直接顶极限悬顶跨距同样反映直接顶岩层的稳定性。如果极限悬顶跨距小于工作面最大控顶距，则说明直接顶岩层的稳定性较差，且可能容易出现工作面机道上方漏顶的情况；如果极限悬顶跨距大于工作面最大控顶距，则工作面支架后方会出现悬顶的情况。生产管理中，可根据直接顶极限悬顶跨距来确定工作面顶板管理方案。

六、基本顶初次断裂及其结构

基本顶初次断裂是指工作面初采期间，基本顶岩层的悬顶跨度达到极限跨距而发生断裂的现象。通常把初次断裂的极限跨距称为基本顶岩层初次断裂步距，即从开切眼煤壁到工作面煤壁间的距离。通常把基本顶初次断裂对工作面支护系统（支架、煤壁）产生的加载过程，称为工作面顶板初次来压；把基本顶初次断裂步距，称为工作面顶板初次来压步距；把基本顶初次断裂时，顶板岩层（直接顶＋基本顶）作用于支架上的载荷集度，称为工作面顶板初次来压强度。

在基本顶岩层的悬顶距离尚未达到初次断裂的极限跨距前，悬顶区范围内的基本顶及其上覆岩层由四周煤壁支承，顶板下沉量主要表现为悬板的弹性变形，顶板作用于支架的载荷主要以直接顶的荷重为主，支架的实际工作阻力往往较低。此时，若支架初撑力低于直接顶自重载荷，则极易形成直接顶与基本顶间的离层，这种处于游离状态的直接顶岩层，常常诱发大范围的垮顶事故。基本顶初次断裂前，煤壁内的支承压力会达到最大值，在高强度的支承压力作用下，煤壁会产生矿压裂隙，从而加剧煤壁片帮的发生。

由于采煤工作面顶板岩层结构和开采技术条件的不同，基本顶初次断裂可能处于两种不同的工作状态，即单向板工作状态或双向板工作状态。

1. 单向板基本顶初次断裂及其铰接梁结构

如前所述，所谓单向板是指板的短边远比其长边小，如图 2-28(a)所示，$L_0\ll L_y$。根据

单向板的定义：$L_0/L_y \leqslant 1/2$（按弹性计算），$L_0/L_y \leqslant 1/3$（按塑性计算）。对于单向板，认为板上的载荷只沿短跨方向传递至支承边界上。在计算中，可以把单向板作为梁的问题进行解算，即把一个二维问题按一维问题处理。

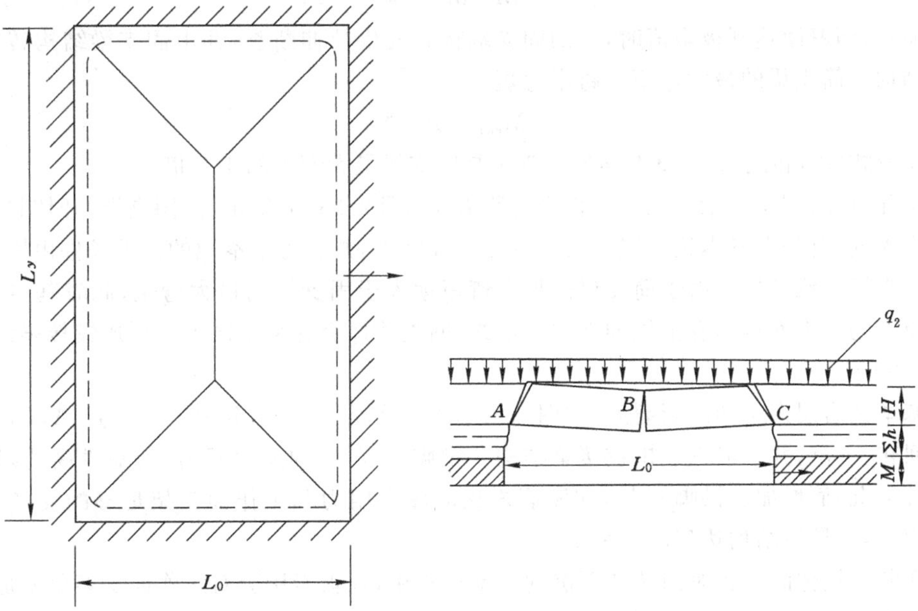

(a) 基本顶初次断裂的铰接板结构　　(b) 工作面中部区域三铰拱铰接结构

L_y—工作面采长；L_0—基本顶初次断裂步距；q_2—基本顶岩层载荷集度；

A,B,C—三铰拱铰接点；H—基本顶厚度；$\sum h$—直接顶厚度；M—采高。

图 2-28　基本顶初次断裂结构力学模型（据贾喜荣等，1993）

（1）初次断裂步距

假设在极限应力状态下，工作面顶板岩层跨度比 L_0/L_y 符合单向板要求，视单向板基本顶为受均布载荷作用的两端固支梁（取单位宽度），如图 2-28(b)所示。按照顶板岩层拉伸断裂力学机制，当岩梁的弯曲应力达到岩层抗拉强度时，基本顶岩层发生初次断裂，其初次断裂（来压）步距为

$$L_0 = H\sqrt{\frac{2K_2\sigma_t}{q_2}} \tag{2-33}$$

式中　L_0——基本顶初次断裂（来压）步距；

H——基本顶厚度；

q_2——基本顶岩层载荷集度；

K_2——基本顶岩层抗拉强度系数；

σ_t——基本顶岩石试件抗拉强度。

（2）初次断裂的三铰拱铰接梁结构

如图 2-28(b)所示，固支梁最大弯矩发生在梁的两固支端，其值为

$$M_{max} = qL^2/12 \tag{a$_4$}$$

式中　M_{max}——固支梁（两端）最大弯矩；

q——载荷集度；

L——跨距。

固支梁的跨中弯矩为

$$M=qL^2/24 \tag{b_4}$$

显然，当跨距达到极限值时，梁的固支端首先发生拉伸断裂，并由固支梁结构转换为简支梁结构。简支梁的最大弯矩为跨中弯矩

$$M_{\max}=qL^2/8 \tag{c_4}$$

比较式(c_4)和式(a_4)，简支梁最大弯矩是固支梁最大弯矩的1.5倍。

由此可见，固支岩梁一旦达到极限跨距L_0，如图2-28(b)所示，两固支端(开切眼煤壁和工作面煤壁)首先在基本顶岩层上表面发生拉伸断裂，并使得基本顶的支承条件由固支梁结构转化为简支梁结构。由于简支梁的最大弯矩远大于固支梁的最大弯矩，此时基本顶岩层会在跨中的下表面迅速发生拉伸断裂。最终，断裂块体会在采空区上方形成铰接梁结构，如图2-28(b)所示。

基本顶岩层发生初次断裂后，如图2-28(b)所示，断裂块体会围绕铰接点A,B,C产生相对回转、下沉，并形成三铰拱铰接梁结构。拱脚A,C处的摩擦阻力，会随拱高的降低(块体回转下沉)而增加。拱脚C处，在断裂岩块间摩擦阻力和工作面支架足够的支撑力的共同作用下，三铰拱结构达到新的平衡。

在断裂块体间的相对回转和下沉的运动过程中，顶板岩层会对工作面支架急剧加载，即出现工作面顶板初次来压。顶板初次来压是对工作面支护系统承载能力和稳定性的首次考验，也是对工作面在整个回采过程中的最大考验。

2. 双向板基本顶初次断裂及其铰接板结构

所谓双向板，是指板的两边长度差距较小，如图2-28(a)所示，根据双向板的定义：$L_0/L_y\geqslant 1/2$(按弹性计算)，$L_0/L_y\geqslant 1/3$(按塑性计算)。对于双向板，板上的载荷向短跨和长跨两个方向传递至支承边界上。解算中须按二维问题进行处理。

依照破断线理论的基本假定，基本顶初次断裂的破断形式以及铰接板结构如图2-28(a)所示。工作面中部区域三铰拱铰接结构如图2-28(b)所示。

完整性好的厚层状砂岩、砂砾岩、火成岩等基本顶坚硬岩层，在达到极限跨距时，通常多属于双向板工作状态，如图2-28(a)所示。

表达式(2-25)和式(2-26)分别给出了四边固支板的挠曲面解析表达式和应力表达式，并分析了双向板的断裂机制。需要指出的是，由于式(2-26)是按位移求解得到的结果，表达式能够确定各应力分量的分布规律，但不能保证各应力分量的计算精度满足工程要求。

对于双向板的极限跨距，可按弹性薄板理论进行求解。通过确定板的最大弯矩和板的抗弯强度，可以求得双向板的极限跨距。

以四边固支的矩形板为例，图2-29给出了按弹性理论计算的弯矩图。

对于双向板承受载荷的分配方式，可以认为力朝着最近的支承边界传递。如图2-30所示，可以对板角作45°分角线，如果为正方形板，分角线交于一点；如果为长方形板，则分别交于两点，此两点的连线与长边平行。这样就将板上载荷分成四个部分，近似地认为短支承边承受三角形载荷，长支承边承受梯形载荷。

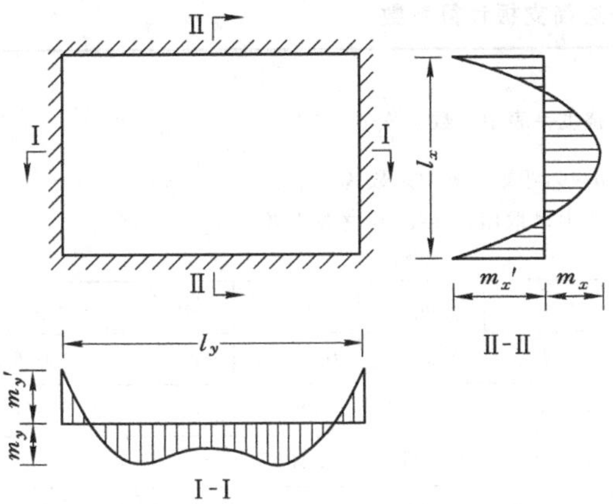

图 2-29 四边固支板的弯矩图

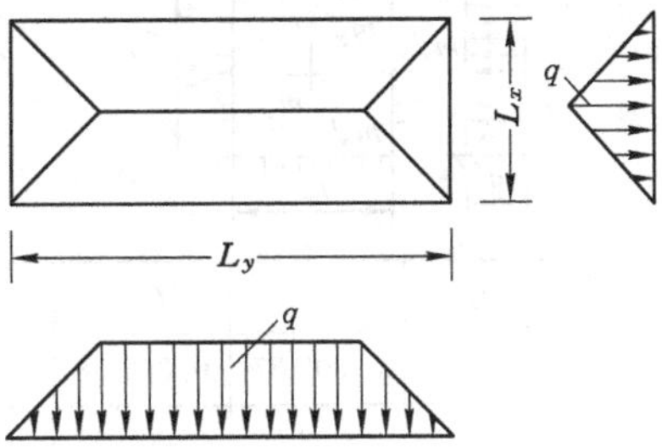

图 2-30 双向板边界上支承反力分布的简化

发生初次断裂(来压)前,采煤工作面基本顶的支承边界可以分为两类:初采工作面,四边实体煤支承;三边实体煤支承,另外一边由区段煤柱支承。为此,相应的力学模型可以简化为:四边固定支承的弹性薄板;三边固定支承,一边简支的弹性薄板。

在各种载荷作用下,多种支承边界双向板的计算是一个复杂的问题。为了简化计算,已编制有相应的计算用表,这为双向板的精确计算带来很大的方便。

根据弹性薄板理论公式,《建筑结构静力计算手册》编制了多种支承边界条件下板的弯矩系数表。四边固定板计算系数见表 2-3;三边固定、一边简支板计算系数见表 2-4。

表 2-3 四边固定板计算系数

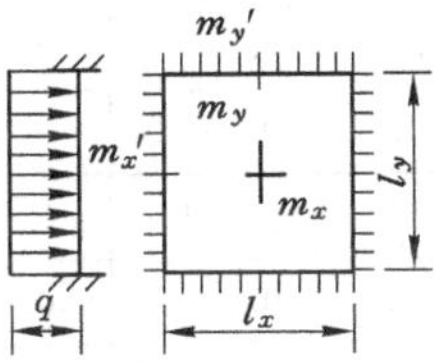

挠度=表中系数×$\frac{ql^4}{D}$;

$\mu=0$,弯矩=表中系数×ql^2。

式中,l 取用 l_x 和 l_y 中之较小者。

l_x/l_y	f	m_x	m_y	m_x'	m_y'
0.50	0.002 53	0.040 0	0.003 8	−0.082 9	−0.057 0
0.55	0.002 46	0.038 5	0.005 6	−0.081 4	−0.057 1
0.60	0.002 36	0.036 7	0.007 6	−0.079 3	−0.057 1
0.65	0.002 24	0.034 5	0.009 5	−0.076 6	−0.057 1
0.70	0.002 11	0.032 1	0.011 3	−0.073 5	−0.056 9
0.75	0.001 97	0.029 6	0.013 0	−0.070 1	−0.056 5
0.80	0.001 82	0.027 1	0.014 4	−0.066 4	−0.055 9
0.85	0.001 68	0.024 6	0.015 6	−0.062 6	−0.055 1
0.90	0.001 53	0.022 1	0.016 5	−0.058 8	−0.054 1
0.95	0.001 40	0.019 8	0.017 2	−0.055 0	−0.052 8
1.00	0.001 27	0.017 6	0.017 6	−0.051 3	−0.051 3

表 2-4　三边固定、一边简支板计算系数

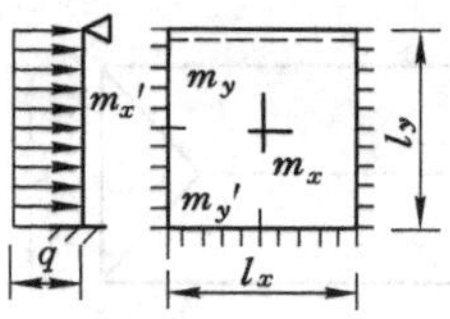

挠度＝表中系数×$\frac{ql^4}{D}$；

$\mu=0$，弯矩＝表中系数×ql^2。

式中，l 取用 l_x 和 l_y 中之较小者。

l_x/l_y	l_y/l_x	f	f_{max}	m_x	m_{xmax}	m_y	m_{ymax}	m_x'	m_y'
0.50		0.002 57	0.002 58	0.040 8	0.040 9	0.002 8	0.008 9	−0.083 6	−0.056 9
0.55		0.002 52	0.002 55	0.039 8	0.039 9	0.004 2	0.009 3	−0.082 7	−0.057 0
0.60		0.002 45	0.002 49	0.038 4	0.038 6	0.005 9	0.010 5	−0.081 4	−0.057 1
0.65		0.002 37	0.002 40	0.036 8	0.037 1	0.007 6	0.011 6	−0.079 6	−0.057 2
0.70		0.002 27	0.002 29	0.035 0	0.035 4	0.009 3	0.012 7	−0.077 4	−0.057 2
0.75		0.002 16	0.002 19	0.033 1	0.033 5	0.010 9	0.013 7	−0.075 0	−0.057 2
0.80		0.002 05	0.002 08	0.031 0	0.031 4	0.012 4	0.014 7	−0.072 2	−0.057 0
0.85		0.001 93	0.001 96	0.028 9	0.029 3	0.013 8	0.015 5	−0.069 3	−0.056 7
0.90		0.001 81	0.001 84	0.026 8	0.027 3	0.015 9	0.016 3	−0.066 3	−0.056 3
0.95		0.001 69	0.001 72	0.024 7	0.025 2	0.016 0	0.017 2	−0.063 1	−0.055 8
1.00	1.00	0.001 57	0.001 60	0.022 7	0.023 1	0.016 8	0.018 0	−0.060 0	−0.055 0
	0.95	0.001 78	0.001 82	0.022 9	0.023 4	0.019 4	0.020 7	−0.062 9	−0.059 9
	0.90	0.002 01	0.002 06	0.022 8	0.023 4	0.022 3	0.023 8	−0.065 6	−0.065 3
	0.85	0.002 27	0.002 33	0.022 5	0.023 1	0.025 5	0.027 3	−0.068 3	−0.071 1
	0.80	0.002 56	0.002 62	0.021 9	0.022 4	0.029 0	0.031 1	−0.070 7	−0.077 2
	0.75	0.002 86	0.002 94	0.020 8	0.021 4	0.032 9	0.035 4	−0.072 9	−0.083 7
	0.70	0.003 19	0.003 27	0.019 4	0.020 0	0.037 0	0.040 0	−0.074 8	−0.090 3
	0.65	0.003 52	0.003 65	0.017 5	0.018 2	0.041 2	0.044 6	−0.076 2	−0.097 0
	0.60	0.003 86	0.004 03	0.015 3	0.016 0	0.045 4	0.049 3	−0.077 3	−0.103 3
	0.55	0.004 19	0.004 37	0.012 7	0.013 3	0.049 6	0.054 1	−0.078 0	−0.109 3
	0.50	0.004 49	0.004 63	0.009 9	0.010 3	0.053 4	0.058 8	−0.078 4	−0.114 6

有关双向板计算系数表中的符号说明如下。D 为板的抗弯刚度，$D=\frac{Eh^3}{12(1-\mu^2)}$；$E$ 为弹性模量；h 为板厚；μ 为泊松比；f，f_{max} 分别为板中心点的挠度和最大挠度；m_x，m_{xmax} 分别为平行于 l_x 方向板中心点单位板宽内的弯矩和板跨内最大弯矩；m_y，m_{ymax} 分别为平行于 l_y 方向板中心点单位板宽内的弯矩和板跨内最大弯矩；m_x' 为固定边中点沿 l_x 方向单位板宽内的弯矩；m_y' 为固定边中点沿 l_y 方向单位板宽内的弯矩。

表 2-6 和表 2-7 中的图例：══════代表简支边；⊔⊔⊔⊔代表固定边。

正负号的规定：

弯矩——使板的受荷面受压者为正；

挠度——变形方向与载荷方向相同者为正。

根据上述两种计算简图，可在相应表中直接查得弯矩系数，即可算出有关弯矩

$$m = 表中系数 \times ql^2$$

式中　m——跨中或支座单位板宽内的弯矩；

q——均布载荷；

l——板的较小跨度。

必须指出，表 2-3 和表 2-4 是根据材料的泊松比 $\mu=0$ 制定的。当 μ 不为 0 时，可按下式计算

$$m_x^{(\mu)} = m_x + \mu m_y$$

$$m_y^{(\mu)} = m_y + \mu m_x$$

对于砂岩岩层，可取 $\mu=0.15\sim0.20$（钢筋混凝土取 $\mu=1/6$）。

对于双向板，如表 2-3 和表 2-4 所列，当工作面基本顶初次断裂步距 l_x 小于工作面长度 l_y 时，支承边界（长边）上的弯矩为

$$m_x^{(\mu)} = m_x + \mu m_y = ql_x^2 m_x' + \mu q l_x^2 m_y'$$

令

$$\sigma_t = \frac{6}{h^2} m_x^{(\mu)} = \frac{6}{h^2} q l_x^2 (m_x' + \mu m_y')$$

有

$$6ql_x^2(m_x' + \mu m_y') = \sigma_t h^2$$

$$l_x^2 = \frac{\sigma_t h^2}{6q(m_x' + \mu m_y')}$$

$$l_x = h\sqrt{\frac{\sigma_t}{6q(m_x' + \mu m_y')}}$$

由此得基本顶初次断裂步距 L_0 为

$$L_0 = H\sqrt{\frac{K_2\sigma_t}{6q_2(m_x' + \mu m_y')}} \qquad (l_x < l_y) \tag{2-34a}$$

当 $l_x > l_y$ 时，式(2-34a)中的 m_x' 与 m_y' 互换，即

$$L_0 = H\sqrt{\frac{K_2\sigma_t}{6q_2(m_y' + \mu m_x')}} \qquad (l_x > l_y) \tag{2-34b}$$

式中，m_x'，m_y' 由表 2-3 和表 2-4 中对应弯矩系数确定；其他符号含义同式(2-33)。

如果由表 2-3 和表 2-4 中系数确定出基本顶极限跨距下的最大弯矩，则相应的极限跨距就是基本顶的初次断裂（来压）步距。在实际工作中，将上述表格编入程序进行计算是非常方便的。

由图 2-29 中的弯矩图[或式(2-26)]分析可知，基本顶的初始破裂发生在长固定边界的中点处，并由此导致破断在支承边界上贯通，从而过渡为四边简支板。

分析可知，在相同跨度条件下，四边简支板跨中弯矩会明显大于四边固支板支承边界上的最大弯矩。例如，简支梁跨中弯矩是两端固定梁在固定端弯矩的 1.5 倍。因此，一旦形成四边简支板，在高于极限弯矩的外力作用下，基本顶岩层会在跨中迅速发生断裂，断裂块体间发生相对回转，顶板在瞬间产生急剧下沉，由此对工作面支架产生冲击作用，即形成基本顶初次来压。依照破裂线理论的基本假定，基本顶初次来压时的破断形式如图 2-28 所示。

七、基本顶二次断裂及其结构

基本顶发生初次断裂后，如图 2-28 所示，破断块体间形成铰接状态，在块体发生相对回转和下沉后，最终形成三铰拱稳定结构。随着工作面的推进，如图 2-31 所示，工作面上方基本顶悬跨随之增大。在外力的组合作用下，当悬跨达到极限跨距 J 时，基本顶发生二次断裂，此时称 J 为基本顶二次断裂步距。由于基本顶二次断裂的极限跨距 J 远小于采煤工作面的采长 L_y，因此可以把这样一个二维问题简化为一维问题进行分析。

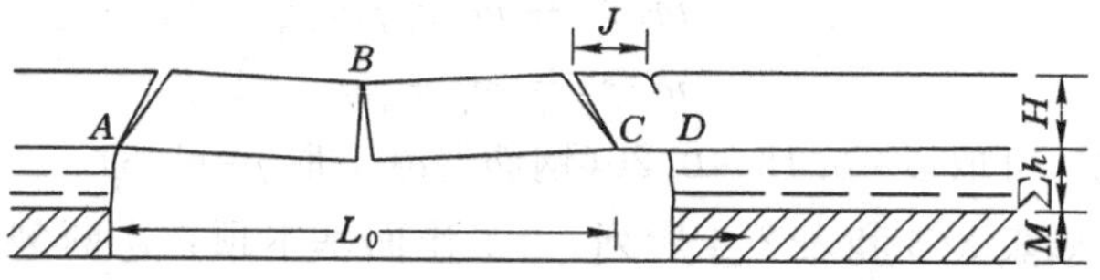

A,B,C,D—铰接点；L_0—基本顶初次断裂步距；J—基本顶二次断裂步距；

H—基本顶厚度；$\sum h$—直接顶厚度；M—采高。

图 2-31　基本顶二次断裂四铰可变结构力学模型(据贾喜荣等，1993)

计算基本顶二次断裂步距的力学模型如图 2-32 所示。悬臂岩梁所受外力包括：均布载荷 q_2，跨度为 L_0 的三铰拱在拱脚处产生的竖向载荷 V 和水平推力 T，支架初撑力 p_0 和煤壁支承力的组合作用。

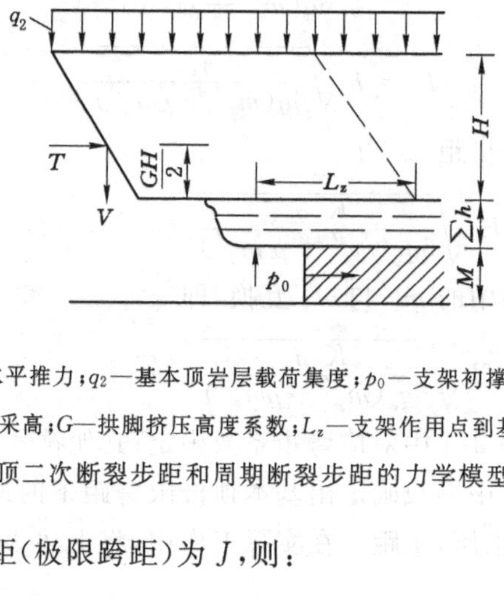

V—竖向载荷；T—水平推力；q_2—基本顶岩层载荷集度；p_0—支架初撑力；H—基本顶厚度；

$\sum h$—直接顶厚度；M—采高；G—拱脚挤压高度系数；L_z—支架作用点到基本顶破断线间水平距离。

图 2-32　计算基本顶二次断裂步距和周期断裂步距的力学模型(据贾喜荣等，1993)

设基本顶二次断裂步距(极限跨距)为 J，则：

重力 q_2 弯矩 M_1

$$M_1=\frac{1}{2}q_2J^2 \tag{a$_5$}$$

竖向载荷 V 弯矩 M_2

$$M_2=\frac{1}{2}q_2L_0J \tag{b$_5$}$$

水平推力 T 偏心弯矩 M_3

$$M_3=T\left(\frac{H}{2}-\frac{GH}{2}\right)=\frac{TH}{2}(1-G) \tag{c$_5$}$$

水平推力 T 等效弯矩 M_4

$$M_4=-\frac{1}{6}TH \tag{d_5}$$

煤壁、支架反力综合弯矩 M_5

$$M_5=-p_0L_zK_z \tag{e_5}$$

根据顶板岩层拉伸断裂机制，取顶板岩层抗拉强度为强度条件，则基本顶岩层的抗弯强度 M 为

$$M=\frac{K_2\sigma_t H^2}{6} \tag{f_5}$$

由此得，基本岩层顶发生二次断裂的极限平衡方程为

$$M=M_1+M_2+M_3+M_4+M_5 \tag{g_5}$$

即

$$J^2+L_0J+\frac{TH(1-G)}{q_2}-\frac{TH}{3q_2}-\frac{K_2\sigma_t H^2}{3q_2}-\frac{2p_0L_zK_z}{q_2}=0$$

或

$$J^2+L_0J+C=0$$

由此得基本顶二次断裂步距 J

$$J=\frac{1}{2}\left(\sqrt{L_0{}^2-4C}-L_0\right) \tag{2-35}$$

式中

$$C=\frac{1}{3q_2}(2TH-3TGH-K_2\sigma_t H^2-6p_0L_zK_z)$$

$$T=\frac{q_2L_0{}^2}{8H(1-G)}$$

各物理量的含义为

p_0——支架初撑力；

T——三铰拱水平推力；

G——二次断裂拱脚挤压高度系数；

L_z——支架作用点到基本顶破断线间水平距离；

K_z——支架和煤壁支承力矩综合系数。

八、基本顶周期断裂及其结构

基本顶周期断裂结构模型，如图 2-33 所示。

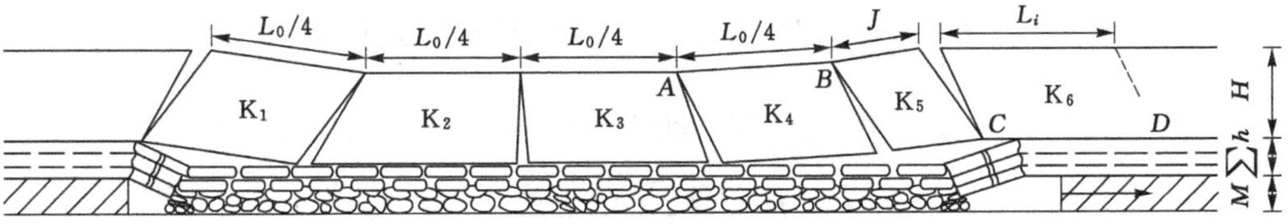

图 2-33　基本顶周期断裂结构模型(据贾喜荣，2024)

① 当基本顶发生二次断裂后(图 2-31)，3 段断裂块体形成拥有 A,B,C,D 共 4 个铰接

点的可变结构体系，在重力的作用下，各断裂块体间迅速发生回转和下沉，最终使得跨中区域的部分断裂块体首先触矸，其余部分处于悬跨状态。

② 此时假设：跨距为 L_0 的基本顶岩层断裂成 K_1，K_2，K_3，K_4 4 个块段，且块体 K_2 和 K_3 充分触矸，块体 K_1 和 K_4 处于悬跨状态。

③ 块体 K_1 的前铰接点位于块体 K_2 的上端，后铰接点位于开切眼煤壁上方基本顶岩层的下端。块体 K_1 处于半拱结构状态。

④ 块体 K_4 和 K_5 形成不等高拱脚的三铰拱结构。后拱脚位于块体 K_3 和 K_4 的铰接点 A 处；三铰拱顶铰位于块体 K_4 和 K_5 的铰接点 B 处；前拱脚位于块体 K_5 和 K_6 的铰接点 C 处。

⑤ 随着工作面的推进，当基本顶岩层悬顶跨度达到极限跨距 $L_i(i=1)$ 时，基本顶发生第一个周期断裂，悬跨块体 K_4，K_5 和 K_6 形成拥有 4 个铰接点的可变结构。随着断裂块体 K_4，K_5 和 K_6 的相对回转和下沉，铰接点 D 下移、铰接点 C 上移，最终块体 K_4 充分触矸，块体 K_5 和 K_6 形成新的不等高拱脚的三铰拱结构。

基本顶岩层断裂块体始终处于两种结构状态：拥有 4 个铰接点可变结构的失稳状态和拥有 3 个铰接点的三铰拱平衡结构状态。这种结构状态始终伴随工作面的推进而发生周而复始的转换。通常把基本顶岩层的这种周期运动状态称为周期来压（周期断裂），将极限跨距 L_i 称为周期来压步距。

基本顶周期断裂力学模型如图 2-34 所示。

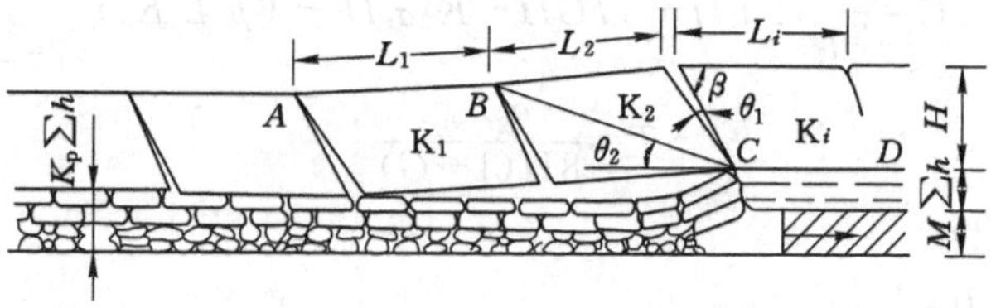

A，B，C—三铰拱铰接点；L_i—基本顶周期来压步距；H—基本顶厚度；$\sum h$—直接顶厚度；M—采高。

图 2-34　基本顶周期断裂（不等高拱脚）三铰拱铰接梁结构力学模型（据贾喜荣等，1993）

根据图 2-34 导出的基本顶周期来压步距的计算公式为

$$L_i=\frac{1}{2}(\sqrt{B^2-4C}-B) \tag{2-36}$$

式中

$$B=\frac{2V}{q_2}$$

$$C=\frac{1}{3q_2}(2TU-U^2K_2\sigma_t-3TG_zH-6p_0L_zK_z)$$

$$U=H(1-\frac{G_z}{2})$$

$$T=\frac{Q}{2}\frac{X_c(1+S)}{Y-X\tan\theta_2} \tag{2-37}$$

$$V=\frac{Q_2}{2}-T\tan\theta_2 \tag{2-38}$$

$$Y=M-H-\sum h(K_p-1)$$

$$X=\sqrt{(1+N^2)U^2-Y^2}$$

$$N=\frac{L+U\cot\beta}{U}$$

$$L=L_1+L_2$$

$$\tan\theta_1=\frac{NY+X}{NX-Y}$$

$$S=\frac{U}{L}(\cot\beta+\tan\theta_1)$$

$$\tan\theta_2=\frac{Y-L_1\sin\theta_1}{X-L_1\cos\theta_1}$$

$$X_c=L_1\cos\theta_1$$

$$Q_1=L_1q_2$$

$$Q_2=L_2q_2$$

$$Q=Q_1+Q_2$$

各物理量的含义为

L_i——基本顶周期来压步距($i=1,2,\cdots$)；

G_z——周期断裂拱脚挤压高度系数；

T——三铰拱水平推力；

V——拱脚竖向载荷；

K_p——直接顶碎胀系数；

β——基本顶岩层破断角。

由图 2-34 可知，基本顶周期来压步距 L_i 取决于其荷重和三铰拱拱脚载荷组合作用，显然要小于悬臂梁的极限跨距。由此可以得出结论，在同等开采技术条件下，基本顶周期来压步距与初次来压步距(单向板，或双向板)的比值 L_i/L_0 应小于 $\sqrt{6}/6$。

九、顶板来压强度计算及其参数的确定

如前所述，稳定岩层顶板条件下，基本顶岩层发生断裂之后，破断块体形成三铰拱(铰接板)，各破断块体经过充分回转和下沉后，达到新的平衡。

采煤工作面支架的作用是在顶板岩层发生运动(回转与下沉)过程中，阻止基本顶破断块体沿工作面煤壁产生过量的台阶下沉或切落。

下面根据图 2-35 确定顶板来压强度的表达式。

如图 2-35 所示，在无支护条件下，基本顶岩层破断面上作用有三铰拱结构的水平推力 T 和拱脚竖向载荷 V，破断面与铅直线间的夹角为 θ。如果基本顶岩层破断后不沿破断面产生滑动，则应保持破断面上所具有的摩擦阻力不小于下滑力。取岩层破断面上的摩擦角为 φ'，可得平衡条件

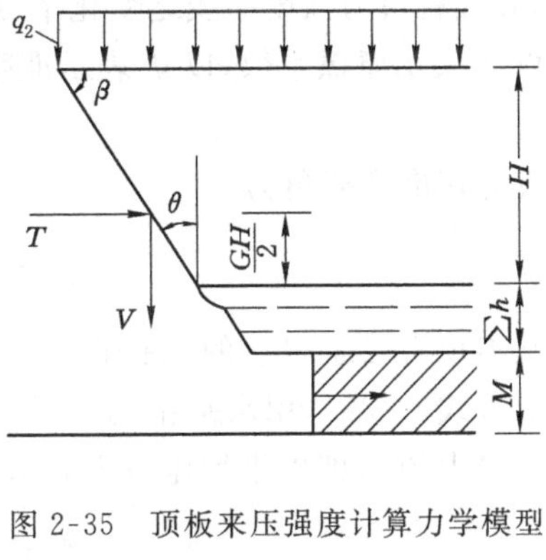

图 2-35 顶板来压强度计算力学模型
(据贾喜荣等，1993)

$$(T\cos\theta - V\sin\theta)\tan\varphi' \geqslant V\cos\theta + T\sin\theta \tag{2-39a}$$

或

$$T(\cos\theta\sin\varphi' - \sin\theta\cos\varphi') \geqslant V(\cos\theta\cos\varphi' + \sin\theta\sin\varphi') \tag{2-39b}$$

利用三角公式

$$\sin(\alpha-\beta) = \sin\alpha\cos\beta - \cos\alpha\sin\beta$$
$$\cos(\alpha-\beta) = \cos\alpha\cos\beta + \sin\alpha\sin\beta$$

得

$$V \leqslant T\tan(\varphi' - \theta) \tag{2-40a}$$

或

$$V \leqslant T\tan\left(\varphi' + \beta - \frac{\pi}{2}\right) \tag{2-40b}$$

方程(2-40)右边表示由水平推力 T 在竖向上提供的摩擦阻力。如果破断面所提供的竖向摩擦阻力低于拱脚竖向载荷 V,则顶板发生运动。其中一种可能是沿破断面产生滑落失稳,导致工作面沿煤壁切顶。另一种可能是顶板断裂岩块间发生相对回转,降低三铰拱拱高而提供更高的水平推力,以达到相对平衡,此时工作面顶板会产生大的台阶下沉。在这种情况下,通常要提高工作面支护强度来避免此类情况的发生。这就是说,如果要使基本顶岩层在发生断裂之后仍保持相对稳定,就必须要求支架提供的有效工作阻力和破断面上具有的竖向摩擦阻力来共同平衡竖向载荷 V,即此时的平衡条件为

$$p_2 = V - T\tan\left(\varphi' + \beta - \frac{\pi}{2}\right) \tag{2-41}$$

式中 p_2——支架所承担的基本顶岩层的作用载荷。

在式(2-41)中,拱脚处的竖向载荷 V 和水平推力 T 在其相应的力学模型(如初次来压或周期来压力学模型)中可以容易求得,问题在于岩层破断面上的摩擦角 φ' 并不是一个常量,它与摩擦面上的应力水平等相关。笔者在这里引入 N. Barton 摩擦准则处理该问题。

N. Barton 摩擦准则为

$$\tau/\sigma = \tan\left(\mathrm{JRClg}\frac{\mathrm{JCS}}{\sigma} + \varphi_b\right)$$

分析可知,N. Barton 提出的岩体最大抗剪强度经验方程的左边是剪应力 τ 与正应力 σ 之比;方程右边为强度曲线之变化率,或摩擦系数。

以 f 表示摩擦系数,以 Φ 表示准摩擦角,则可把 N. Barton 摩擦准则改写为

$$f = \tan\Phi \tag{2-42}$$

其中抗剪切准摩擦角为

$$\Phi = \mathrm{JRClg}\frac{\mathrm{JCS}}{\sigma} + \varphi_b \tag{2-43}$$

基本顶岩层断裂后的三铰拱平衡结构是一种摩擦平衡结构。为了把 N. Barton 摩擦准则引入式(2-39),用水平推力 T 与拱脚挤压高度 GH(G 为挤压高度系数)之比来代替式(2-43)中的 σ,即以平均压应力表示之(图 2-35)。为此,式(2-43)可改写为

$$\Phi = \mathrm{JRClg}\frac{\mathrm{JCS}GH}{T} + \varphi_b \tag{2-44}$$

式(2-44)是 N. Barton 摩擦准则条件下的顶板岩层破断面上的摩擦角表达式。

由式(2-41)和式(2-44)可得到 N. Barton 摩擦准则条件下,采煤工作面顶板来压强度的表达式

$$p = V - Tf + p_1 \tag{2-45}$$

$$f = \tan\left(\mathrm{JRClg}\frac{\mathrm{JCS}GH}{T} + \varphi_b + \beta - \frac{\pi}{2}\right) \tag{2-46}$$

式中 p_1——直接顶岩层作用于支架上的载荷。

注:在周期来压强度计算中,取 G 为 G_z。

1. 基本顶初次断裂时顶板来压强度计算

由式(2-45)和式(2-46)知,当直接顶作用于支架上的载荷 p_1 和岩层破断面摩擦系数 f 确定之后,支架载荷计算问题就成为确定水平推力 T 和竖向载荷 V 两个参数的问题。

由图 2-28(b)可得,基本顶初次破断时的拱脚竖向载荷 V 和三铰拱水平推力 T 分别为

$$V = \frac{1}{2}q_2 L_0 \tag{2-47}$$

$$T = \frac{q_2 {L_0}^2}{8H(1-G)} \tag{2-48}$$

由此可得基本顶初次破断时,顶板来压强度 p 为

$$p = V - Tf + p_1 \tag{2-49}$$

式中,摩擦系数 f 由式(2-46)确定。

2. 基本顶二次断裂和周期断裂时顶板来压强度计算

如前所述,基本顶发生二次断裂与周期断裂时的力学模型相似,只是形成三铰拱的断裂块体长度有所区别。如图 2-31 和图 2-33 所示,基本顶发生二次断裂后,顶板岩层断裂块体由原来跨度为 L_0 的三铰拱平衡结构变为四点铰接的可变结构,且最终会由二次断裂的 J 段与其相邻的部分 $L_0/2$ 段构成新的三铰拱。此时的三铰拱水平推力 T 和拱脚竖向载荷 V 由式(2-37)和式(2-38)确定,并且在算式中用 J 代替 L_i,由 $L_0/4$ 代替 L_2。

基本顶周期断裂时的三铰拱水平推力 T 和拱脚竖向载荷 V 可由式(2-37)和式(2-38)直接确定。

因此,基本顶二次断裂和周期断裂时,顶板来压强度计算表达式为

$$p_J = V_J - T_J f_J + p_1 \tag{2-50}$$

$$p_i = V_i - T_i f_i + p_1 \tag{2-51}$$

式中 p_J——顶板二次来压强度;

p_i——顶板周期来压强度。

T,V 和 f 分别由式(2-37)、式(2-38)和式(2-46)确定。

应用“弹性薄板与铰接板结构”力学模型,计算稳定岩层顶板缓斜煤层长壁工作面直接顶初次垮落步距、基本顶断裂步距和顶板来压强度时,需要首先确定与采煤工作面开采条件有关的 21 个基本参数。其中开采技术参数 3 个,顶板厚度及物理力学性质参数 15 个,给定参数 2 个和待定参数 1 个。

3. 计算参数的确定

(1) 开采技术参数

① 工作面长度 L_y，计算中取工作面设计采长。

② 工作面采高 M，计算中取平均采高。

③ 工作面支架初撑力 p_0，计算中取工作面沿米支护强度(沿采煤工作面采长方向单位支护长度上支架能承受的最大载荷，kN/m)的 50%。

(2) 顶板厚度及物理力学性质参数

① 直接顶岩石重度 γ_1，由室内试验测定，或直接取为 26 kN/m^3。

② 直接顶总厚度 $\sum h$，根据工作面柱状图和采高确定。

③ 直接顶承载层厚度 h，根据工作面柱状图确定。

④ 直接顶岩石抗拉强度 σ_{t1}，由室内试验测定。

⑤ 直接顶承载层抗拉强度系数 K_1。实际应用中，K_1 可根据直接顶承载层裂隙发育程度确定。

⑥ 直接顶岩层碎胀系数 K_p，该系数与采高和岩性有关。在 2.0～3.0 m 采高条件下，可取 K_p＝1.15～1.35。

⑦ 基本顶岩石重度 γ_2，由室内试验测定或直接取为 26 kN/m^3。

⑧ 基本顶岩石抗拉强度 σ_{t2}，由室内试验测定。

⑨ 基本顶承载层抗拉强度系数 K_2，可根据基本顶承载层裂隙发育程度确定。

⑩ 基本顶岩层厚度 H，根据工作面柱状图、采高和库兹涅佐夫规则移动带判据确定。

⑪ 基本顶岩层破断角(岩层层面与断裂线间夹角)β，稳定岩层中取 $\beta=60°\sim70°$。

⑫ 基本顶岩石单轴抗压强度 σ_c，由室内岩石试件强度试验获得。

⑬ 基本顶岩层断裂面粗糙度系数 JRC，该系数根据 N. Barton 分级值选定。

⑭ 基本顶岩层断裂面有效抗压强度 JCS，可取基本顶岩石试件单轴抗压强度值。

⑮ 基本顶岩层断裂面基础摩擦角 φ_b，计算中可统一取为 30°。

(3) 给定参数

① 支架合力作用点到基本顶断裂线间水平距离 L_z，该参数与工作面控顶距和基本顶断裂线在煤壁内的位置有关，计算中一般取 L_z＝3 m。

② 支架和煤壁支承力矩综合系数 K_z，该系数主要考虑支架和煤壁的支承反力对基本顶来压步距的影响。计算中一般取 K_z＝3。

(4) 待定系数 G

在顶板来压步距和来压强度计算中，三铰拱挤压高度系数 G 是一个待定系数，该系数主要与基本顶岩层在各个时期(初次断裂、二次断裂及周期断裂)的三铰拱拱高有关，且这一系数对基本顶来压强度计算值的敏感度最高。根据基本顶断裂岩块三铰拱的结构特征，计算中将这一系数取为两个值，即基本顶初次来压挤压高度系数 G 和周期(或二次断裂)来压挤压高度系数 G_z。

在几何意义上，挤压高度系数是反映顶板岩层断裂后，组成三铰拱的岩石块体间相对回转和拱高降低(顶板下沉)等的综合性参数。在力学意义上，从式(2-46)中可以看出，在岩层物理力学性质指标确定之后(水平推力 T 与岩层厚度和极限跨距相关)，摩擦系数的取值依赖挤压高度系数 G。

初次来压时，基本顶初次断裂后形成的三铰拱在其跨度内一般不会触矸。因此，在此期间挤压高度主要与岩层自身的力学性质和几何参数相关。通过对 50 多个工作面矿压观测资料的统计分析，铰接板挤压高度系数 G 的取值与基本顶岩层厚度 H 呈线性关系，见图 2-36。由此得到的经验方程为

$$G = 0.018H - 0.0195 \qquad (2-52)$$

其相关系数 $R=0.973$。

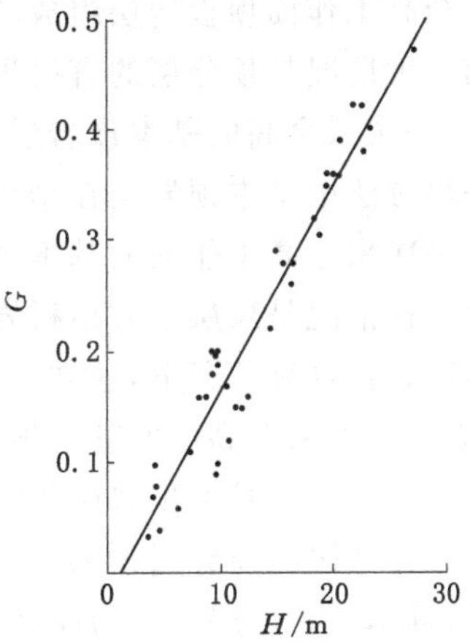

图 2-36 初次来压挤压高度系数 G 与基本顶岩层厚度 H 间的相关性曲线（据贾喜荣等，1993）

周期来压期间，铰接板岩层在空间的状态与采高、直接顶厚度及碎胀系数、周期来压步距等诸多参数相关，目前还没有得出较实用的经验表达式。计算中一般可先以初次来压强度的 85%～90% 作为初始值，以此来确定相对应的 G_z 值。

应该特别强调指出的是，在选择和确定各个计算参数的过程中，正确划分直接顶、基本顶和顶板上覆岩层的界限是一个极其重要的环节。这是由于在采场顶板岩层的结构分析中，无论是常规开采工作面还是厚煤层放顶煤工作面，首要问题是对具体工作面的直接顶、基本顶和顶板上覆岩层明确划定，并在此基础上确定相应的结构模型。

事实上，顶板岩层的结构特征是与采高和顶板岩层组成结构相关的，而并不取决于回采工艺过程。比如 6 m 厚煤层放顶煤开采与 5 m 厚煤层一次采全高，如果在顶板岩层组成结构相同并且有效回采高度相等的情况下，工作面在结构意义上的直接顶、基本顶和顶板上覆岩层，不会因这种回采工艺的不同而带来本质上的区别。实际矿压观测结果证实，"弹性薄板与铰接板结构"力学模型及其计算方法在放顶煤工作面来压计算预测中同样具有实用性。

正如在约定顶板岩层的定义中所述，就顶板岩层结构分析而论，顶板岩层可划分为三部分：一是自身发生破断后毫无自承能力的岩层，约定这部分岩层为直接顶。随着工作面推进，直接顶岩层有可能形成悬顶结构，但其发生破断后，所有载荷（自重载荷和力矩载荷等）全部要由支架承担。二是自身发生破断后，可以形成承载结构，并且可以承担全部自身（包括其上部的软弱岩层）荷重的岩层，把这部分岩层约定为顶板上覆岩层。这部分岩层的破断与下沉，一般不对工作面支架产生明显影响。三是顶板岩层结构分析的主体——基本顶岩层，这部分岩层是从直接顶岩层到顶板上覆岩层的过渡层，其发生破断后形成半承载结构，不足以完全承担自身荷重，即其破断后产生的载荷，一部分由自身结构承担，而另一部分要作用到工作面支架上。

实际矿压观测结果表明，在一定顶板条件下，大采高工作面也同样存在基本顶的初次来压和周期来压等矿压显现现象，甚至顶板来压强度还会略低于分层开采（上分层）时的来压强度。这是由于尽管采高加大，使得组成直接顶岩层的总厚度增加，但基本顶的岩层层位和空间结构会以新的形式出现，从而显现出其本来的矿压特征。

与分层开采相比，厚煤层一次采全高工作面，由于一次采出煤层厚度不同，基本顶岩层的层位乃至相应的结构会产生根本改变，自然会对工作面矿压带来一系列变化。就厚煤层

一次采全高工作面顶板岩层组成的典型特征而言,顶板岩层可归结为三种基本类型。

第一种情况是顶分层的直接顶岩层和基本顶岩层的厚度都较大(如 8～10 m)。在这种情况下,一次采全高的基本顶岩层与顶分层开采中的基本顶岩层往往是同一岩层。故此时两种采煤方法中基本顶岩层在结构上不应该有本质上的差异(但顶板来压强度不同)。我们把此类一次采全高工作面的基本顶岩层约定为 A 型。

第二种情况是煤层上方顶板岩层的分层厚度不大(如 3～5 m),且松软岩层与坚硬岩层交替出现。在这种情况下,通常顶分层开采中的基本顶岩层是一次采全高中直接顶的组成部分,而且一次采全高中的基本顶是顶分层开采中顶板上覆岩层的组成部分。我们把此类一次采全高工作面基本顶岩层约定为 B 型。

第三种情况是顶分层开采中,直接顶岩层与基本顶岩层是厚度较小(如 3 m 左右)的坚硬岩层,且基本顶岩层上方为厚度很大(如 15 m 以上)的松软岩层。此时,一次采全高中的基本顶岩层就可能为松软岩层,而其下的坚硬岩层则可能是直接顶的组成部分。显然,此时一次采全高中基本顶岩层的力学特性和结构特征就完全有别于前两种类型。我们把此类一次采全高工作面基本顶岩层约定为 C 型。

总之,从整体上讲,不论顶板岩层的力学属性和结构形式如何,也不论开采方法有何不同,基本顶岩层是过渡层,其在力学结构上属于一种特别的"半承载结构体",它有别于直接顶岩层和顶板上覆岩层。

实际应用中,对于前述 A 型和 B 型一次采全高的基本顶,用块体力学模型分析其破断后的岩层结构仍然是有效的。同时,库兹涅佐夫判别式($H>\Delta$),仍然是确定基本顶岩层层位的一种有效方法。式中,H 为强度较高顶板岩层(如砂岩和石灰岩等)的厚度;M 为基本顶垮落前采空区内自由空间高度。当 $H>\Delta$ 时,厚度为 H 的坚硬岩层破断后将形成铰链结构。显然,基本顶岩层的层位取决于工作面采高及采出率、直接顶岩层厚度及碎胀系数等。对于 C 型基本顶的结构分析,还是应借助松散介质力学模型及基本力学原则进行。

还应指出的是,对于 B,C 型两种基本顶结构,其稳定的直接顶上位岩层(上分层开采中的基本顶岩层)也会形成初次来压和周期来压。此时,周期来压的顶板结构以悬板形式出现(不形成铰接结构)。

下面用实例说明采高对基本顶岩层层位确定的影响。

兖州矿区山西组 3 号煤属于上述 A 型基本顶的典型岩层。如兴隆庄矿 5306 综放工作面。该工作面煤层厚 5.9～9.1 m,平均 7.83 m,煤层坚固性系数 $f=2.44$。伪顶为 0～0.6 m 厚的泥岩,直接顶为 0～7 m 厚的粉砂岩,基本顶为 30.6 m 厚的浅灰色中砂岩,其抗压强度呈下大上小分布。粗略估算(如取放顶煤工作面采出率为 80%,直接顶厚度为 4～7 m,顶煤和直接顶碎胀系数 $K_p=1.25$)可知,在这种顶板岩层结构条件下,放顶煤开采与顶分层开采中的基本顶岩层属同一组岩层。所不同的是,两种开采方法产生的采空区内自由空间高度不同,基本顶岩层断裂后的回转幅度不同,由此产生的最终结果是工作面支架承担的载荷有所区别。可以推断,在这种情况下,不论是顶分层开采还是放顶煤开采,基本顶岩层发生断裂之后都会形成铰接板或其他形式的块体结构。实测矿压成果中的结论完全可以证实这一点。

阳泉矿区 15 号煤层是 B 型基本顶的典型岩层。图 2-37 是阳泉某矿 8312 综放工作面岩层柱状图。若取 15 号煤层顶分层开采的采高为 2.80 m,直接顶碎胀系数 $K_p=$

1.30，则采空区内自由空间高度 $\Delta=2.80-1.17\times0.30=2.449$(m)，黑色泥岩上方第一层石灰岩厚度 $H=3.21$ m，即满足库兹涅佐夫判别式($H>\Delta$)的条件。这说明在顶分层开采中，15 号煤层的基本顶就是 3.21 m 厚的石灰岩岩层。

但是在 15 号煤层进行放顶煤一次采全高开采时，情况就发生了变化。若取工作面煤层采出率为 80%，采空区顶煤和直接顶岩层平均碎胀系数 $K_p=1.25$，计算可得，工作面基本顶为煤层上方 2.74 m 厚的石灰岩岩层，其下均属直接顶岩层。此时采空区自由空间高度 $\Delta=5.75\times80\%-[5.75\times20\%+1.17+3.21+2.09+1.44+1.83]\times0.25=1.88$(m)。

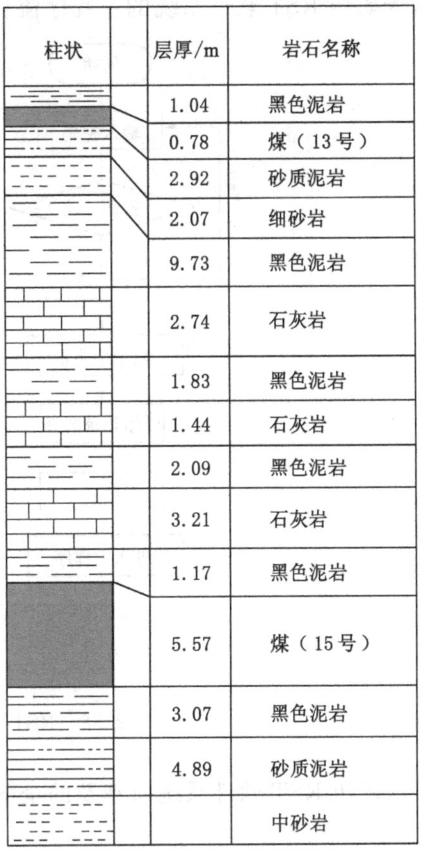

图 2-37　阳泉某矿 8312 综放工作面岩层柱状图

矿压观测研究已经证实，在放顶煤开采中，煤层上方 3.21 m 厚的石灰岩岩层是随其下泥岩直接顶岩层同步垮落的。同时，矿压观测研究结果表明，工作面支架 40%左右的载荷来自上方基本顶岩层。因此可以认为，在 B 型基本顶条件下，铰接板及其他块体结构力学模型对确定放顶煤工作面来压步距和来压强度等仍然具有实用性。

十、采场矿压 RST 软件系统及工程应用①

笔者于 1983—1993 年经过持续 10 年的研究，创立了采场薄板矿压理论，并根据采场薄板矿压理论研究成果，编制了采场矿压计算专用的 RST 软件系统，该系统可根据煤层赋存条件和开采技术条件，对长壁工作面顶板来压步距和来压强度等进行定量计算预测。

研究成果于 1993 年 9 月 20 日通过省级鉴定，并得到我国矿压界的高度重视和评价。平寿康教授指出："早于 1983 年贾喜荣提出的'多种支承条件下的弹性薄板结构'是首创的"；史元伟教授指出："项目是笔者多年来矿压研究的重要成果，所建立的'弹性薄板与铰接板结构'理论模型有重要的现实意义和理论意义"（"长壁工作面顶板来压计算预测方法及实用计算程序研究"项目鉴定书，1993 年 9 月 20 日）。任德惠教授指出："板结构首先是由山西矿业学院贾喜荣提出来的。"②

① 贾喜荣，等："长壁工作面顶板来压计算预测方法及实用计算程序研究"，山西省科技厅鉴定项目，1993 年。

② 任德惠：《井工开采矿山压力与控制》，重庆大学出版社，1990 年。

采场矿压 RST 软件系统的主程序流程如图 2-38 所示。

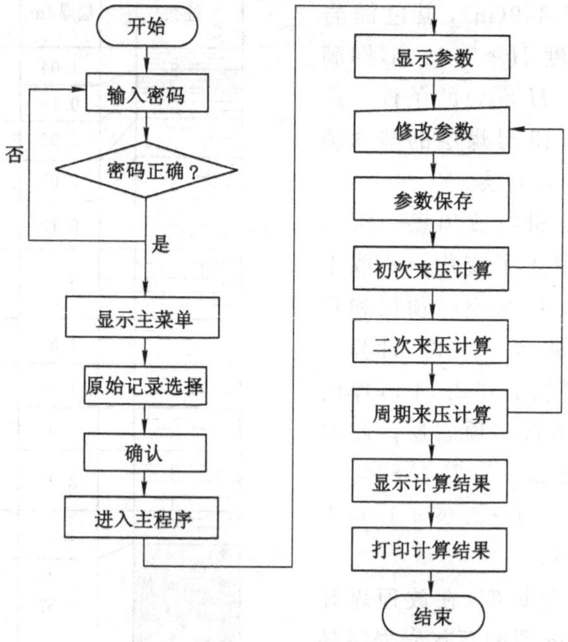

图 2-38　RST 软件系统的主程序流程

采场矿压 RST 软件系统所涉及的全部 21 个初始参数见表 2-5。

表 2-5　顶板来压步距、来压强度计算初始参数

工作面顶板简支边数 JZBS	基本顶岩层重度 $\gamma_2/(\mathrm{kN/m^3})$
工作面采长 L_y/m	基本顶岩石抗拉强度 σ_t/MPa
工作面采高 M/m	基本顶岩层抗拉强度系数 K_2
支架初撑力 $p_0/(\mathrm{kN/m})$	基本顶岩层破断角 $\beta/(°)$
工作面控顶距 S_k/m	基本顶岩层断裂面粗糙度系数 JRC
煤层倾角/(°)	基本顶岩层断裂面有效抗压强度 JCS
直接顶厚度 $\sum h$/m	基本顶岩层断裂面基础摩擦角 $\varphi_b/(°)$
直接顶岩层重度 $\gamma_1/(\mathrm{kN/m^3})$	基本顶岩层泊松比 μ
直接顶岩层碎胀系数 K_p	基本顶初次来压挤压高度系数 G
基本顶岩层厚度 H/m	基本顶周期来压挤压高度系数 G_z
基本顶加载层厚度 h/m	

采场矿压 RST 软件系统初始参数输入界面如图 2-39 所示。

多年来，采场薄板矿压理论已在近 100 个长壁工作面（包括Ⅱ级、Ⅲ级和Ⅳ级基本顶条件下的中厚煤层一次采全高工作面、厚煤层一次采全高工作面和放顶煤开采工作面）顶板来压规律计算预测和支架选型中得到应用。工程应用结果表明，工作面顶板来压步距和来压强度的理论计算值与工程实测值的偏差一般可以控制在 10%左右，很好地满足了工程要

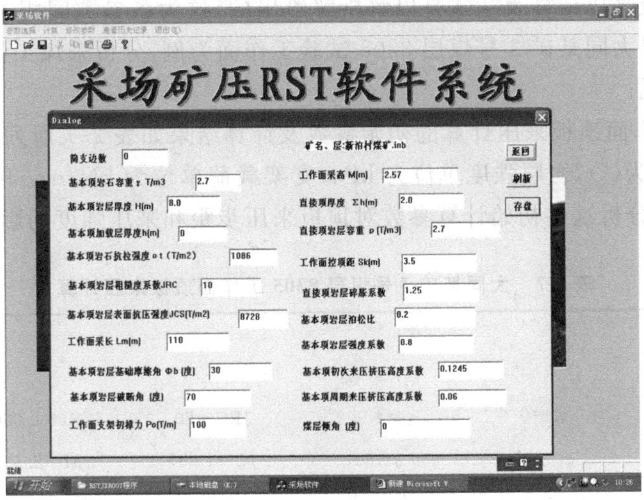

图 2-39　采场矿压 RST 软件系统初始参数输入界面

求。顶板来压计算预测结果与工程实测结果的对比情况如表 2-6 所列。

表 2-6　顶板来压计算预测结果与工程实测结果对比情况

资料来源	矿压名称	数值类别	初次来压	二次来压	周期来压
大同某矿 3 号煤层 8305 长壁工作面，厚层状砾岩基本顶（1984 年 5 月）	顶板来压步距/m	预测值	84.5	9.4	16.45～18.1
		实测值	83.3	11.2	10.7～24.3
	顶板来压强度/(kN/m)	预测值	3 961.0	3 817.0	3 600.4～3 721.3
		实测值	>3 667.0	3 667.0	≥3 667.0
阳泉某矿 15 号煤层 8505 放顶煤工作面（1994 年 7 月）	顶板来压步距/m	预测值	31.26～35.57	6.31～6.46	9.7～11.4
		实测值	33.0	6.2	5.4～11.0
	顶板来压强度/(kN/m)	预测值	1 464.4～1 513.4	1 100.2～1 125.8	1 115.3～1 163.3
		实测值	1 505.1	793.8	589.8～1 017.5
晋城某矿 15 号煤层 15101 长壁工作面，厚层状石灰岩基本顶（2005 年 10 月）	顶板来压步距/m	预测值	50.9～65.93 平均 58.61	6.46～7.4 平均 6.94	10.48～16.73 平均 12.82
		实测值	52.0～60.0 平均 56.41	3.0～8.0 平均 5.3	9.0～12.0 平均 10.86
	顶板来压强度/(kN/m)	预测值	2 091.4～2 175.0 平均 2 139.1	1 866.0～2 166.0 平均 2 104.4	1 860.4～2 419.9 平均 2 104.4
		实测值	1 780.0～2 960.0 平均 2 460.0	1 790.0～2 580.0 平均 2 162.9	1 560.0～2 400.0 平均 2 114.3

十一、顶板来压计算参数相关性分析

弹性薄板与铰接板结构力学模型条件下，计算基本顶来压步距和来压强度涉及 18 个基本参数。由于顶板来压计算表达式是以解析解给出的，这为各参数间相关关系的分析带来极大方便。下面以大同某矿 3 号煤层 8305 试验工作面为例，分析采煤工作面顶板来压相关参数间的影响情况。

8305 采煤工作面顶板来压计算的初始参数及计算结果如表 2-7 所列，计算中取长度单位为 m，角度单位为(°)，岩层强度单位为 kPa，支架载荷单位为 kN/m。现以表 2-7 中初始参数为基本条件，分析这些初始计算参数对顶板来压步距和来压强度的影响。

表 2-7 大同某矿 3 号煤层 8305 工作面顶板来压计算

1. 初始参数					
JZBS=0					
$H=20.65$	$q_1=0$	$\sigma_t=4\ 000$	JRC=20	JCS=60 000	$K_2=1.35$
$L_y=142$	$\varphi_b=35$	$\beta=60$	$p_0=1\ 830$	$M=2.5$	$G=0.36$
$\sum h=1.25$	$K_p=1.3$	$L_z=3$	$K_z=3$	$K_q=0.2$	$G_z=0.25$
2. 初次来压指标					
为双向板破坏形式					
$f=0.463\ 16$	$T=45\ 373.1$	$V=24\ 882.5$	$L_1=84.47$		$ZH_1=3\ 961.4$
3. 二次来压指标					
$f=0.657\ 58$	$T=11\ 874.3$	$V=12\ 132.4$	$L_2=9.40$	$ZH_2=4\ 417.9$	
4. 周期来压指标					
$f=0.684\ 10$	$T=10\ 524.9$	$V=10\ 469.8$	$L_3=16.45$	$ZH_3=3\ 363.5$	
$f=0.657\ 43$	$T=11\ 882.2$	$V=11\ 439.4$	$L_4=18.10$	$ZH_4=3\ 721.3$	
$f=0.674\ 50$	$T=10\ 990.9$	$V=10\ 920.0$	$L_5=17.02$	$ZH_5=3\ 600.4$	
$f=0.665\ 01$	$T=11\ 476.1$	$V=11\ 202.9$	$L_6=17.62$	$ZH_6=3\ 664.9$	
$f=0.670\ 19$	$T=11\ 208.1$	$V=11\ 047.6$	$L_7=17.29$	$ZH_7=3\ 629.8$	
$f=0.667\ 35$	$T=11\ 354.3$	$V=11\ 132.5$	$L_8=17.47$	$ZH_8=3\ 649.1$	
$f=0.668\ 90$	$T=11\ 274.0$	$V=11\ 086.0$	$L_9=17.37$	$ZH_9=3\ 638.5$	
$f=0.668\ 05$	$T=11\ 317.9$	$V=11\ 111.5$	$L_{10}=17.42$	$ZH_{10}=3\ 644.3$	

注：f——摩擦系数，由式(2-46)确定；

L_1，ZH_1——初次来压步距和强度，单位分别为 m，kN/m；

L_2，ZH_2——二次来压步距和强度，单位分别为 m，kN/m；

$L_{3\sim10}$，$ZH_{3\sim10}$——周期来压步距和强度，单位分别为 m，kN/m；

T——水平推力，kN/m；

V——竖向载荷，kN/m。

(1) 基本顶岩层破断角 β 对顶板来压强度的影响

如图 2-40 所示，曲线Ⅰ表示破断角 β 与基本顶初次来压强度间的关系，曲线Ⅱ表示破断角 β 与基本顶周期来压强度间的关系。由计算可得，在 8305 工作面条件下(下同)，当 β 从 30°变化到 80°时，对应顶板初次来压强度从 28 136 kN/m 降低到 94 kN/m(直接顶载荷)，即当取 $\beta=80°$时，基本顶作用于支架上的载荷为零；对应基本顶周期来压强度从 17 715 kN/m 降到 94 kN/m(全部为直接顶载荷)。显然，基本顶岩层破断角 β 对顶板来压强度影响很大。

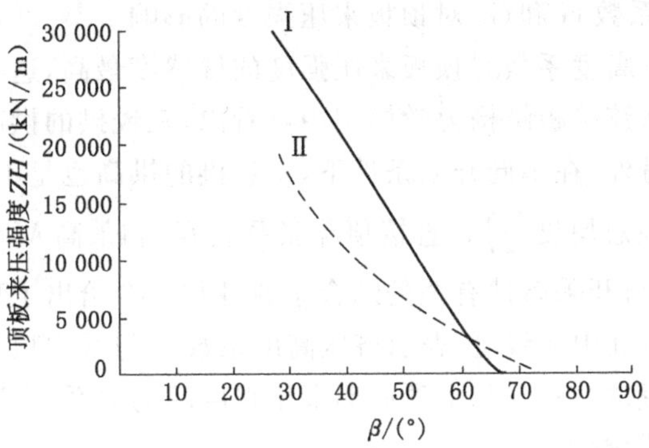

图 2-40　破断角与顶板来压强度关系曲线

(2) 基本顶岩层断裂面粗糙度系数 JRC 和有效抗压强度 JCS 对顶板来压强度的影响

图 2-41 和图 2-42 中曲线分别表示断裂面粗糙度系数 JRC 和有效抗压强度 JCS 与顶板来压强度间的关系，其中曲线Ⅰ表示参数 JRC(或 JCS)与初次来压强度间的关系，曲线Ⅱ表示 JRC(或 JCS)与周期来压强度间的关系。

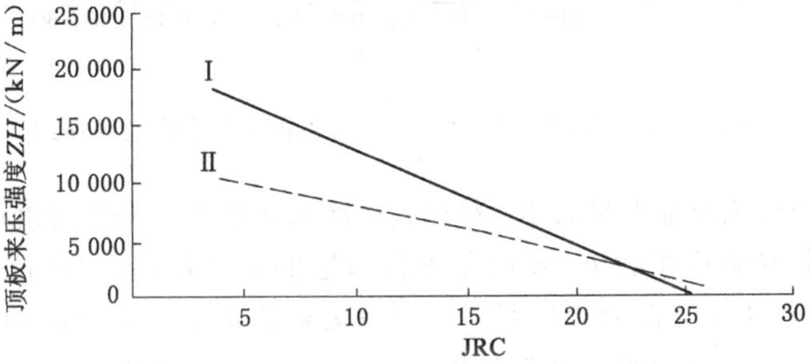

图 2-41　断裂面粗糙度系数与顶板来压强度关系曲线

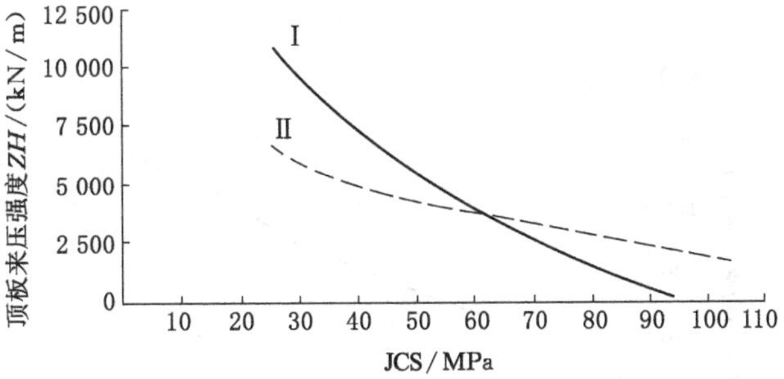

图 2-42　断裂面有效抗压强度与顶板来压强度关系曲线

如图 2-41 所示，当取 JRC＝5～25 时，初次来压强度的变化范围为 17 006～94 kN/m，周期来压强度的变化范围为 10 273～849 kN/m。

如图 2-42 所示，当取 JCS＝30～100 MPa 时，初次来压强度的变化范围为 9 503～94 kN/m，周期来压强度的变化范围为 5 821～1 932 kN/m。

(3) 三铰接挤压高度系数 G 和 G_z 对顶板来压强度的影响

如前所述,铰接板挤压高度系数对顶板来压强度的敏感度最高,这一系数的值主要取决于铰接板三铰拱的拱高。从铰接板结构力学模型中可看出,三铰拱的拱高在基本顶初次来压和周期来压时是不同的;另外,在不同开采条件下,三铰拱的拱高也是不同的,即三铰拱的拱高与基本顶厚度 H、直接顶总厚度 $\sum h$、直接顶碎胀系数 K_p 和采高 M 等参数有关。因此,三铰拱挤压高度系数是一个与开采条件有关的综合系数。图 2-43 给出了顶板来压强度随挤压高度系数变化的关系曲线,其中曲线 Ⅰ 表示挤压高度系数 G 与基本顶初次来压强度间的关系,曲线 Ⅱ 表示挤压高度系数 G_z 与基本顶周期来压强度间的关系。由图中可以看出挤压高度系数对顶板来压强度的影响程度。

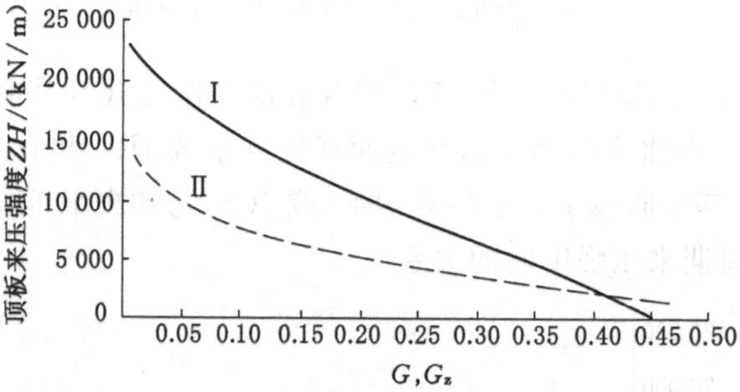

图 2-43 三铰拱挤压高度系数与顶板来压强度关系曲线

(4) 基本顶岩层抗拉强度系数 K_2 对顶板初次来压步距和来压强度的影响

基本顶岩层抗拉强度系数 K_2 反映基本顶岩层的强度特征,它直接对顶板来压步距产生影响。另外,顶板来压步距对岩层断裂面的摩擦系数 f 也有明显影响。该系数与顶板来压步距和周期来压强度之间是一种隐函数关系。图 2-44 和图 2-45 分别给出了基本顶岩层抗拉强度系数 K_2 与顶板初次来压步距和来压强度间的关系曲线。从图 2-45 中曲线 Ⅰ 可以看出,系数 K_2 与基本顶初次来压强度之间的关系为非单调函数关系。曲线 Ⅱ 是周期来压的情况。

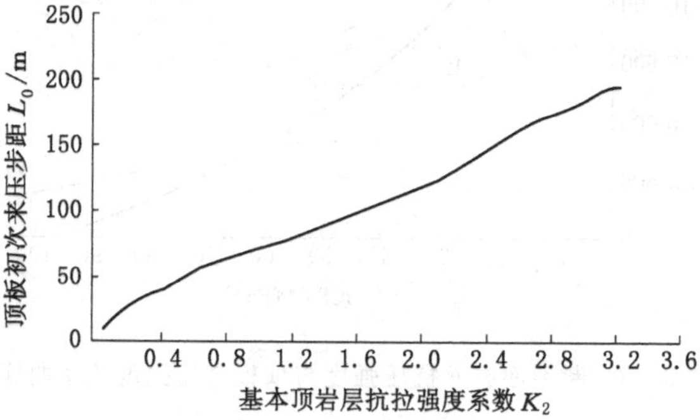

图 2-44 基本顶岩层抗拉强度系数与顶板初次来压步距关系曲线

(5) 支架和煤壁支承力矩综合系数 K_z 对顶板周期来压步距和周期来压强度的影响

在算式中,力矩综合系数 K_z 与初撑力 p_0 和支架合力作用点到基本顶断裂线间水平距

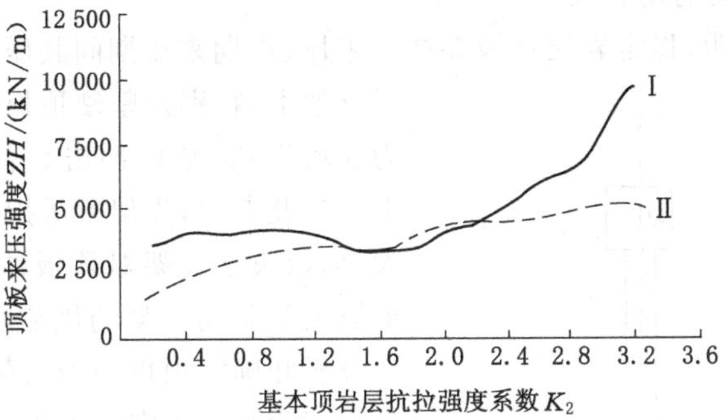

图 2-45　基本顶岩层抗拉强度系数与顶板来压强度关系曲线

离 L_z 3 个参数以乘积的形式出现，即 K_z 也相当于是 p_0 和 L_z 的调整系数。该系数主要对顶板周期来压步距和周期来压强度有一些影响。从图 2-46 和图 2-47 中可以看出，这种影响的幅度并不大。因此，在顶板来压的实际计算预测中，当把 p_0，L_z 和 K_z 3 个参数以一定的方式选定后，可以把这 3 个参数作为固定参数使用。

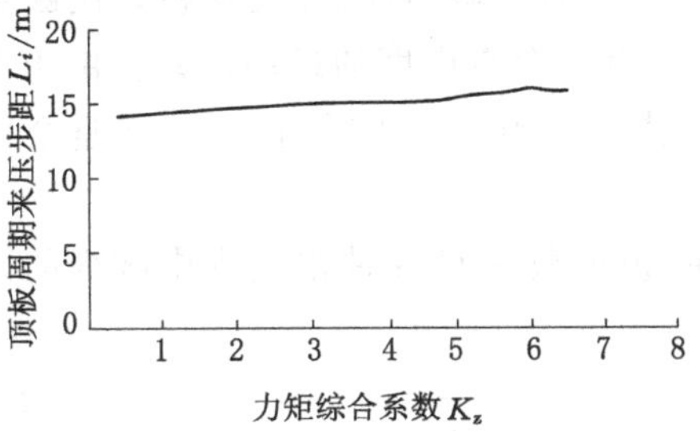

图 2-46　力矩综合系数与周期来压步距关系曲线

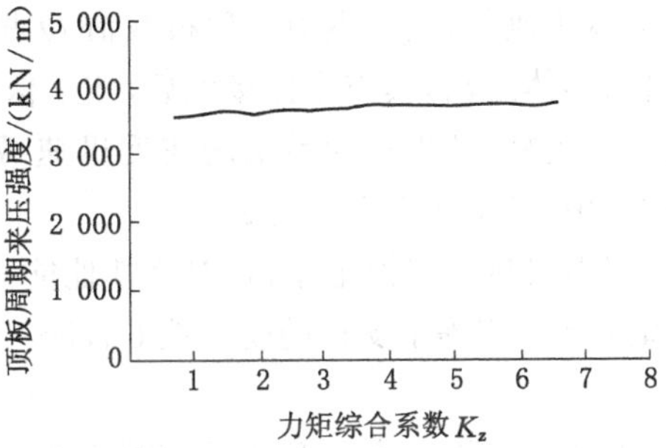

图 2-47　力矩综合系数与周期来压强度关系曲线

十二、初撑力对支架工作状态的影响[①]

支架的基本作用有两个，即“支”和“护”。所谓支，是指支架对顶板上位岩层的支撑作用，即主要针对基本顶岩层载荷；所谓护，是指对顶板下位岩层的维护作用，即主要针对直接顶的下位岩层。在顶板控制中，支撑和维护构成互为条件的两个方面。若支架没有足够的支撑力，在顶板来压期间就无法维护直接顶下位岩层的稳定；若支架没有良好的护顶作用，支架与顶板的接触条件恶化，支架的支撑能力不能充分发挥，仍不会取得好的支护效果。因此，支撑是顶板控制的前提，维护是顶板控制的保障。

在稳定岩层顶板控制中，顶板来压期间，如何充分发挥支架的支护效率，防止顶板事故发生，以提高生产率等问题是较为突出的工程实际问题。下面从能量原理出发，分析并论证采场稳定岩层顶板支架与围岩的关系。

① 贾喜荣:《坚硬顶板支架与围岩关系》，第四届煤矿采场矿压理论与实践讨论会论文汇编，中国矿业大学出版社，1989 年。

(1) 顶板来压期间的动载系数

大量实测资料表明，稳定岩层顶板在初次来压、周期来压期间其压力常以动载形式作用于支架上，特别是坚硬顶板，其来压期间，顶板压力递增迅速，常以冲击载荷的形式作用于支架上。在此期间，支架所承担冲击载荷动载系数的大小，取决于支架对顶板冲击载荷的适应程度，即取决于采场支架与围岩关系。这里利用能量法分析和确定顶板冲击载荷的动载系数。

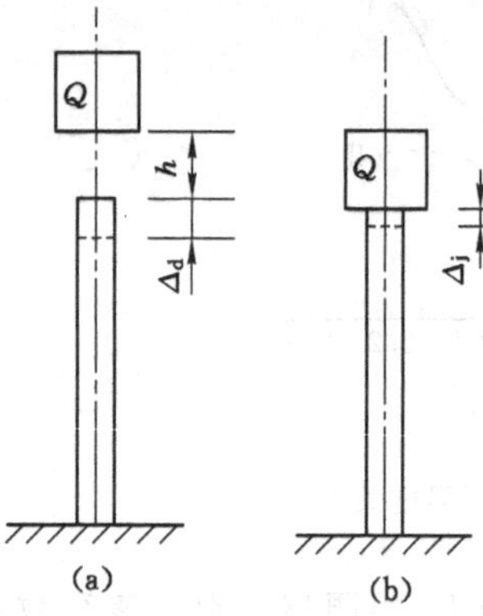

图 2-48　支柱受冲击载荷作用和受力过程

试验和工程实际表明，稳定岩层顶板呈脆性断裂，断裂裂隙扩展迅速，顶板岩层在断裂过程中迅速发生回转和垮落，并对采煤工作面支架产生冲击作用。为了便于分析，对如图 2-48 所示力学模型作如下假定：

如图 2-48(a)所示，设顶板载荷(包括直接顶自重、基本顶载荷和附加力矩载荷)为 Q，其距支柱顶端距离为 h，假定顶板岩层刚度很大，并视为刚体，支柱重力与顶板载荷 Q 相比很小，其重力忽略不计；并设顶板岩层断裂后呈自由落体运动，其与支柱接触后，相互依附，成为只有一个自由度的运动体系。由于支柱的阻抗，支柱-顶板运动系统的速度迅速减小，最后为零。当速度为零时，支柱在整个被冲击过程中，其最大变形量为 Δ_d。

根据机械能守恒定律，若忽略其他能量的损耗，顶板载荷 Q 在冲击过程中减少的动能 T 和位能 V 应等于支柱的变形能 U_d，即

$$T + V = U_d \tag{2-53}$$

如图 2-48(a)所示，顶板载荷减少的位能为

$$V = Q(h + \Delta_d) \tag{2-54}$$

式中　Δ_d——动载最大变形量。

顶板岩块的初速度和最终速度都等于零，故没有动能的变化，即

$$T = 0 \tag{2-55}$$

设支柱承担的冲击载荷为 p_d，则此时支柱的变形能 U_d 应等于冲击载荷 p_d 在冲击过程中所做的功。在冲击过程中，p_d 和 Δ_d 都是从零开始增加到最终值。如图 2-49 所示，设此时支柱工作特性曲线服从胡克定律，p_d 与 Δ_d 的关系仍保持线性，则 p_d 所做的功为

$$U_d = \frac{1}{2} p_d \Delta_d \tag{2-56}$$

将式(2-54)、式(2-55)和式(2-56)代入式(2-53)，得

$$Q(h + \Delta_d) = \frac{1}{2} p_d \Delta_d \tag{2-57}$$

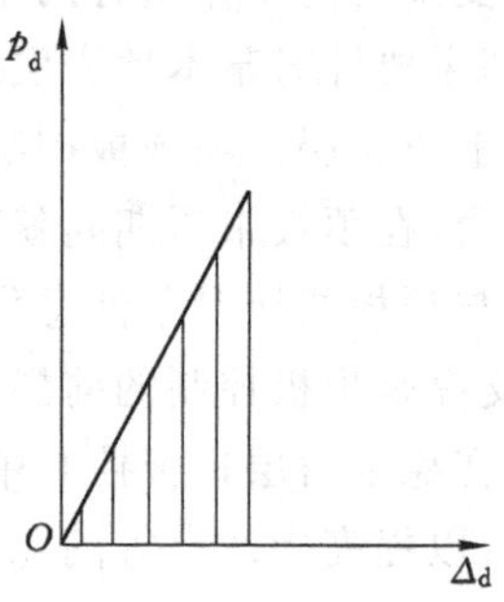

图 2-49　p_d 和 Δ_d 的关系图

如图 2-48(b)所示，若顶板载荷 Q 以静载荷的方式作用于支柱上，支柱产生的静载变形量为 Δ_j。在弹性范围内，变形量与载荷成正比，所以冲击载

荷作用下的动载变形量 Δ_d 与静载作用下的静载变形量 Δ_j 之间的关系为

$$\frac{p_d}{Q} = \frac{\Delta_d}{\Delta_j}$$

或

$$p_d = Q\frac{\Delta_d}{\Delta_j} \tag{2-58}$$

将式(2-58)代入式(2-57)得

$$Q(h + \Delta_d) = \frac{1}{2}Q\frac{\Delta_d^2}{\Delta_j}$$

或

$$\Delta_d^2 - 2\Delta_j\Delta_d - 2h\Delta_j = 0$$

由此得

$$\Delta_d = \Delta_j \pm \sqrt{\Delta_j^2 + 2h\Delta_j} = \Delta_j\left(1 \pm \sqrt{1 + \frac{2h}{\Delta_j}}\right)$$

为了求得 Δ_d 的最大值，上式中根号前的符号取正号，故有

$$\Delta_d = \Delta_j\left(1 + \sqrt{1 + \frac{2h}{\Delta_j}}\right) \tag{2-59}$$

令

$$K_d = \frac{\Delta_d}{\Delta_j}$$

则

$$K_d = 1 + \sqrt{1 + \frac{2h}{\Delta_j}} \tag{2-60}$$

称 K_d 为支柱(架)受冲击载荷作用时的动载系数，即采场顶板来压动载系数。其中，h 表示顶板与支架顶梁间的间隙总高度，其包括顶板岩层间的离层间隙高度和支架顶梁与顶板间的间隙高度等。

顶板与支架顶梁间的间隙总高度 h 与支护系统静载变形量 Δ_j 相比，两者往往属不同数量级。比如，采煤工作面控顶区范围内的局部冒顶、大面积冒顶或工作面顶板控制不善的情况下，支架与顶板岩层之间会出现大的离层或空洞；在放顶煤工作面，过量放煤导致支架上方顶煤与顶板岩层之间形成的自由空间高度可能会达到 1～2 m，甚至更高。当工作面顶板来压时，这种支架与顶板间的自由空间高度给支架带来的冲击往往是灾难性的。图 2-50 是由式(2-60)确定的动载系数 K_d 与 h/Δ_j 间的关系曲线。

应当指出，通常所说的采煤工作面顶板来压的“动载系数”是指顶板来压时与顶板来压前支架载荷的比值。事实上，该比值只是支架在顶板来压期间的增阻系数。本书所指的动载系数 K_d，是指顶板载荷 Q 以动载的形式作用于支架时，支架实际承担载荷为 K_d 与 Q 之积(下同)。

另外，动载系数在数值上取决于顶板与支架顶梁间的间隙总高度 h 和支护系统静载变形量 Δ_j 两个参数。其中，参数 h 与支架初撑力、及时支护程度和顶板结构等直接相关；参数 Δ_j 主要取决于支护系统刚度(支架整体刚度和顶底板刚度)，或静载条件下不包括蠕变变形在内的顶底板相对移近量。工程实际中，支护系统刚度也会直接影响顶板与支架顶梁间的

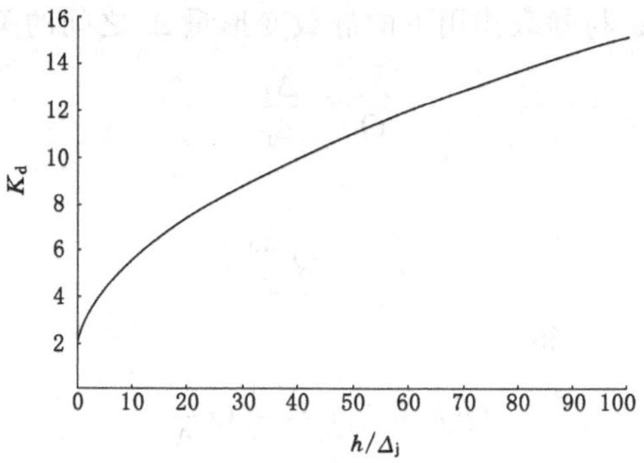

图 2-50 动载系数 K_d 与 h/Δ_j 间关系曲线

间隙总高度。

(2) 支架初撑力在顶板控制中的作用效果

采场支护与其他地下工程结构的支护一样，也可分为主动支护和被动支护。在动载条件下，被动支护中，支架完全承受动载作用；主动支护中，支架部分或全部承受静载作用，这种支架所承担的主动作用力就是支架的初撑力。因此在相同载荷条件下，主动支护和被动支护的支架工作阻力在数值上有量的差别。

在动载条件下，采煤工作面支架的工作状态可分为三种基本类型。

① 完全被动支撑。当支架初撑力很低时，设支架初撑力为零，则支架承担的总载荷为

$$p = K_d Q \tag{2-61}$$

当顶板与支架顶梁间的间隙总高度很小，取 $h=0$ 时，由式(2-60)得动载系数 $K_d=2$，即此时支架提供的工作阻力应不低于顶板静载 Q 的两倍才能保持支护系统的稳定。

② 完全主动支撑。当支架提供的初撑力 p_0 等于顶板的静载 Q 时，支架承担的总载荷为

$$p = p_0 = Q \tag{2-62}$$

即在完全主动支撑条件下，顶板动载系数 $K_d=1$。

③ 部分主动支撑。当支架初撑力为 $0<p_0<Q$ 时，支架承担载荷则由被动载荷 p_d 和主动载荷 p_0 组成，即

$$p = p_d + p_0 = K_d(Q - p_0) + p_0 \tag{2-63}$$

如果顶板与支架顶梁间的间隙总高度很小，取 $h=0$ 时，则

$$p=2(Q-p_0)+p_0=2Q-p_0 \tag{2-64}$$

若考虑地下工程的结构特点，可得 $h=0$ 条件下，初撑力、顶板静载与支架工作阻力间的关系表达式

$$p = \begin{cases} 2Q - p_0 & (h = 0, 0 \leqslant p_0 < Q) \\ p_0 & (h = 0, p_0 \geqslant Q) \end{cases} \tag{2-65}$$

表达式(2-65)的关系曲线如图 2-51 所示。

图 2-51 中的曲线表明，在动载条件下，当顶板的静载为 Q 时，在零到 Q 的范围内，支架实际工作阻力 p 随着初撑力 p_0 的增加呈线性减小，其理想工作点为 $p_0=Q$，即完全主动支撑状态。这一结果说明，初撑力在顶板控制中的主动支撑效果是十分显著的。

工程实际中，提高和保证支架的实际初撑力，对直接控制顶板的离层高度、降低顶板压力的动载系数、提高支架的抗冲击性能、减少顶板冲击载荷对支架的损害以及预防直接顶早期断裂、维护直接顶下位岩层的完整与稳定等都是十分有益的。

在中等稳定以下的顶板岩层控制中，采煤工作面一般无明显的周期来压，顶板载荷波动范围不大，在此条件下采用“全初撑力”(额定工作阻力与额定初撑力相同)支架，可实现工作面顶板处于完全主动支撑状态，其对维护顶板稳定和减轻支架质量、降低支架成本有重要的现实意义。

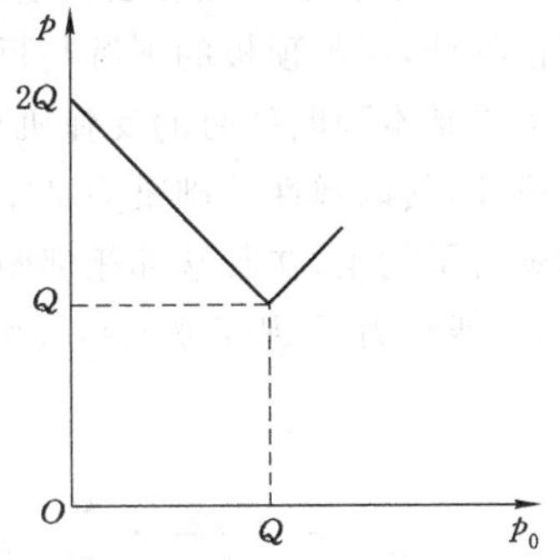

图 2-51　初撑力与支架工作阻力间的关系曲线

在液压支架和长梁单体支架控制顶板的工程实际中，支架顶梁与顶板的重复作用频繁，支架与顶板的作用时间短，若不能保证支架有足够的初撑力，想维护顶板的稳定与充分发挥支架的支撑效率是十分困难的。

事实上，顶板载荷的确定问题是一个十分复杂的问题，就冲击载荷而言，动载系数与顶板离层间隙高度、各岩层离层层位高度以及加载速度等因素有关。但在支护原理或支架与围岩关系方面，提高和保证支架初撑力是改变被动支护为主动支护的基本途径，它会从根本上改善采场支架与围岩的关系，从而大幅度提高支架的支护效率，并对生产和安全产生积极影响。

十三、矿压观测与工作面顶板来压强度计算举例

1. *矿压观测*

长壁工作面矿压观测是指采用实测和统计的方法，确定工作面矿山压力和矿压显现等矿压规律，为具体煤层赋存条件和开采技术条件下的生产技术选择和安全管理提供科学依据。矿压观测内容随着长壁工作面支护装备水平的提高有所侧重。

对于单体支柱工作面，尤其是过去的摩擦式金属支柱工作面，由于其支护强度有限，顶板来压往往会对工作面安全构成威胁，特别是在坚硬顶板条件下更为突出。为此，研究工作面顶板来压预报技术就显得非常迫切。中国科学院院士宋振骐教授提出的“反弹”原理和相应的技术方案，曾被普遍重视和广泛应用，在煤矿顶板来压预报技术及其应用方面有过历史性贡献。

但是对于反弹的认识，还是经历了长时间的争论，直到 1985 年 8 月召开的“第三届煤矿采场矿压理论与实践讨论会”仍有争执，在会议纪要中指出：“会议就顶板来压机理反弹现象和确定合理的工作阻力等问题进行了集中讨论，提出了各种不同看法，为此，尚有待进一步研究。”1987 年 8 月召开的“第四届煤矿采场矿压理论与实践讨论会”的会议纪要中指出：“确认反弹如何可以作为基本顶断裂来压的预兆等方面取得较为一致的认识”。

随着工作面的推进，基本顶悬伸跨度增加，其作用于煤壁的支承压力也随之增加，与此同时，作为支承体系的煤壁的压缩变形量和顶板的下沉量会随之增加；当悬伸跨度达到极限跨距时，基本顶发生断裂，并对其支承煤壁产生卸载，由于卸载，支承煤壁和工作面顶板岩层会发生弹性恢复，即所谓的反弹。

反弹标志着基本顶岩层发生断裂，并预示着工作面顶板来压的临近。矿压观测中，应用顶板位移计，观测顶板的下沉与反弹，并以顶板的反弹现象作为顶板来压的预报标志。

关于基本顶断裂时的反弹机理，中国工程院院士钱鸣高教授等曾在1986年从理论上进行了论证，其以弹性基础梁为基本力学模型。如图2-52所示，悬伸的基本顶岩层受上下夹持的软岩层约束，在其端部相邻断裂岩块的作用力分别为N'和Q'，q为悬伸段所受的分布载荷，支架阻力F到煤壁的距离为z，基本顶悬伸长度为L。

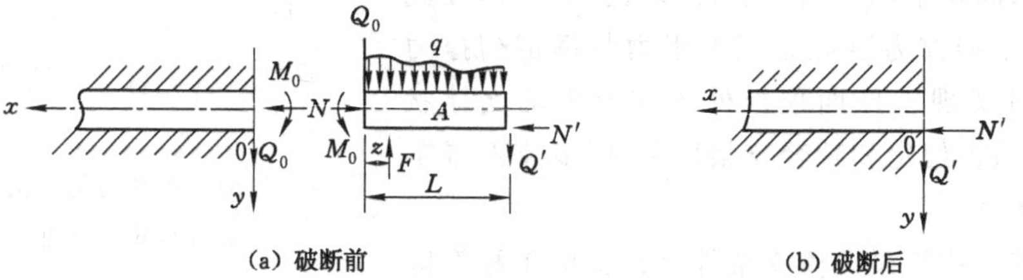

图 2-52　基本顶破断前后的力学模型

破断前，工作面煤壁位置($x=0$)梁的内力有：弯矩M_0，剪力Q_0和轴力N；破断后，只剩相邻破断块体的作用力Q'和N'。

根据理论计算的解析解，基本顶岩层破断前后的弯矩和竖向位移的变化曲线如图2-53所示。

由图2-53可知，基本顶破断后在一定区域内出现反弹现象，而在另一些区域则出现压缩现象。

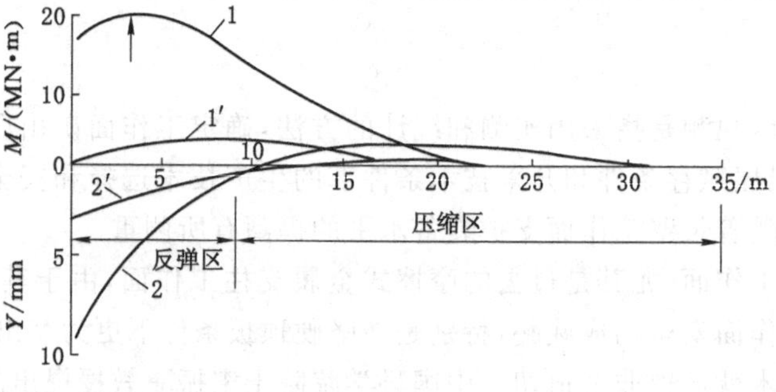

1,1′—基本顶破断前、后弯矩变化曲线；2,2′—基本顶破断前、后位移变化曲线。

图 2-53　基本顶破断前后的弯矩与位移变化曲线

随着采场矿压理论研究的深入以及工程实践的迫切要求，各种矿压仪表的研制与开发也得到迅速发展。目前，相当一部分矿压仪表已经实现了数字化、智能化和数据的远距离传输等，并形成了产品的系列化和产业化，为煤矿生产管理和矿压理论研究提供了便利。

图2-54是现场普遍用的采煤工作面顶板压力(支架载荷)监测系统。系统中，支架立柱压力传感器与测力支架立柱高压腔相接，实时监测并存储立柱压力数据；通过手持式红外线数据采集器对立柱压力传感器中数据进行井下人工采集(或通过信号线直接传输到地面计算机进行数据处理)，到地面通过通信适配器，将数据采集器中的数据输入计算机进行处理，以获得所需的矿压数据，绘制出相应的矿压曲线。

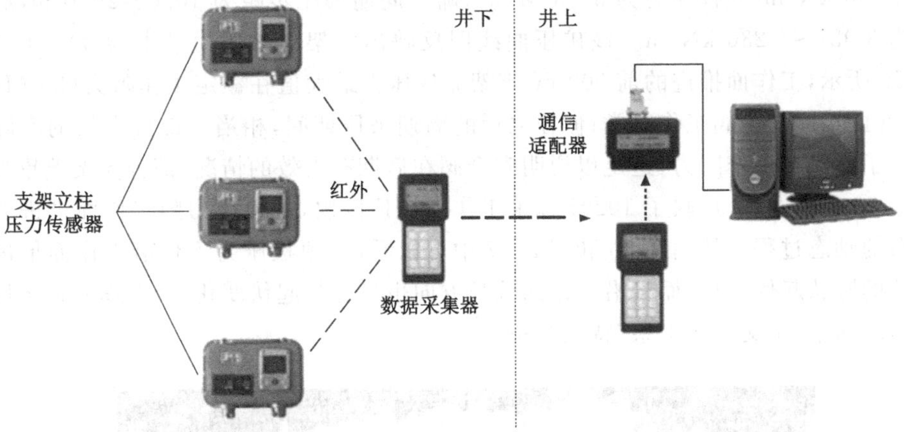

图 2-54　采煤工作面顶板压力监测系统原理

长壁工作面矿压观测的主要内容应包括:采煤工作面直接顶初次垮落步距、基本顶初次来压步距及顶板来压强度、基本顶周期来压步距及顶板来压强度,以及支架(柱)初撑力和载荷分布状况等矿压参数。这些矿压参数可以为采煤工作面直接顶稳定性分类、基本顶压力显现分级、顶板来压强度分级以及液压支架合理工作阻力等重要矿压指标的确定提供依据。

直接顶初次垮落步距通过现场实际测量确定,顶板来压步距及来压强度通过对工作面的顶板压力曲线进行分析后确定。

例如,大同矿区某矿 2 号煤层 10201 综采工作面中部测区支架末阻力矿压曲线如图 2-55 所示①。该工作面选用 ZZ7000/18/37 型四柱支撑掩护式支架,支架中心距为 1.5 m,立柱缸径为 250 mm,安全阀开启压力为 36 MPa。工作面采长为 240 m,中部测区宽为 120 m,矿压观测期间工作面推进 704 m。

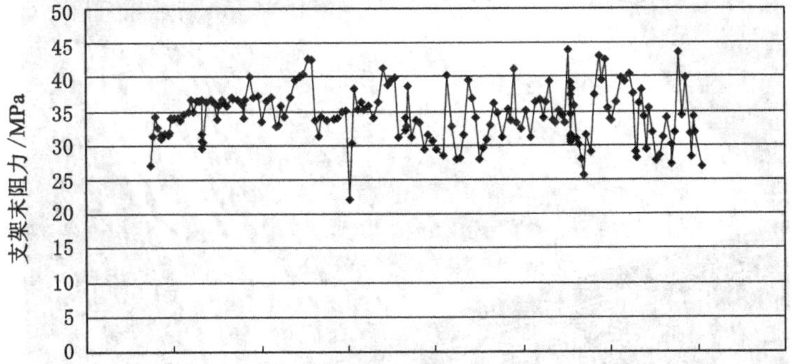

图 2-55　2 号煤层 10201 综采工作面中部测区支架末阻力矿压曲线(据贾喜荣等,2010)

根据实测矿压曲线(图 2-55),确定工作面顶板初次来压步距为 78.5 m,顶板初次来压

① 贾喜荣,等:《长壁工作面顶板压力三维动态分布规律实测与分析》,太原理工大学学报,2010,41(3)。

强度为 4 490 kN/m(立柱压力为 34.3 MPa);确定周期来压步距为 10.0～20.0 m,周期来压强度为 3 927～5 236 kN/m。该矿压曲线图反映出支架立柱压力基本为 30～40 MPa。如图 2-55 所示,工作面推进的前 200 m,支架立柱压力最大值在额定工作阻力(36 MPa)之内,说明在此期间安全阀工作正常;但在之后的周期来压期间,相当一部分支架的实际工作阻力超过了其额定工作阻力,这足以说明安全阀在后期有失效的情况,部分支架严重超载。

图 2-56 和图 2-57 反映了 10201 综采工作面控顶区内,顶板压力随工作面推进的三维空间分布的动态过程。从图 2-56 和图 2-57 中可以看出,顶板压力不仅沿工作面推进方向呈周期性的脉状起伏变化,而且沿工作面采长方向也呈脉状起伏变化,全工作面顶板压力的三维分布曲面呈“正交脉状山系”特征分布。

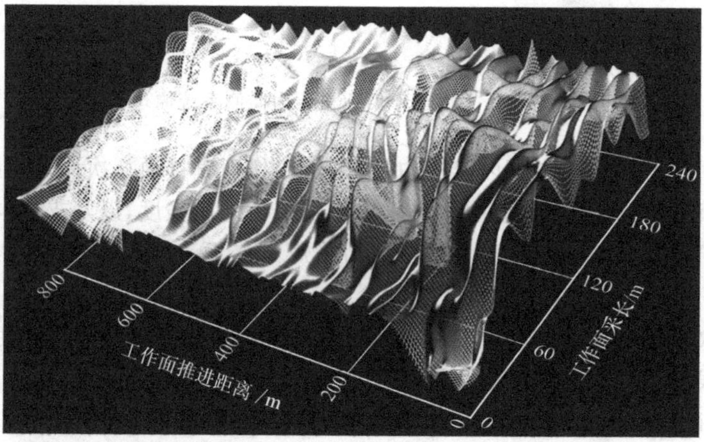

图 2-56　10201 工作面顶板压力(支架平均末阻力)实测动态分布状况(据贾喜荣等,2010)

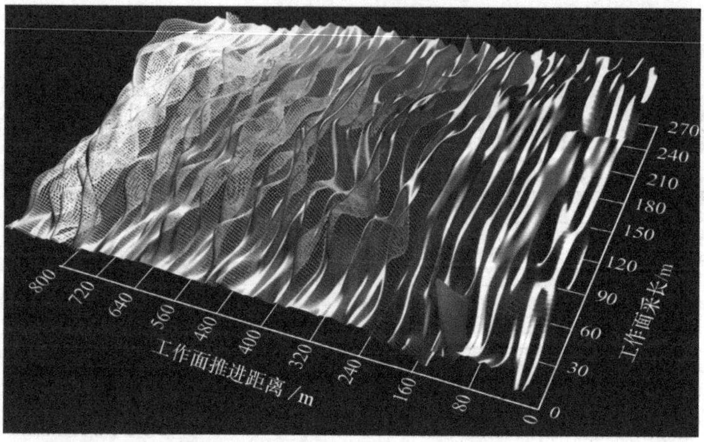

图 2-57　10201 工作面顶板压力(支架最大末阻力)实测动态分布状况(据贾喜荣等,2010)

从图 2-56 和图 2-57 中还可发现,工作面顶板压力沿采长方向的变化幅度明显高于沿推进方向的变化幅度,在采长方向存在明显的高压力的“山岭”区域和低压力的“山谷”区域。该结果也说明,在生产过程中的同一时刻,工作面每架支架的受载状况可能会存在很大差异。在此情况下，个别支架的损坏可能不单是支架制造本身的问题，其很大程度上是由于顶板压力的非均匀分布而过载所致。另外，图 2-56 和图 2-57 还反映出，沿工作面的采长方向，中部的顶板压力普遍高于机头和机尾，而机尾又略高于机头。

图 2-58 所示是阳泉某煤矿 15 号煤层 8602 综放工作面矿压观测得到的结果①。

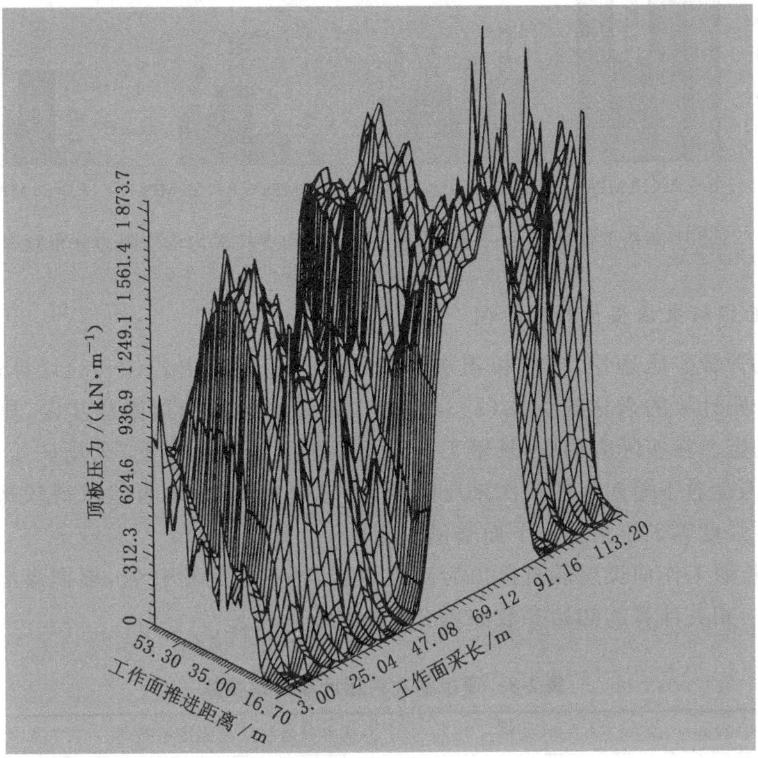

图 2-58　8602 综放工作面顶板压力实测动态分布状况(据贾喜荣等，1999)

根据上述工作面顶板压力三维分布状况分析，所得到的顶板压力分布规律为：沿工作面推进方向存在呈“山岭”状的压力增高带和与其相伴的呈“山谷”状的压力降低带，这种有规律的谷岭相间，反映出工作面顶板周期来压的三维分布特征。同时在沿采长方向上，同样存在这种“山脉”分布特征。在三维空间上，工作面中部的顶板压力类似“主脉”，两侧的谷岭类似主脉在纵横方向延伸出的“支脉”，全工作面顶板压力在整体上呈现“正交脉状山系”分布特征。

图 2-59 所示是晋城某煤矿 15 号煤层 15201 高档工作面单体支柱工作阻力分布状况。回采期间对全工作面 1 460 根测试柱的工作阻力进行了实测统计，其中第 1 排 97 根，第 2 排 676 根，第 3 排 687 根。统计结果表明，在初撑力以上的情况下，后排支柱工作阻力普遍高于前排。图柱的不同高度表示测试柱在 4 个工作阻力等级中的分布频率情况。每组 4 个图柱，从左到右依次表示第 1 排、第 2 排、第 3 排和全工作面支柱平均工作阻力(图中用 p 表示)的分布频率。

① 贾喜荣，等：《薄板矿压理论在放顶煤工作面中的应用》，太原理工大学学报，1999，30(2)。

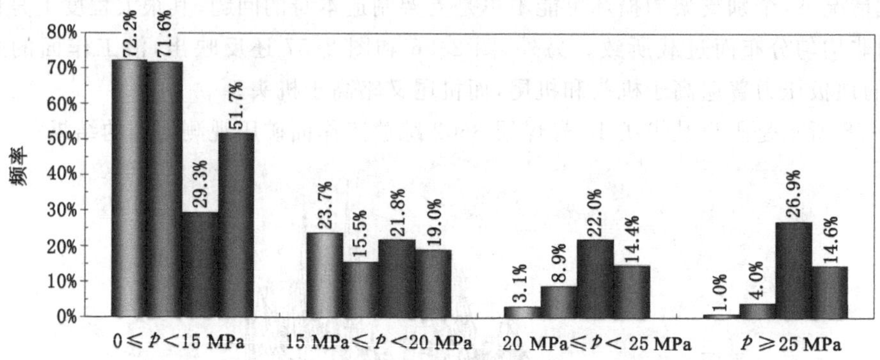

图 2-59 15201 高档工作面第 1～3 排支柱工作阻力和支柱平均工作阻力分布频率情况[①]

2. 工作面顶板来压强度计算举例

根据采场薄板矿压理论，单向板初次断裂(来压)步距可由式(2-33)计算；双向板初次断裂(来压)步距计算的表达式为式(2-34)；二次断裂步距和周期断裂步距，则由式(2-35)和式(2-36)确定。在实际应用中，长壁工作面顶板来压计算是借助“采场矿压 RST 软件系统”实现的。但是对于单向板的初次来压问题，通过简单计算，也可以求得顶板初次来压步距和初次来压强度等矿压指标。下面举例说明。

例如，某长壁工作面煤层的直接顶为砂质泥岩，基本顶为粉砂岩，根据煤层赋存条件和开采技术条件，相关计算的初始参数如表 2-8 所列。

表 2-8 顶板初次来压计算初始参数

工作面采长 $L_y=100$ m	基本顶岩层抗拉强度系数 $K_2=0.7, 0.8$
工作面采高 $M=2.30$ m	基本顶岩层厚度 $H=5.0$ m
直接顶岩层重度 $\gamma_1=27$ kN/m^3	基本顶岩层破断角 $\beta=60°$
直接顶总厚度 $\sum h=1.35$ m	基本顶岩层断裂面粗糙度系数 JRC=10
直接顶岩层碎胀系数 $K_p=1.25$	基本顶岩层断裂面有效抗压强度 JCS=35 480 kN/m^2
工作面控顶距 $S_k=5.5$ m	基本顶岩层断裂面基础摩擦角 $\varphi_b=30°$
基本顶岩层重度 $\gamma_2=26$ kN/m^3	基本顶岩层挤压高度系数 $G=0.071$
基本顶岩石抗拉强度 $\sigma_t=3\ 550$ kN/m^2	

注：初次来压挤压高度系数 G 由式(2-52)确定，其他参数由开采技术条件和相关试验获得。

步骤 1：

由式(2-33)得基本顶初次断裂(来压)步距 L_0

$$L_0 = H\sqrt{\frac{2K_2\sigma_t}{q_2}} = 5\times\sqrt{\frac{2\times(0.7\sim0.8)\times3\ 550}{26\times5}} = 30.92\sim33.05\ (\text{m})$$

步骤 2：

由式(2-47)得基本顶初次断裂的三铰拱竖向载荷 V

① 贾喜荣，等:《泊村煤矿 15 号煤层坚硬顶板控制及矿压规律研究报告》,2005 年。

$$V = \frac{1}{2}q_2 L_0 = \frac{26 \times 5 \times (30.92 \sim 33.05)}{2} = 2\,009.8 \sim 2\,148.3\ (\text{kN/m})$$

由式(2-48)得基本顶初次断裂的三铰拱水平推力 T

$$T = \frac{q_2 {L_0}^2}{8H(1-G)} = \frac{26 \times 5 \times (30.92^2 \sim 33.05^2)}{8 \times 5 \times (1-0.071)} = 3\,344.6 \sim 3\,821.3\ (\text{kN/m})$$

由式(2-46)得基本顶断裂面上的摩擦系数 f

$$\begin{aligned} f &= \tan\left(\text{JRClg}\,\frac{\text{JCS}GH}{T} + \varphi_b + \beta - \frac{\pi}{2}\right) \\ &= \tan\left(10 \times \lg \frac{35\,480 \times 0.071 \times 5}{3\,344.6 \sim 3\,821.3} + 30^\circ + 60^\circ - 90^\circ\right) \\ &= \tan 5.76^\circ \sim \tan 5.18^\circ = 0.100\,9 \sim 0.090\,7 \end{aligned}$$

由式(2-49)得顶板初次来压强度 p

$$\begin{aligned} p &= V - Tf + p_1 \\ &= (2\,009.8 \sim 2\,148.3) - (3\,344.6 \sim 3\,821.3) \times (0.100\,9 \sim 0.090\,7) + 5.5 \times 1.35 \times 27 \\ &= 1\,872.8 \sim 2\,002.2\ (\text{kN/m}) \end{aligned}$$

取中心距为 1.5 m 支架的载荷系数为 1.3，则选额定工作阻力为 4 000 kN/架的支撑掩护式支架，可以满足工程要求。

十四、长壁工作面直接顶岩层稳定性分类与顶板岩层来压强度分级

长壁工作面顶板分类是根据不同煤层赋存条件和开采技术条件，对工作面直接顶岩层的稳定性进行分类和对工作面顶板来压强度进行分级，以满足工作面支架选型和顶板管理的要求。

煤层地下开采技术的进步和支护装备技术的迅速发展，对采煤工作面顶板类级的划分提出了相应的要求。作者在以往研究工作的基础上①，提出长壁工作面直接顶稳定性分类方案和长壁工作面顶板来压强度分级方案，为采煤工作面支护设计和生产管理提供科学依据。

1. 长壁工作面直接顶岩层稳定性分类

直接顶稳定性对顶板管理的影响，主要表现在工作面机道上方顶板的冒漏和支架后方直接顶的悬顶两个方面。方案将直接顶分为不稳定、较稳定、稳定、很稳定和非常稳定 5 个类别。直接顶的极限跨距是直接顶岩层强度特征的客观反映。为此，分类方案以工作面直接顶初次垮落步距 l_0(m)为分级指标，分类方案见表 2-9。分类指标 l_0(m)，可通过实际矿压观测、理论计算或其他方法确定。

表 2-9　长壁工作面直接顶岩层稳定性分类方案

类　别	1类	2类	3类	4类	5类
名　称	不稳定	较稳定	稳定	很稳定	非常稳定
直接顶初次垮落步距 l_0/m	$l_0<10$	$10 \leqslant l_0 < 20$	$20 \leqslant l_0 < 30$	$30 \leqslant l_0 < 40$	$l_0 \geqslant 40$

① 贾喜荣，等：《缓倾斜煤层长壁工作面顶板分类方案探讨》，矿山压力与顶板管理，1992(1)。

2. 长壁工作面顶板来压强度分级[①]

分级方案以工作面顶板来压(初次来压、周期来压)强度 p(kN/m)作为分级指标,方案将顶板来压强度分为低、较高、高、很高和非常高 5 个级别,如表 2-10 所示。分级方案可以为支架额定工作阻力设计和工作面支护强度确定提供依据。方案中的顶板来压强度(初次来压强度、周期来压强度)指标 p(kN/m),可通过实际矿压观测、理论计算或其他方法确定。

表 2-10　长壁工作面顶板来压强度分级方案

级　别	1 级	2 级	3 级	4 级	5 级
名　称	来压强度低	来压强度较高	来压强度高	来压强度很高	来压强度非常高
顶板来压强度/(kN/m)	$p<3\ 000$	$3\ 000\leqslant p<4\ 000$	$4\ 000\leqslant p<5\ 000$	$5\ 000\leqslant p<6\ 000$	$p\geqslant 6\ 000$

顶板来压强度 p(kN/m)是在支架的每米宽度上,顶板(直接顶、基本顶)岩层作用的载荷量值。

十五、长壁工作面底板应力分布状态及其承载特性

底板岩层的力学特征在采场岩层控制中关系两个方面的问题。一方面从采场支护系统而言,支护系统的刚度由“底板-支架-顶板”决定。因此底板岩层的刚度将直接影响支架支护性能的发挥,对于单体支柱,底面积仅 100 cm^2,在底板比较松软的情况下,支柱很容易插入底板,从而影响对顶板的控制。对于液压支架,也同样存在类似的问题。另一方面是煤层开采后引起的底板破坏,其范围与开采范围及采空区周围的支承压力分布有关,由于底板的破坏可能导致地下水分布的变化,如果煤层的底板为奥陶纪石灰岩等富含水性岩层,煤层开采后底板的变形破坏可能诱发突水等事故。在此情况下,研究开采后的底板破坏规律就显得特别重要。

德国学者雅可毕将煤层开采条件理想化,即将岩体视为均质的弹性体,对煤柱和煤体下方底板岩层中的应力分布进行了模拟计算,得到 σ_z 应力线的分布图,如图 2-60 所示。其假设的条件是:采深为 800 m,上覆岩层自然视密度为 2 500 kg/m^3。图中的应力单位为 MPa,因此图中的等应力线 2 即相当于原岩应力。显然,在应力传播的范围内,可以取等应力线 2 为界线,在煤柱或煤体下方的一侧为增压区,而在采空区下方一侧为减压区。

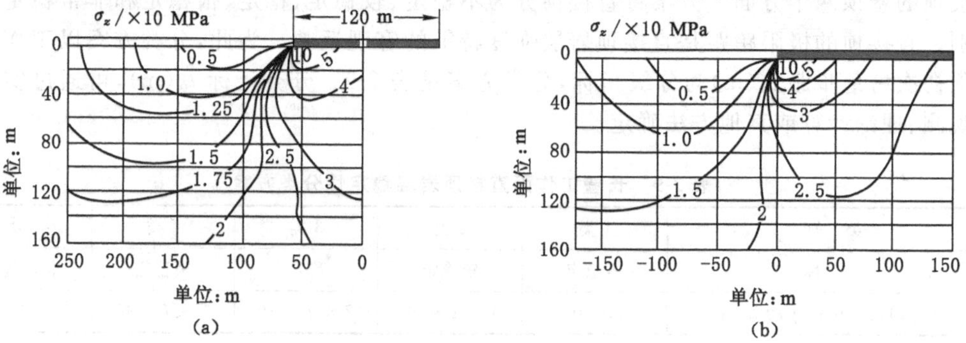

图 2-60　开采后底板应力分布

① 贾喜荣,等:《缓倾斜煤层长壁工作面顶板分类方案探讨》,矿山压力与顶板管理,1992(1)。

由于开采而引起的底板破坏深度，一般可采用土力学中地基的计算方法计算，根据塑性理论，地基中的极限平衡区分为三个区，如图 2-61 所示。

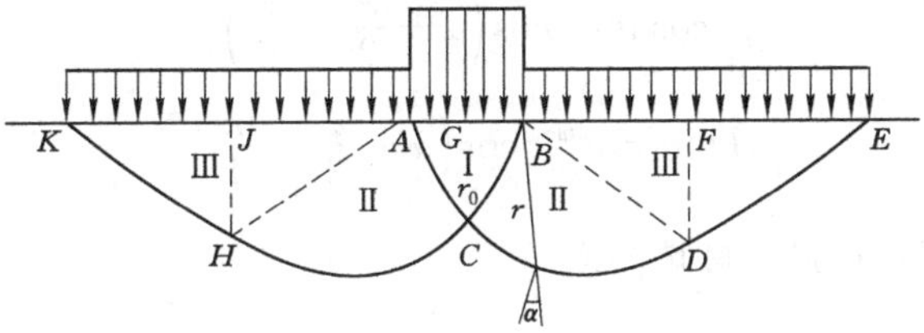

Ⅰ—主动应力区；Ⅱ—过渡区；Ⅲ—被动应力区。

图 2-61　地基中的极限平衡区

图中Ⅰ区为主动应力区，其中

$$\angle CBG = \angle CAG = 45^\circ + \frac{\varphi}{2} \tag{2-66}$$

式中　φ——内摩擦角。

Ⅱ区为过渡区，CH 和 CD 曲线为对数螺线，其原点为 B 和 A，其方程为

$$r = r_0 e^{\alpha\tan\varphi} \tag{2-67}$$

式中　r——以 A，B 为原点与 r_0 成 α 角处的螺线半径；

r_0——BC 或 AC 的长度；

α——r 与 r_0 的夹角。

Ⅲ区为被动应力区，其中

$$\angle FED = \angle JKH = 45^\circ - \frac{\varphi}{2}$$

由于支承压力影响而形成的破坏深度，可以用图 2-62 表示。图中 D 表示破坏深度。

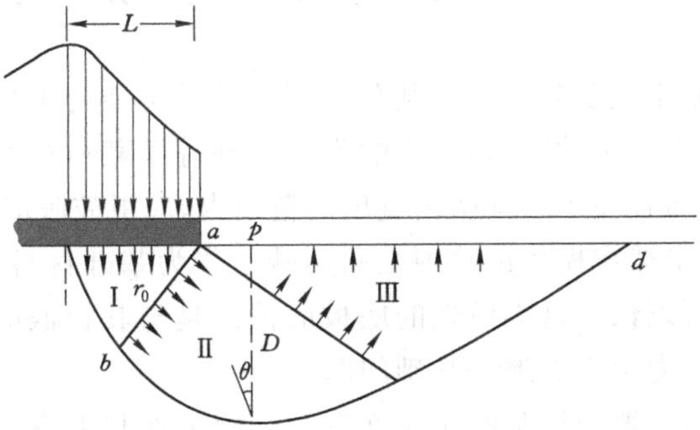

Ⅰ—主动应力区；Ⅱ—过渡区；Ⅲ—被动应力区。

图 2-62　支承压力形成的底板破坏深度

由图可知

$$D = r\cos\theta$$

$$D = r_0 e^{\alpha\tan\varphi}\cos\theta$$

$$r_0 = \frac{L}{2\cos\left(\frac{\pi}{4} + \frac{\varphi}{2}\right)}$$

$$\theta = \frac{\pi}{2} - \left[\frac{\pi}{2} - \alpha + \left(\frac{\pi}{4} - \frac{\varphi}{2}\right)\right]$$

$$\cos\theta = \cos\left(\alpha + \frac{\varphi}{2} - \frac{\pi}{4}\right)$$

$$D = r_0 e^{\alpha\tan\varphi}\cos\left(\alpha + \frac{\varphi}{2} - \frac{\pi}{4}\right) \tag{2-68}$$

若取$\frac{dD}{d\alpha}=0$,即可求得最大破坏深度。

$$\frac{dD}{d\alpha} = r_0 e^{\alpha\tan\varphi}\cos\left(\alpha+\frac{\varphi}{2}-\frac{\pi}{4}\right)\tan\varphi - r_0 e^{\alpha\tan\varphi}\sin\left(\alpha+\frac{\varphi}{2}-\frac{\pi}{4}\right)=0$$

即

$$\tan\varphi = \tan\left(\alpha+\frac{\varphi}{2}-\frac{\pi}{4}\right)$$

$$\alpha = \frac{\pi}{4} + \frac{\varphi}{2}$$

因此

$$D_{\max} = r_0 e^{\left(\frac{\pi}{4}+\frac{\varphi}{2}\right)\tan\varphi}\cos\theta$$

将 r_0 代入上式得

$$D_{\max} = \frac{L\cos\theta}{2\cos\left(\frac{\pi}{4}+\frac{\varphi}{2}\right)} e^{\left(\frac{\varphi}{2}+\frac{\pi}{4}\right)\tan\varphi} \tag{2-69}$$

底板最大破坏深度位置距煤壁的水平距离为

$$ap = \frac{L\sin\theta}{2\cos\left(\frac{\pi}{4}+\frac{\varphi}{2}\right)} e^{\left(\frac{\varphi}{2}+\frac{\pi}{4}\right)\tan\varphi} \tag{2-70}$$

根据德国埃森采矿研究中心的研究,在巷道开掘过程中,底板的破坏深度约等于巷道的宽度。当然,若底板岩层中具有如砂岩等坚硬岩层则例外。

在大面积采空情况下,底板的坚硬岩层也可能产生弯曲或拉伸破坏,此种破坏常发生在采空区的四周。

图 2-63 所示是地基土壤受到圆柱形载荷作用时几种可能的破坏模式。其中地基土壤的剪切破坏引起圆柱周围底板的隆起,且影响带扩大到等于载荷柱宽度的两倍。如果将两个尺寸相同的载荷柱体布置在小于其两倍宽度的范围内,底板鼓胀就变得很严重,因为它们的作用是相互助长的。虽然在模型试验中是利用砂子作为基础材料,但由于多数煤层的底板属砂质黏土性岩层,可以认为这类质软的底板的情况是与其相似的。工作面支柱在底板中的压入机制,类似于土力学中的地基基础问题。

地基产生剪切破坏,一般与地基的压缩性有关。假定地基土不可压缩且具有一定的剪切强度,则基脚将出现整体剪切破坏;如果地基土很容易压缩,则将出现冲剪破坏。一般可以分为整体剪切、局部剪切和冲剪三种。

从国内一些研究单位对支柱压入底板特性(支柱在底板中的压入量与支柱载荷关系曲线)实测的大量数据中,也可得到与图 2-63 类似的情况(图 2-64)。

其特征之一为:当载荷达到某一定值后突然下降,压入深度迅速增大,此突变点 T 称为底板的极限抗压入强度。而另一种特征为曲线上没有明显的突变点,但随着载荷的增加,压入深度的变化率增长较快。当支柱加上底座时,则其承受的载荷将随底座面积的增加而明显增加,当底座被压裂后其承载能力迅速下降,且钻底量明显增长(图 2-65)。

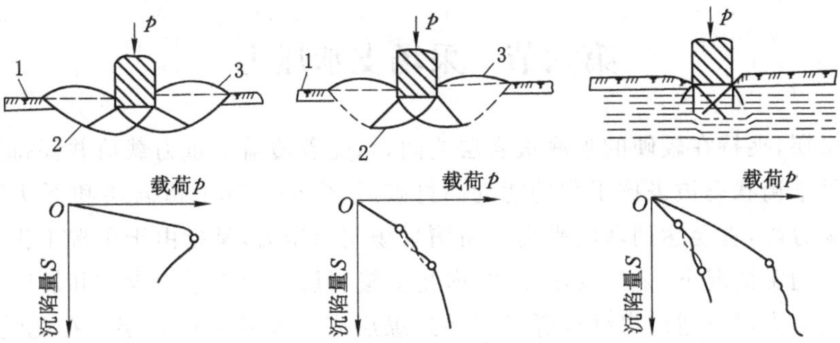

(a) 致密砂，整体剪切　(b) 中密砂，局部剪切　(c) 极松散砂，冲剪

1—原层面；2—滑动面；3—隆起面。

图 2-63　用砂子做模型试验时所观测到的载荷-沉陷曲线和剪切破断形式

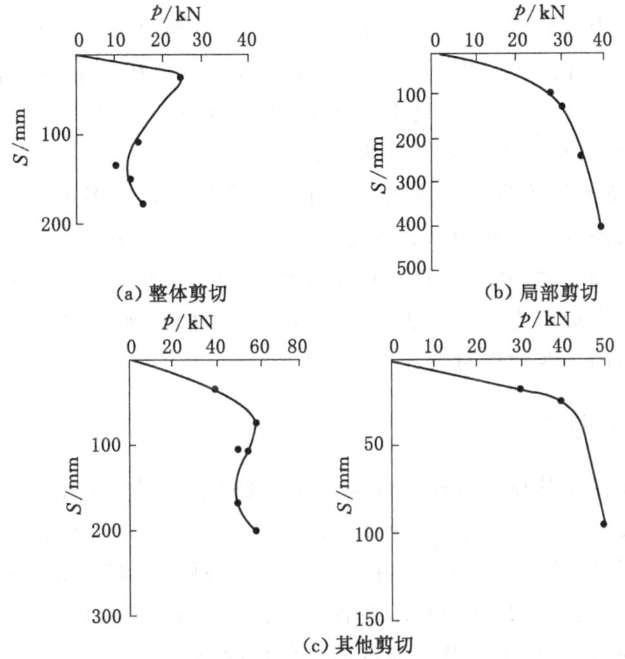

图 2-64　工作面实测支柱载荷与支柱钻底量的关系

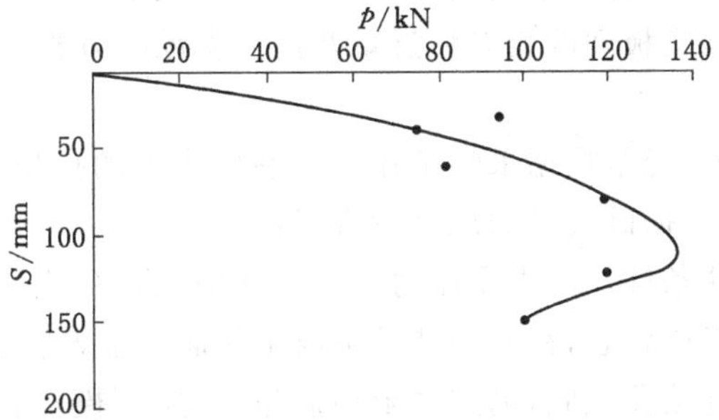

图 2-65　支柱加底座后载荷与钻底量的关系曲线

第六节　采场支承压力

较软的煤层，夹持在较硬的顶底板岩层之间，承受着覆盖层重力载荷并保持原始的平衡状态。当这种平衡状态被采掘工程的扰动而打破后，煤层及其上覆岩层和下伏岩层内的应力会进行重新分配，直至达到新的平衡。所谓采场支承压力，是指由于采掘工程扰动而引起的二次应力。通常情况下，采场支承压力，多指上覆岩层作用于采场煤柱和煤壁上的二次应力。这种二次应力可以通过煤柱或煤壁传递到煤层底板及其下伏岩层。在此情况下，煤柱和煤壁既是承载体，又是传递支承压力的媒介。

在长壁开采中，工作面前方煤壁上的支承压力，称为前支承压力；工作面两侧回采巷道煤壁上的支承压力，称为侧支承压力；工作面后方采空区煤层底板上的支承压力，称为后支承压力。

在各种形式矿山压力的复杂显现中，支承压力总是占主导地位。支承压力对开采煤层、顶板、底板、相邻煤层及其作用范围内的岩层会产生很大影响。在发生冲击地压和煤层突然喷出的矿压显现中，支承压力就是其原动力。通常，支承压力会引起底鼓、片帮和冒顶等，妨碍开采计划的顺利实施，甚至给生产安全带来严重威胁。

在开采煤层群时，支承压力具有特别重要的作用。在煤层发生多次下部和上部采动、掘进大跨度巷道以及开采深度增加和地质条件复杂的情况下，尤其如此。

研究支承压力的物理本质，建立计算和控制支承压力的方法等问题是矿山岩层控制中重要的问题之一。控制支承压力不仅是为了控制支承压力的显现，而且还包括控制由支承压力引起的和伴随发生的一些物理过程。

一、支承压力的一般特征

支承压力的客观存在及其显现规律是煤层开采中的现实问题，它对所有的长壁采矿方法都有重要意义。在长壁开采条件下，支承压力的载荷集度可以达到很高的数值，从而导致一系列物理过程的发展，使开采产生困难，并经常迫使开采停顿，有时甚至可能产生一些事故险情。此外，研究支承压力还是认识和解决各种条件下开采问题的关键。

在时间和空间范围内，支承压力及其显现的变化情况是十分复杂的。长期以来，在矿井条件下，对采场前方的和后方的及侧向的支承压力带宽度进行了大量的观测。

现场条件下，在工作面中部的采场前方掘出 20 m 或更长一些的小断面试验观测巷道，利用这些巷道测量煤层顶底板间的相对移近量及前方支承压力的影响宽度。但是这种测量的延续时间是较短的。

在前进式采煤条件下，经常根据采煤工作面平巷中支架的折损情况来评价工作面侧支承压力的影响宽度，或是根据矸石带的压缩量进行估计。

国内外研究者对矿井条件下的支承压力进行了多方面的研究工作。现场观测方法有：目测回采平巷中的支架工作状态；在专门巷道中或工作面测量煤层顶底板间的相对移近量；在煤层的支承压力区进行钻孔试验，测定每米钻屑量；测定压模在钻孔壁上的压入量；测定钻孔直径随深度的变化量；以及电法、磁法和地音法等其他方法。

列宁格勒矿业学院曾在煤矿和页岩矿中对支承压力进行过长年的观测研究工作。其在井下设置了一些观测站，包括从回采平巷和直接从工作面钻入的钻孔。为了便于测量，从平巷内专门的壁龛中打钻。壁龛位于工作面前方 35～50 m 处，此距离是按超过前支承压力区 10～15 m 的要求进行设计的。

图 2-66 是按碎屑钻出量、钻孔直径和煤的视密度来度量支承压力的分布特征。具体试验方法是，从采煤工作面中钻出 3～5 个钻孔，深度达 15 m，利用这些钻孔，沿其全长测量不同深度的碎屑钻出量、钻孔直径和煤的视密度。

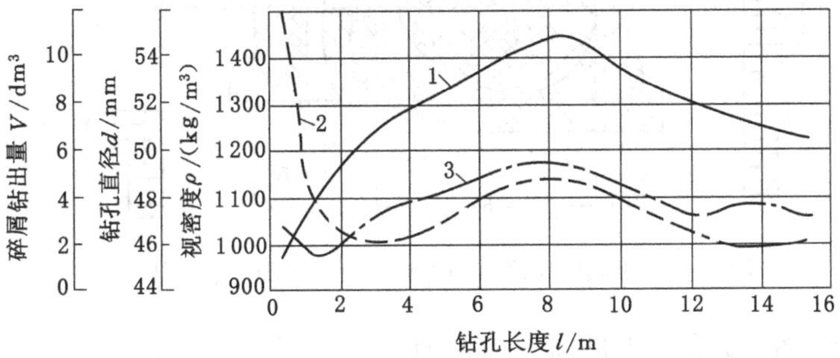

1—视密度；2—钻孔直径；3—碎屑钻出量。

图 2-66　采煤工作面前支承压力分布特征曲线

研究结果表明，在此条件下，前支承压力的宽度为 15～16 m，支承压力峰值位置距工作面的距离为 8～9 m。采煤工作面推进与天然裂隙的相对方向，对支承压力有很大影响。当工作面推进方向与裂隙倾斜方向相一致时，支承压力的显现特征减弱。

为了便于分析，以单一煤层缓倾斜条件的情况为例进行分析。一般情况下，按稳定运动状态来分析支承压力问题是适宜的。支承压力在空间的分布情况，可分别按煤层的层面、走向和倾斜方向的断面划分为若干个区。

图 2-67 所示为煤层(或底板)层面上某一瞬间的支承压力等值线图形。图中只表示出支承压力在煤层(或底板)层面上的分布情况。

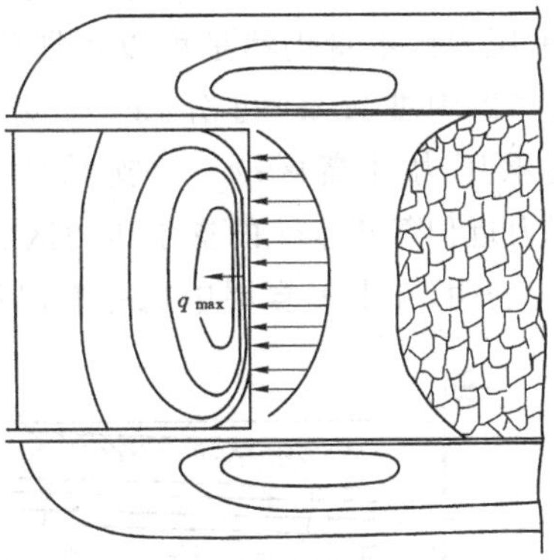

图 2-67　根据立体模型试验结果得出的支承压力等值线

图 2-68 所示为煤层层面上及采空区煤层底板上支承压力分布的一般特征。根据工作面煤壁的相对位置，支承压力可分为以下几个区：Ⅰ——前支承压力区，Ⅱ——后支承压力区，Ⅲ——侧(沿俯斜和仰斜方向)支承压力区。此外，根据支承压力的变化特征，可划为：a——支承压力动压显现区，b——支承压力动压显现衰减区，c——支承压力静压区或准静压状态区。

在动压区中，支承压力的强度、分布特征和此区的宽度等都是变化的，其变化速度也是不稳定的。支承压力的变化可能是单调的和缓慢的，也可能有迅速的冲击性特征。

为了进行比较，将根据薄板理论得出的刚性支承的固定边上支承压力分布情况表示于

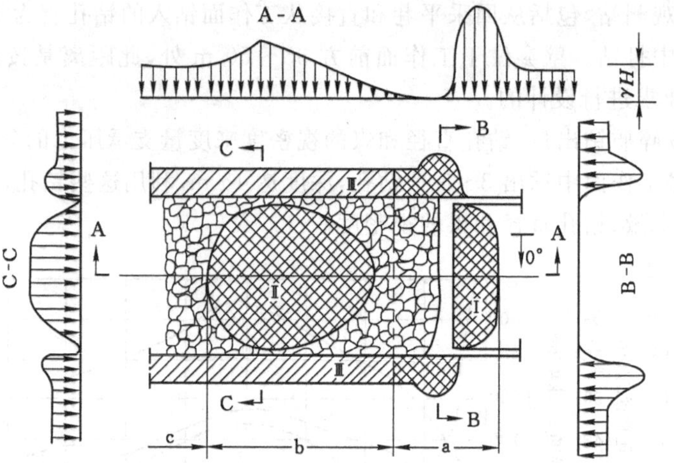

图 2-68　缓倾斜煤层采场支承压力分布的一般特征

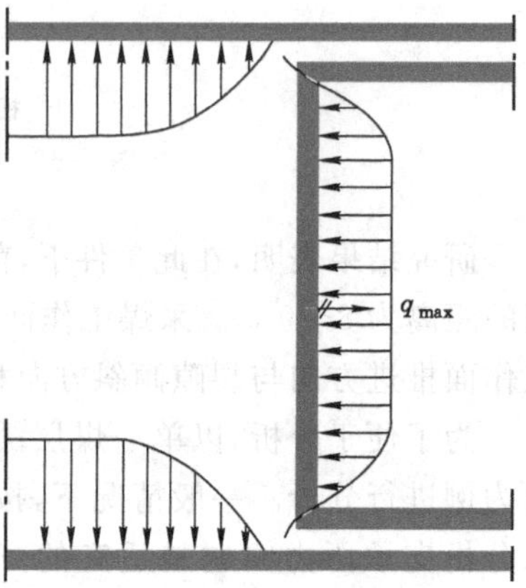

图 2-69　根据薄板理论得出的支承压力分布情况

图 2-69 中。由图可知，支承压力沿固定周边的分布是不均匀的，距固定边隅角处相当远时，将达到最大值。由此可以看出，采场支承压力的分布规律远比薄板在其刚性支承边上引起的反力复杂得多。事实上，可以把采场支承压力看作一种空间球面拱脚效应。

沿走向断面，支承压力的一般特征如图 2-70 所示。图中清楚地表示出了各层断面上支承压力的分布特征。

工作面侧支承压力的分布特征如图 2-71 所示。

支承压力区本身仍然是可以再划分的，如在前方区中(图 2-72 中曲线 4)可分：a——支承压力降低区；b——支承压力升高区；c——支承压力二次降低区；d——压力近似等于 γH 的支承压力区(原岩应力区)。

研究表明，在上覆岩层中赋存有厚度大而坚硬的岩

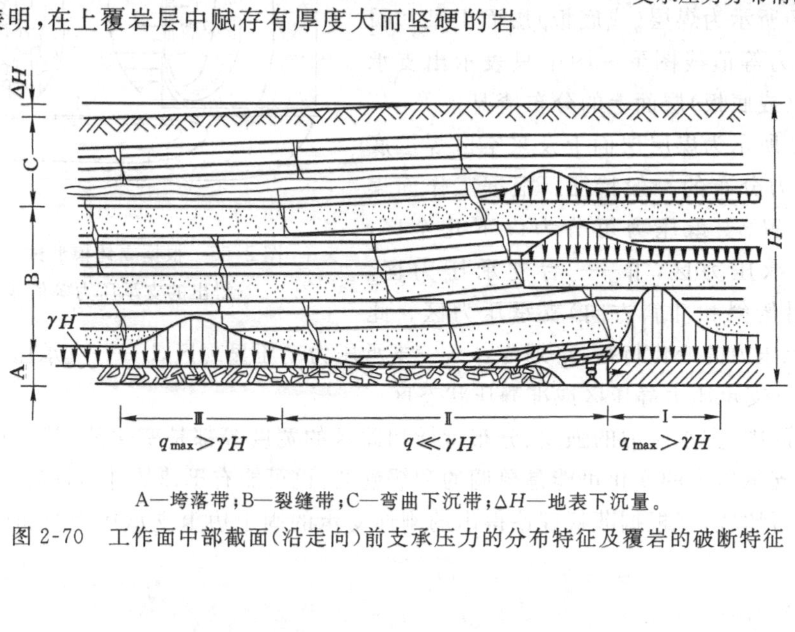

A—垮落带；B—裂缝带；C—弯曲下沉带；ΔH—地表下沉量。

图 2-70　工作面中部截面(沿走向)前支承压力的分布特征及覆岩的破断特征

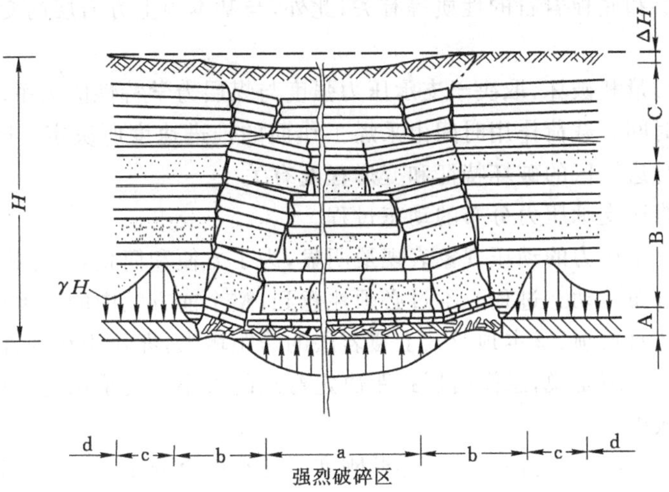

A—垮落带；B—裂缝带；C—弯曲下沉带；ΔH—地表下沉量；
a—支承压力降低区；b—免压区；c—支承压力升高区；d—原岩应力区。

图 2-71　工作面侧支承压力分布特征及覆岩的破断特征

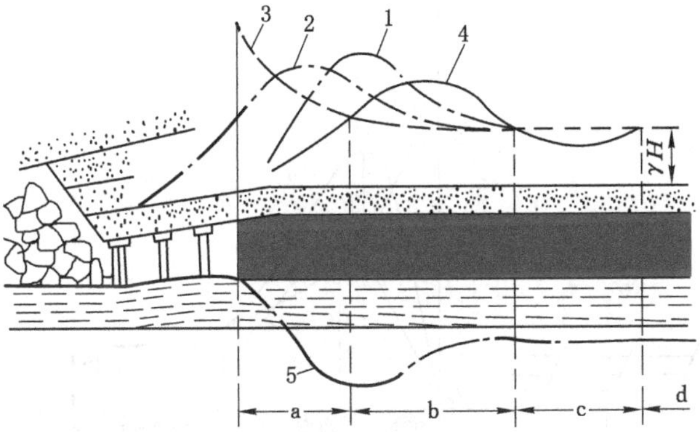

1—根据 B.Д.斯列萨列夫的资料所得支承压力；2—根据现场观测资料所得支承压力；
3—根据应力集中理论所得支承压力；4—根据弹性基础梁理论所得支承压力；5—煤层底板中的支承压力；
a—支承压力降低区；b—支承压力升高区；c—支承压力二次降低压；d—原岩应力区。

图 2-72　支承压力分布

层桥时，支承压力将具有波状特征，如图 2-72 中曲线 4 所示，这与弹性基础梁理论是相符合的。

通常，还把与煤壁相毗邻的支承压力区称为边缘区。

边缘区是一种特殊形式的压模。通过它可将支承压力传递到底板下伏岩层中去。由于底板岩层的边界条件不同于煤壁边缘，在这种特殊形式的压模作用下，边缘区下方可形成应力升高区。

采煤工作面推进，将使煤壁附近的这些压力区产生移动和变化。但在距工作面相当远处，仍有某些压力区能保持长期的相对稳定状态。

支承压力区的具体分布是不稳定的，它与很多因素如开采深度、直接顶和基本顶的变形和破坏过程及煤层和底板岩石的性质等有关;此外,与基本顶上方岩层的变形和破坏过程也有关系。

边缘区的变形量和破坏,取决于支承压力强度与煤层力学特性的关系、接触表面的条件以及载荷作用的时间。载荷作用时间由采煤工作面的推进速度所决定。同时,支承压力分布的强度和特征与边缘区的破坏特征和变形程度有关。

下面讨论边缘区支承压力分布的动态过程。

由于该区中支承压力的动压现象表现最明显,为了方便和简化,只分析工作面前方区中部断面支承压力分布的动态过程。不过必须注意到,整个前方区中的支承压力是动态量。

工作面推进使直接顶、基本顶及其上覆岩层的跨距增大,即作用在垂直于工作面平面中的总弯矩将增大。也就是说,悬露岩层跨距决定弯矩的大小。支承压力的作用,使边缘区受压和底板受压而鼓出。

先来分析煤壁边缘区保持稳定时,煤壁刚度对支承压力分布的影响,即边缘区未被压裂和只有很小的蠕变变形的情况下,支承压力分布的动态过程。

与悬顶跨距有关的支承压力分布图的一般变化特征如图 2-73 所示,曲线 1,2,3 分别与悬顶跨距 l_1,l_2,l_3($l_1<l_2<l_3$)相对应,S_1,S_2 和 S_3 为对应支承压力影响距离。

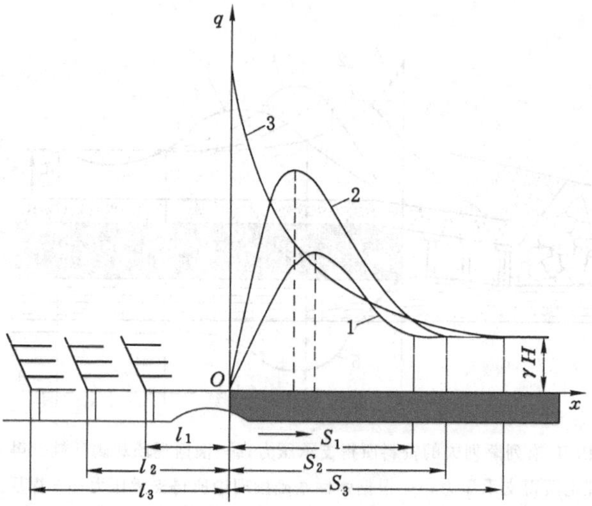

图 2-73　边缘区未被压裂时,采场前支承压力分布与采空区悬顶跨距的关系

从图 2-73 中可以清楚地看出,随着悬顶跨距的增大,通常支承压力的强度及分布区宽度也随之增大。由于顶底板相对移近量随悬顶跨距的增大而增加,边缘处煤壁逐渐被压密,其刚度也相应提高,而支承压力的峰值位置越加靠近煤壁(煤体或煤柱的边缘)。

实际上,上覆岩层的各小分层都有自身的跨距,各小分层将发生变形和成组破坏,从而使支承压力分布的动态过程具有较复杂的特征;作用在煤层上的支承压力是所有这种现象的相互作用结果。此外,随着采空区跨距的增大,对支承周边附近的煤体(或煤柱)将产生迅速加载的后果。在顶板一些小分层垮落的瞬时,又会产生突然卸载现象;而在爆破落煤时,则会发生冲击性加载的情况。

由此,随着工作面推进,支承压力的峰值及其距工作面的距离将在一定范围内发生变化。如在基本顶从悬伸到垮落期间，或在上覆岩层从悬空到充分沉陷直至地表期间，支承压力的分布及峰值位置距煤壁距离的变化如图 2-73 所示。这种变化是上覆岩层和开采煤层的力学特性，以及其裂隙程度和厚度不同所致。

下面分析边缘区被压裂，发生明显破裂时的支承压力分布动态过程问题。

由于蠕变，特别是由于边缘区被压酥后，边缘区的变形量将随时间延长而增大，这会使支承压力分布的强度和特征发生很大变化。

将煤层、顶板和底板边缘区的一般变形特征和煤层边缘区的破坏特征大致地表示于图2-74 中。

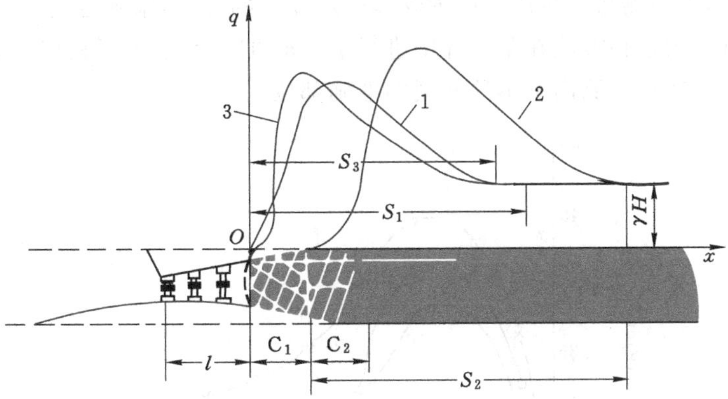

l—控顶距；S_1，S_2，S_3—支承压力影响距离。

图 2-74　边缘区被压裂时，采场前支承压力的动态变化

煤层边缘区在每次受支承压力压缩时，都发生迅速的变形，蠕变变形量随时间延长而增大。根据支承压力和煤层力学特性的相互关系，边缘区可能发生压实和破坏。一般情况下，可以形成两个区：C_1——破裂区和 C_2——压实区。

边缘区被压酥将导致跨距增大，从而支承压力的强度及分布宽度也增大。同时，支承压力的峰值位置向煤壁深部移动。

在边缘区未被压裂前，如图 2-74 所示，支承压力分布为曲线 1 的形式。在边缘区被压裂后，则为曲线 2 的形式。在边缘区未发生破裂而只发生压实的情况下，支承压力分布将如曲线 3 所示的形式。

开采深度对支承压力分布强度和特征具有很大影响。

开采深度的影响与采场跨距的影响有些类似，即支承压力的峰值随开采深度的增大而增大，且峰值位置移向煤壁（煤体或煤柱的边缘）。

煤层边缘区的压酥和压实特征非常粗略地示意于图 2-74 中，煤壁向采空区方向的变形如图中的虚线所示。

应当特别强调，煤壁边缘区的变形和压酥程度与支承压力分布图形是相对应的（图 2-74），即沿着整个工作面长度不是固定不变的，在多数情况下边缘区的压酥只发生在工作面中部。

在某些条件下后方的支承压力可能显现较明显，而在另一些条件下则可能显现不明显。在此区范围内支承压力分布动态过程特征具有特殊形式，并逐渐地衰减。

在开采煤层的底板水平上,后支承压力区中的压力具有很不均匀的尖峰形特征。随着向覆盖层和底板中深部发展,这种特征将逐渐舒展变匀。

在前方区 S_2 范围内,支承压力也有动态显现现象,并基本上与 S_1 区中的动态显现现象相类似。它的峰值位置也大致在煤壁(沿走向)附近。

在后支承压力范围内,侧方区的支承压力动态显现现象逐渐衰减而消失。

在后方区以外,随着时间的推移,由于蠕变变形的结果,在采场两侧支承压力的分布和参数可能呈均匀变化。这些区为支承压力的假静压状态区。对此区采用这个名称是完全正确的。

图 2-75 给出了用测量支承压力区内煤体密度变化的方法,来确定支承压力分布特征的实测结果。并且使用这种方法在某矿井中进行了 3 a 的试验,取得了良好的效果,同时用此方法可以系统而可靠地预测出基本顶断裂的准确部位。

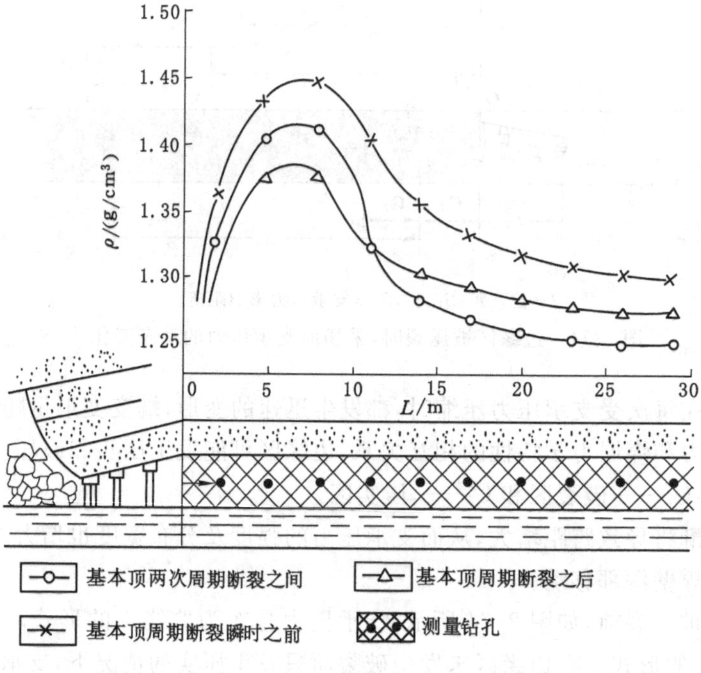

图 2-75　通过测量煤体密度得到的采煤工作面前支承压力的动态特征

如图 2-75 所示,支承压力分布的动态过程可划分为三个时期:基本顶周期断裂之后、基本顶两次周期断裂之间和基本顶周期断裂瞬时之前。

如图 2-75 所示,随着工作面接近测量点,支承压力趋于峰值,煤体密度增大很多。密度的变化反映出煤体内载荷的重新分布。当与支承压力峰值相对应的煤体密度达到最大值后,由于煤壁边缘区的变形增大或局部破坏,密度开始减小。煤体的密度与采煤工作面的位置关系是变化的。当接近基本顶断裂的瞬间时,煤体密度将急剧增大,而在周期断裂之后则减小。这种周期断裂前后煤体密度的变化梯度会有很大差别。为此,把煤体密度急剧增大作为预测基本顶发生周期断裂的标志。

支承压力的参数不是固定不变的,随着工作面推进,参数的变化范围很大,如具有支承压力的动压现象。支承压力的动压现象将由下列条件决定：上覆岩层悬伸跨度的动态变化、采煤工作面边缘区和围岩(顶底板)的变形及破坏以及一些技术工艺参数等。属于技术工艺参数的有准备方式、采煤方法、采煤工作面的推进速度、截割深度、工作面长度等。

上覆岩层悬伸所形成的总弯矩为$\sum_{i=1}^{n} M_i$，在一定时期，总弯矩将达到绝对最大值。通常，总弯矩对支承压力强度及分布特征的影响比重是很大的，并可能超过覆岩静载影响的很多倍。通常，支承压力最大载荷集度的变化范围为

$$q_{\max} \geqslant (1.5 \sim 5)\gamma H$$

前支承压力区的宽度变化范围为 20～250 m；从煤壁到支承压力峰值处的距离变化范围为 0～15 m，或更大。

根据相关资料，侧支承压力区的宽度(沿俯斜或仰斜)变化范围为 15～20 m。

支承压力的影响范围视具体条件而定，根据美国的一些资料显示，前支承压力最远可在工作面前方 150 m 处测到。然而，此时压力的增量是很小的。在距工作面煤壁 91～46 m 时，压力逐渐增加；在距工作面煤壁 21～15 m 时，压力迅速增加；在工作面煤壁前方 1～5 m 处，支承压力达到峰值。与覆岩荷重相比，支承压力峰值可达到覆岩荷重的 1.5～5.0 倍。侧支承压力和前支承压力在工作面两端头的巷道 T 形交叉点处叠加，形成尖峰支承压力。前支承压力沿工作面的分布是不均匀的，工作面两端的支承压力大，向工作面中部 9～21 m 之内压力迅速下降，此后前支承压力变为均匀分布。

在工作面范围内，垂直压力大大低于覆岩荷重，直接顶岩层处于卸压状态。这是由于采空区垮落的破碎岩石被逐渐压实，压力向采空区方向转移。英国研究人员证明，在距工作面 $0.3H \sim 0.4H$(H 为覆岩厚度)距离处，垮落岩石最终支撑着基本顶岩层。在这一区域，最大压力与覆岩荷重相当，而且没有发现压力有进一步增加的迹象。因此认为不存在后支承压力。然而，卡门在对美国后退式长壁工作面进行观察后，得到的结论是在距离工作面 D 处有后支承压力，D 为

$$D = \frac{3H}{20} + 60 \qquad (2\text{-}71)$$

式中，H 为覆岩厚度。D 相当于最大压力拱的最小宽度。

侧支承压力大约在前支承压力出现的同时，在上、下平巷的煤壁上出现。随工作面推进，侧支承压力的影响带从煤壁向外延伸，延伸的最大距离为覆岩厚度的 1/4～1/3(据英国的调查，为 60 m 左右)。侧支承压力在两侧煤壁上最大，并随距煤壁的距离增加呈指数规律下降。随工作面推进，采空区内的平巷两壁开始屈服，侧支承压力的峰值位置向煤体内转移，此时峰值位置距煤壁的距离约为 15/1 000 的覆岩厚度。

卡门认为，侧支承压力在每个相邻盘区采完后达到最大值，随后又降低。在这个过程中，当开采第二和第三盘区时，第二、三盘区内煤柱主要承担本盘区开采所引起的支承压力。但是当开采第四盘区时，在第四盘区中会产生过大的支承压力，此时煤柱可能被压碎，顶板可能破裂，底板可能隆起，也可能这些现象同时发生。当开采第五盘区时，支承压力降低，而且不再出现不利情况。

由于支承压力是顶板岩层悬空造成的，故其大小取决于悬露在采空区上方顶板岩层的悬跨和厚度以及结构岩层的层位顺序和位置。

采空区垮落岩层的碎胀性不仅对后支承压力分布产生影响，而且对工作面支架载荷也有重要影响。美国矿业局对破碎岩石的碎胀性等进行了研究。通过对各种岩石破碎前与破碎后体积变化的测量，发现破碎后的岩石比未破碎岩石的体积平均增加 60%，体积的增加与岩石的块度成比例。但在压力作用下，膨胀的体积又将减小。例如，压力从相当于 91 m 深度覆岩荷重增加到 274 m 深度覆岩荷重时，破碎岩石压缩了 30%，即此时岩石的碎胀系数为 1.12。

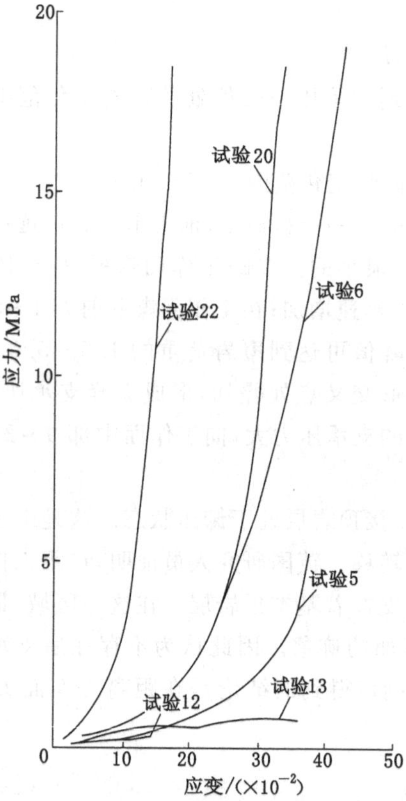

试验 5—方石垛(实心)；
试验 6—圆石垛(实心)；
试验 12—空心圆锥形石堆；
试验 13—实心圆锥形石堆；
试验 20—在钢筒中的碎岩石和碎矸石；
试验 22—在钢筒中两部分相等的砂和碎岩石。

图 2-76　各种破碎岩石的可压缩性

图 2-76 所示的是美国矿业局确定的各种石垛的可压缩特性曲线。这些石垛的弹性模量为 7.17～324.05 MPa，相当于比原状岩石小 2～3 个数量级。

与研究支承压力的物理性质一样，探讨支承压力的计算方法，也是非常困难的。影响支承压力的因素很多，而这些因素又有多种形式的相互关系，因此要得到正确的支承压力计算结果是很困难的。支承压力有复杂的动态过程，这种动态变化与一些具体条件有关，特别是与煤层边缘的状态有关。在很多情况下，边缘区可能会发生周期性破坏。

弯曲的层状岩层与具有不同高度弹性支点所支撑的板非常相近和类似。这种岩层在支点上产生的反作用力问题，是层状岩层变形的最重要问题之一，也是尚未解决的关键问题。

支承压力是上覆岩层的荷重和一些岩层的回转力矩共同作用的结果。一般情况下，上覆岩层在变形和破断过程中，可以分成一些自然分层。一个岩层或一些自然分层的类似下沉的变形，都会引起开采煤层的支承压力分布特征发生根本变化。无论是在采煤工作面前方，还是沿整个周边，都会发生这样的变化。

基于上述分析和推断，支承压力计算的有效途径之一，是根据弹性基础上的悬板建立模型，按照式(2-19)，对问题的边界条件和基本参数(如弹性基础刚度系数)进行适当简化，方可得到有意义的结果。从整体上看，弹性支承会减缓支承边界上最大弯矩的值；弹性基础刚度系数取值增大，支承压力的载荷集度自然也相应增大。

尽管支承压力在矿山压力显现过程中占有特别重要的地位，支承压力控制问题有着重要的工程意义，但是直到现在这个问题还远没有得到应有的重视。

如前所述，对支承压力产生过程的本质、物理实质及规律的研究表明，由开采而引起的支承压力及其伴生的其他一些物理过程，对开采的主要问题有着决定性的影响。开采的主要问题包括：采煤工作面的顶板控制、顶板严重的冒顶、回采和准备巷道的支护、采煤工作面煤壁边缘区的压出、采煤机的生产能力、煤岩突然喷出和冲击地压显现、黏土和流沙的涌出、煤层下部采动和上部采动的效果等。

无论是在自移式液压支架的工作面中，还是在单体支柱的工作面中，支承压力对直接顶稳定性都有特别大的影响作用。在很多典型条件下，当达到相当大的开采深度时，由于支承压力的作用结果，在开采煤层和围岩中将产生采动裂隙（矿压裂隙）。由此而形成较大的贯穿裂隙。这种贯穿裂隙的方向大体上与煤壁的方向一致，其间距通常等于采煤机滚筒的截深，或为截深的整倍数。随着截深的减小，裂隙产生的频率增加，从而使直接顶的稳定性进一步降低。因此，煤壁和自移式液压支架顶梁之间未支护的直接顶岩石发生冒落的可能性是很大的。支承压力引起煤壁的矿压裂隙，有利于降低割煤功耗。

因此，解决支承压力控制问题，不仅可以大大减少工伤事故，取得很大的经济效益，而且还可以找出开采单一煤层和开采近距煤层群的一些新方法。

可以用降低支承压力的强度和峰值，改变支承压力区的宽度及峰值位置，减少动压显现的频率和强度，以及限制支承压力最大值的增长等办法，来实现对支承压力的控制。

目前，可以拟定下列控制支承压力的方法："岩桥"改变直接顶中采动裂隙的特征和频率；改变围岩的和上覆岩层中"岩桥"的岩石强度性质；改变基本顶和"岩桥"的垮落步距；改变基本顶移动的倾斜角度；改变边缘区的变形性质；改变支架的反力，其中包括采用有主动作用的支架；改变采煤工作面的长度；等等。

为此，可以利用下列方法：力学、爆破、物理化学、生物化学、水力、气体及其他方法。

属于力学方法的有：一次或多次采动下部或上部煤层；在边缘区打钻孔（大直径或小直径钻孔）；使煤壁有规律地被压出或避免被压出。无论是在井田或采区内，还是在进行掘进和回采的工作过程中，为了控制支承压力，上述的一些力学方法都是可以采用的。

目前，为了解决支承压力控制的问题，建议试验和采用下列一些有实用价值的方法（减小工作面长度方法除外）。

① 在采煤工作面前方打钻孔，使边缘区的变形量增大，从而使支承压力的峰值向煤体深部转移。

② 在采煤机滚筒的前方煤层中，采取超前掏槽的措施，以产生缝隙，使支承压力向前移动一定距离。

③ 为了减小基本顶的断裂步距，可以从回采巷道（包括工作面和硐室）向基本顶打钻，在基本顶厚度范围内用爆破方式切断基本顶。

④ 为了降低基本顶岩石的强度，在基本顶的厚度范围内，进行钻孔高压（10～20 MPa）注水。

⑤ 对基本顶使用水力爆破的放顶方法。这种方法与高压注水方法的区别在于，在基本顶厚度范围内进行钻孔爆破以后，再向这些钻孔注入低压水，压力为 0.6～1.0 MPa。水可由矿井排水系统通过采煤工作面前方回采平巷中的钻孔注入。

⑥ 用爆破方法使围岩在采空区形成脊状矸石堆，以减小基本顶的倾斜角度。由此，可完全避免或减弱基本顶二次垮落的影响，同时也可改变后支承压力区中的压力特征。

⑦ 作为其他方法应用的实例，可以举出使用环氧树脂、糠醛和其他化学剂，黏合裂隙体和有细小层理的顶板等方法。

上述方法无论在何种程度上，都不能完全解决支承压力的控制问题，但是指出了进一步研究的某些方向。

二、支承压力在下伏岩层中的传递过程

在本节中讨论过支承压力(煤柱)对本煤层的底板岩层稳定性的影响。但上覆岩层作用于煤柱上的支承压力会在底板方向传递。此时，上方支承压力会对底板岩层巷道的稳定性及下伏煤层开采产生影响。

绝大多数煤田的煤层都成层群赋存着。通常，把层群中的煤层划分为组，平均每2～4层划为一组，进行开采。开采煤层群中的煤层组及其中的煤层时，下行开采顺序是采用最广泛的开采顺序，也就是在多数条件下，先采上部煤层，从而使下部煤层的上方被采空。在煤层组和煤层群的范围内，上方采空可能是一次和多次的。

煤层上方采空区具有很大的作用半径，可达100 m或100 m以上。若煤层的间距超过上方采空的作用半径，则上方采空对下部煤层实际上已无影响。

当煤层间距减小时，上方采空将具有越来越大的影响作用。在近距和极近距煤层群条件下，可能带来很大的经济损失。但是有很多情况，上方采空也可以对下部的开采指标产生有利的作用。

由于断层的存在，煤层的变薄和尖灭以及开采技术条件所限和其他因素等，上部煤层大面积连续采空实际是不可能的，通常在这些地方不得不留有煤柱。根据所采用的准备方式和采煤方法，采区(采段)尺寸是会改变的，而且在回采平巷、上山和下山附近，必须留有煤柱。同样，采煤工作面发生冒顶时，有时也须留有煤柱。这就使上方采空的作用复杂化。

在研究与煤层上方采空有关的一些实际物理现象时，整体来讲，首先应当研究上方采空区的岩层和煤层中发生的一些力学和其他各种过程。其次，还应当研究上方采空区煤层巷道中(包括采场)发生的一些现象。研究表明，采场冒顶次数增加，工伤事故增多，煤炭损失增大，顶板控制和支护费用增高等，可能是上方采空的后果。

当上方采空时，下部岩层的变形和应力传递过程的具体特征与整个矿山地质条件有关。地质条件包括所有岩层的构成和结构，开采深度，煤层倾角，煤层之间岩石的结构和物理、力学特性。此外，下部岩层的变形和应力传递过程的具体特征还与工艺参数有关，特别是与这样的一些参数，如准备方式、开采方法、采煤工作面长度、顶板控制方法、采煤工作面推进速度等。

在上方采空情况下，搞清楚下部岩层的变形和应力传递过程是很困难的。现有文献中的一些现场研究，几乎都是在上方采空的下部煤层的采掘空间中进行的，而实验室研究则是用平面模型进行的。

苏联于1972—1975年在古柯夫矿井等进行了相当充分的现场研究和实验室研究。实验室研究是用立体和平面模型的综合方法进行的。

古柯夫矿井开采两层煤：上层煤的平均厚度为1.24 m，下层煤的平均厚度为1.65 m；煤层的倾角为16°～23°；煤层之间的距离为43～52 m。直接顶和底板由砂岩和砂质黏土页岩组成，而基本顶是厚度大的坚硬砂岩。在17个采区中设置了110个观测站，装设了表面和深部基点进行研究。在这些测站处，上方煤层的开采深度为270～700 m。上方采空区留下的煤柱宽度为10～93 m。

研究表明，在对采空区煤柱下方的煤层进行回采时，直接顶的稳定性急剧下降。由此，其冒顶面积比在采空区下方进行回采时的冒顶面积大 1 倍以上，冒顶高度则增加 70%～120%。这导致处理冒顶事故的工作量大大增加，打乱了回采工作，工作面推进速度减小 50%～100%，工伤事故猛增，煤的灰分增加，劳动生产率降低，采煤成本增高。

通常认为，上方采空区巷道煤柱的支承压力强度与煤柱宽度成反比。研究证明，这种认识还不全面。当煤柱宽度减小到一定数值以后，其影响也开始减小(而不是增大)。

同时，还证明工作面推进方向也有很大影响，这是以前未发现的。根据采煤工作面和上方采空区煤柱周边边缘区的关系，当采煤工作面从边缘区下方采出时，将形成不利于顶板维护的条件。这是由于在这样的推进方向条件下，直接顶岩石将发生较大破坏。在工作面从煤柱下方采过时，会遇到进煤柱时较容易、出煤柱时较困难的情况。

针对卡拉干达煤田的缓倾斜中厚煤层开采条件，研究人员用立体模型方法，对下部岩层的变形过程进行了研究。模拟煤层的条件：倾角为 10°，厚度为 3 m，采深为 400～500 m。顶板为层状泥板岩，总厚度达 96 m；上部为砂岩，厚度达 50～60 m；再上部仍为层状泥板岩，直到地表。在煤层底板中，赋存的仍为泥板岩，厚度为 50 m。采用倾斜长壁采煤方法。

通过研究，取得了很多新的成果。其中应特别指出的有，第一次在立体模型中得到了煤层层面中的支承压力分布特征，应力升高区和应力降低区的动态和变形(应力)特征，影响区的轮廓和其他结果(图 2-77 和图 2-78)。

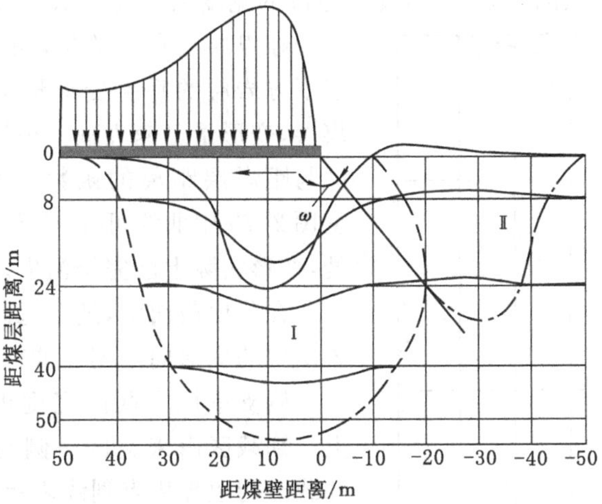

Ⅰ—煤层边缘部分下方压缩变形区的轮廓形状；Ⅱ—采空区下方变形恢复区的轮廓形状；ω—支承压力影响角。

图 2-77　缓倾斜煤层底板岩层中变形扩散特征

沿煤层的边缘区作用有支承压力。正如前述，它是特殊形式的压模，将压力传递到下部岩层中去。

在下部岩层中，经历着变形和应力的扩散和衰减过程。根据用立体模型研究的结果，将沿走向剖面中的这些过程特征表示于图 2-77 中，将支承压力峰值附近沿倾斜断面中的特征表示于图 2-78 中，此断面位于工作面前方 10 m 处。图 2-77 和图 2-78 表示出了距煤层距离分别为 0 m，8 m，24 m，40 m 的 4 个水平上的变形增量曲线。绘制变形增量的曲线图时，

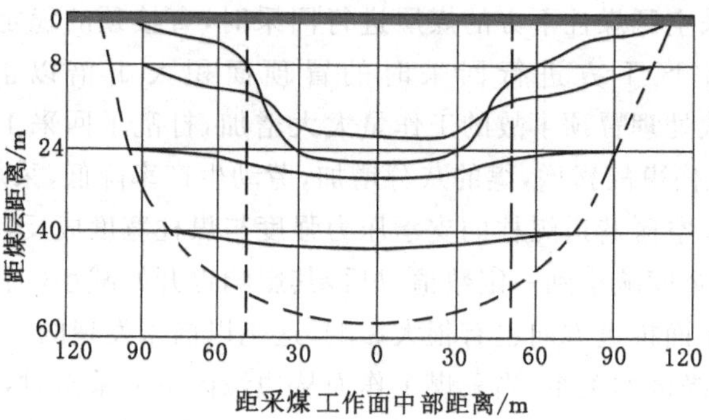

图 2-78 工作面前方 10 m 处煤层下方(支承压力峰值区)变形区的轮廓形状

取这些水平线为零线。

在边缘区下方的任意方向上,变形将发生扩散和消失。将实际发生的附加压缩变形(或应力)量完全衰减范围的边界用虚线示于图 2-78 中。

在沿倾斜方向的断面中,此范围的形状近似于一段抛物线;而在沿走向的截面中,此范围的形状则是特殊的形状(图 2-77)。

沿倾斜方向断面,在底板的接触面上,变形范围的宽度大于采煤工作面长度之半。此时,工作面长度等于 100 m,而该范围的宽度可达 50～60 m。

沿走向断面,在底板的接触面上,变形范围的宽度大于前支承压力区宽度之半。

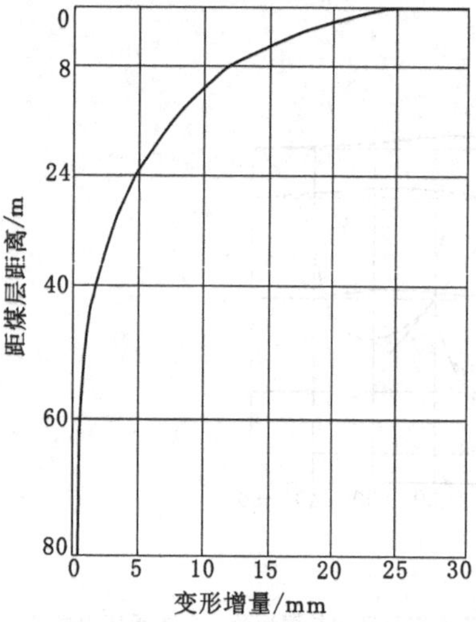

图 2-79 工作面前方煤层底板中(在支承压力峰值区中)变形的衰减特征

在煤层与底板的接触面上,前支承压力区峰值下方岩层的垂直变形量达最大值,而随着远离煤层,变形量迅速衰减。根据上述曲线,把变形衰减与距煤层距离的函数关系表示于图 2-79 中。从图 2-79 中曲线可知,在距煤层距离为 50～60 m 处,变形实际上已完全消失。

在其他截面中,随着远离支承压力峰值,下部岩层中的变形向两侧衰减得更加迅速。

侧支承压力区的宽度可达 50 m 或 50 m 以上。卸载区由采空区一侧与应力升高区相毗连,卸载区的边界用点划线表示(图 2-77)。在该卸载区中,压缩变形发生局部恢复。在煤层底板水平上,变形区的扩展距离达 40 m,而深度达 20～25 m。在该变形区范围内,竖向应力 $\sigma_n < \gamma_i H_i$。

应当知道,在采煤工作面推进过程中,应力升高区和卸载区同样都是移动的。

变形强度和所有上述这些区域的边界均是不稳定的,它们的变化与上覆岩层的悬臂长度有关,同时在煤壁上方有最大总弯矩的作用期间将达到最大值。由此可得出上方采空对下部煤层和采掘空间(包括采煤工作面和硐室)影响的最重要结论:上方采空的作用是不固定的,在一定条件下有周期性的作用,可引起各种不同的变形,也就是在一些区域采空作用最大，而在另一些区域采空作用又最小，这种作用不是不变的，正如很多文献中假设的那样。

在下部岩层的应力升高区与卸载区的相邻处，可能已有的裂隙会张开或形成新的裂隙。

用立体模型方法得到的变形衰减规律，被现场研究所证实，并且有普遍性。毫无疑问，这些过程的具体参数将根据具体条件而变化。

当上部采空时，下部岩层的岩石处于不均匀的体力压缩状态。这种应力状态下的坚硬岩石弹性指标是相当大的。因此，在由坚硬岩石组成的下部岩层中，可以用弹性理论的观点，从定性角度分析应力的变化。由压模理论出发，下部岩层中支承压力的扩展范围，可以近似地用角度值 $\omega=55°$ 作为边界。在这个角度范围以外，σ_z 的增量不大于 10%，即增量是相当小的。

如前所述，煤层边缘区的作用，在一定程度上与压模相类似。随着从开采煤层边缘区向底板岩层内延深，应力将逐渐扩散。在均质弹性岩石中，应力单调扩散。在层状岩石中，相邻岩层的弹性模量有很大差异，因此一般情况下呈跳动式扩散。

图 2-80 所示为层状底板岩层中应力衰减特征。为了作比较，图中还作出了理论值和实际值曲线。这种曲线的计算实际上是很困难的。图 2-80 表明，应力的理论值和实际值之间存在很大偏差。

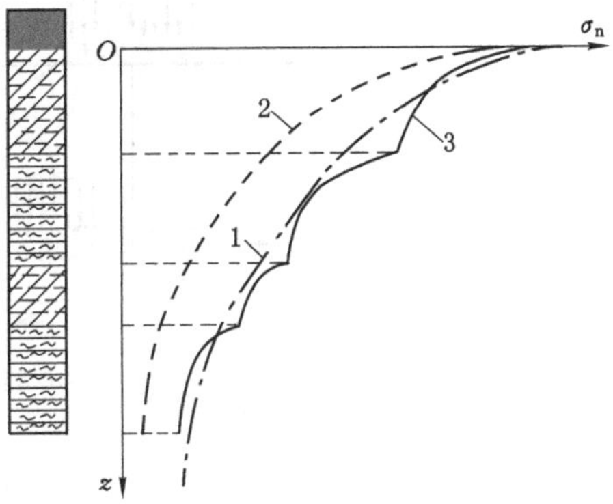

1—近似值；2—理论值；3—实际值。

图 2-80　煤层边缘区下方底板岩层中的应力扩散（衰减）曲线

开采上方已采空的煤层时，采掘生产是在各种煤柱下方进行的，因而开采是复杂的。属于这些煤柱的有：地质破坏，各种巷道、阶段之间留下的煤柱以及在相邻井田、盘区和阶段的煤体边缘区的煤柱。

留下的煤柱类似特殊形式的压模，作用在下部岩层上，在煤柱下方形成应力升高区。由于煤柱结构和倾角的变化以及变形时间和变形速度的差别，通常在煤柱下方形成的应力升高区也是不对称的。应力升高区中的应力将随着向下部岩层延深而迅速地衰减。由于蠕变变形，这些应力升高区中的应力状态也是不稳定的，可以在不同的时间和不同的条件下发生变化。

应力升高区的形状同样与下部岩石的构成（均质、层状、块体），模型中相邻部分的弹性性质及模型的绝对尺寸等有关。

上述情况决定着煤柱下方应力场的变化规律。与由压模理论确定的规律相比，这种变化规律是不相同的。

在其他条件相同时，煤柱下方岩层中应力衰减深度 z_{max} 是煤柱宽度的函数。这决定着在煤柱与上方已被采空煤层的相互作用中出现的差别。

从理论上讲，压模下方的应力将在无穷远处才能完全衰减，而煤柱下方的应力显著增量的衰减是较快的。煤层之间的岩石弹性模量越小，应力扩散得越迅速，而附加应力值则与煤层之间的距离成反比。

煤柱下方的应力升高区尺寸是各种各样的，其深度可达 50～100 m，而其宽度比煤柱宽度大1倍多。因此,在某矿井中,当煤柱宽度为30 m时,应力升高区的尺寸为:最大深度为55 m,最大宽度为65 m,在此范围以外,变形已不显著。

在煤层为水平赋存状态和底板是均质岩石的条件下,煤柱宽度 b 的影响特征如图2-81(a)所示。显然,在煤柱的载荷集度及其他条件相同时,煤柱宽度的增加将使 z_{max} 也增大。

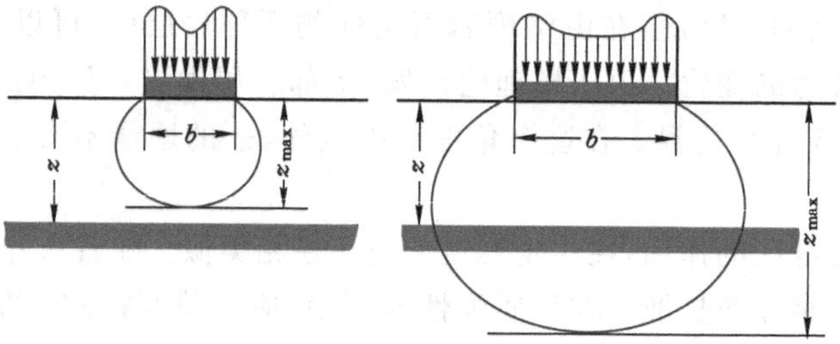

(a) 煤柱影响区

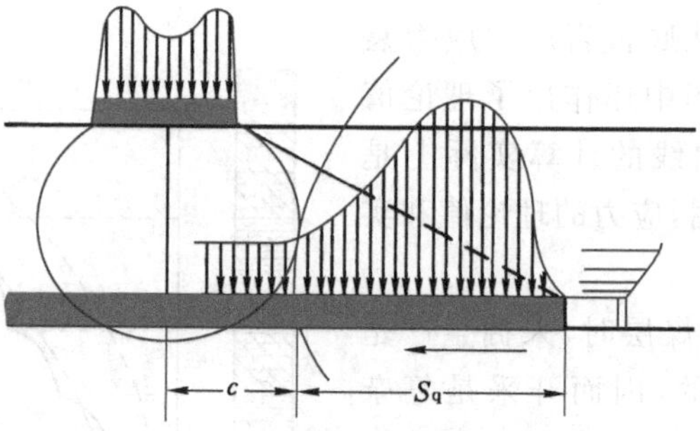

(b) 相互影响的始点

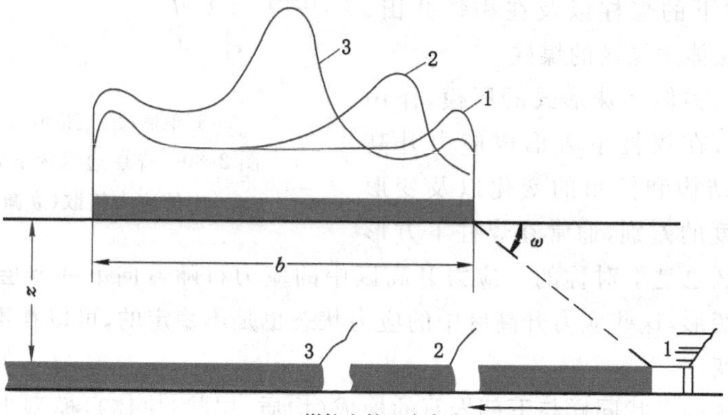

(c) 煤柱上的压力变化

z—煤层间距;c—上方煤柱支承压力影响距离;S_q—本煤层支承压力影响距离;ω—支承压力影响角。

图2-81　长壁工作面开采下部煤层时,作用在煤柱上的支承压力区及其动态变化

煤柱宽度对上方被采空岩体中应力扩散过程的影响问题,具有首要的意义。通常都认为,减小煤柱宽度,可使应力集中程度增高。因而,上方被采空岩体的变形增大,包括上方被采空煤层的变形量增大。实际上,这不完全正确。应当区分煤柱变化的两种情况:① 单翼或双翼局部回收煤柱;② 比较处于同样条件下,具有不同宽度的煤柱上的载荷值。

在第一种情况中,当双翼局部回收煤柱时,动态载荷使顶板跨距和作用在煤柱边缘区上方的总弯矩对称地增大。而当单翼局部回收煤柱时,总弯矩只是从回采的一侧增大,由此,

载荷的分布曲线具有非常不对称的特征。

在第二种情况中，在生产矿井中或在设计时，较宽的和较窄的煤柱上加载分布图是有差别的，而其差别在于总载荷值是不同的。

从一定宽度的煤柱开始，当煤柱宽度进一步减小时，下部岩层中的变形(应力)衰减深度同样也减小。从压模理论观点来看，作出的解释是完全清楚的。根据这种观点，实际载荷与应力衰减深度之间具有反比关系。

在考虑避免上方采空区煤柱对下方开采的影响时，须满足的条件是煤柱支承压力影响深度 z_{max}小于煤层间距 z，即

$$z_{max} < z$$

当工作面接近上方煤柱边界的时候，即从上方采空区煤柱下的应力升高区与下部煤层工作面前方的应力升高区开始相互作用的时刻起，开采下部煤层将产生很大困难，如图2-81(b)所示。

在下部煤层采煤工作面通过上方煤柱的过程中，作用在上方煤柱上的支承压力动态变化如图 2-81(c)中的曲线 1—3 所示。

在图 2-81(b)所示的情况下，当工作面通过上方采空区煤柱时，对顶板的维护是极其困难的。相对而言，此时工作面离开煤柱下方要比进入煤柱时遇到的困难更为突出。在工作面煤壁离开上方煤柱边缘时，构成极强的剪切错动机制，常常使得两近距煤层间的岩层被剪切错断，甚至形成一定宽度的剪切破碎带，往往造成工作面停产。这是近距煤层开采中常出现的问题。

在煤体边缘下方进行开采时，对开采工作也具有不利的影响。采煤工作或者是从采空区迎着煤体边缘区的方向推进，或者按相反的方向推进，支承压力的动态特征如图 2-82 中的曲线 0—4 所示。

当下部煤层采煤工作面迎着煤体边缘区推进时[图 2-82(a)]，必然产生附加变形，边缘区沉落，从而使边缘区上的支承压力降低，支承压力的峰值移向煤体深部。当下部煤层采煤工作面按相反方向推进时[图 2-82(b)]，煤层之间的变形和下沉可使煤体内支承压力的作用宽度减小，支承压力的载荷集度增大。此时，直接顶的变形和破坏在很大程度上比采煤工作面按与边缘区相迎推进时要严重得多。

三、采区平巷合理位置的选择

受来自顶板方面的支承压力作用，采空区边界处煤层的边缘部分类似特殊形式的压模，作用在底板岩层上。在这种压模边缘附近的顶板、底板和开采煤层中，将形成应力升高区和卸载区。

回采平巷是重要的巷道，这些巷道的位置不仅关系着巷道维护费用，而且还关系着开采的计划性、连续性和损失水平。但是，这些巷道经常处于最困难的条件下，也就是说，绝大多数情况下，回采平巷(也常有其他巷道)位于由采煤工作面形成的支承压力附近。由于动态和静态的支承压力影响，这些巷道常遭受强大的短时和长时载荷的作用。

采煤工作面对平巷状态的影响特征和影响强度，与很多因素有关，其中最主要的有平巷的位置、巷道的维护方法、开采深度、煤层厚度、煤层倾角、岩石的强度和弹性性质、岩石结构和互层、采煤工作面长度、平巷的附加压力作用时间、巷道的服务年限等。此外，对平巷状态

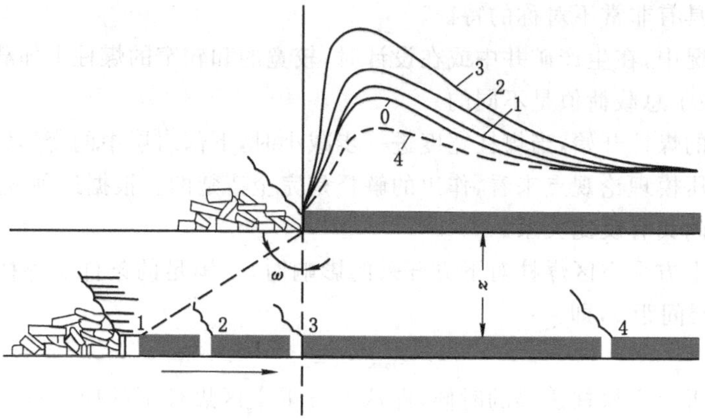

(a) 采煤工作面迎向煤体边缘区推进

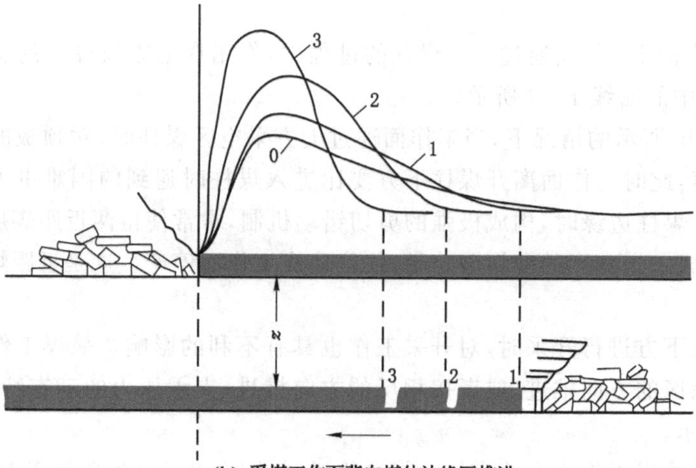

(b) 采煤工作面背向煤体边缘区推进

ω—支承压力影响角。

图 2-82 长壁工作面在煤体边缘区下方开采时，支承压力的动态分布过程

具有影响的还有回采方式(前进式、后退式)、准备方式(双巷的或单巷的，煤巷的或岩巷的)、下方采空或上方采空、煤层间距、采空次数、上阶段已开采或未开采、平巷形式(运输的或回风的)等。换句话说，也就是所有的开采情况对平巷状态(地质的和技术的)都有影响。

在支承压力影响区中的平巷，可能遭到比正常情况大的变形载荷作用，而其绝对值是不同的。

当达到极限绝对变形量时，平巷支架可能发生破坏。在其他条件相同时，平巷允许极限变形量取决于支架类型和载荷作用时间。

在选择回采平巷的最合理位置时，必须具有关于影响区质量特征的概念，哪怕只是得到影响区大致范围的概念。

由于现象很复杂，要求将影响区细分为：

① 前方区(采煤工作面的影响)；

② 仰斜侧方区；

③ 俯斜侧方区。

在上述的每一个区中，又可分为上部的和下部的，分别位于煤层的顶板和底板内。

在前方影响区中，升高应力的作用时间，由采煤工作面的推进速度决定。通常这个作用时间相对不很长，可以忽略不计。

在侧方区中，静态支承压力的影响可以延续数年之久，因此这个作用时间将具有非常重要的意义，它表现为蠕变变形量的积累。在这个影响区的范围内，对中等强度的岩石，平巷顶板的下沉速度可以达到 50～100 mm/a，两帮移近速度达 40～80 mm/a，底鼓速度达 50～120 mm/a。

巷道的维护费用与平巷的变形量有关。在上述的位移范围条件下，根据实际资料，对用金属可缩性支架支护的平巷，每 3～4 a 必须重新支护一次。而对用木支架支护的平巷，通常比金属支架支护的平巷重新支护次数约大 1 倍。

因此，在确定影响区尺寸时，不能用在岩石弹性极限内由载荷变化而引起的瞬时变形量进行计算。

在侧方区中，静态支承压力的影响能延续很长时间，在多数情况下，这种影响具有决定性作用，因此应该对这些区着重进行分析。

上覆岩层和底板岩层中的应力变化规律，存在着很大差别。

在上覆岩层中，随着煤层开采深度的增加，支承压力强度越来越大，岩层载荷集度和支承压力峰值之间的差值也越来越大。上覆岩层本身就是载荷，而这种载荷具有特殊形式的和完全有规律的分布特征。但是在各种不同的条件下，分布特征也不同。

底板岩层起着承受载荷的地基作用。随着深度的增加，即远离开采煤层，在底板岩层中升高的应力将发生扩散，从而使覆岩自重应力和最大应力之间的差值越来越小。在距采出煤层一定远的底板中，水平断面上的垂直应力实际上仍均匀分布。

确定影响区下部范围的边界和形状，是比较复杂的。确定底板岩层中影响区及其边界的困难在于，煤层边缘区（即向底板岩层传递压力的煤层边缘区）变形特征存在差别，底板岩层具有层理，不同岩层性质的差别很大，载荷分布具不对称性，不同条件下载荷分布强度和特征也不同，以及岩石具蠕变性质等。只有在影响区以外，平巷才不受破坏性的变形作用。

根据上述原因，对该问题若按大家所熟知的相似方法，不论采用连续介质静力学中何种压模作用形式，都是不可能解决的。因此，不得不寻求以现场和实验室研究为基础的经验方法来解决这类问题。

对理论、现场和实验室的研究结果进行分析，可以粗略地确定出底板岩层中应力升高区和应力降低区的一般特征及其主要参数。

开采煤层群时，特别是开采近距煤层时，无论是在分层准备，还是在集中准备（煤巷、岩巷或煤岩巷联合准备）的条件下，平巷同样都可能出现上方采空或下方采空的现象，即处于影响区的范围内。

在煤层开采过程中，有时可能需要就平巷布置进行专门的上方采空或下方采空的考虑。也就是需要在已定的范围内，使平巷的位置相对上部煤层工作面或下部煤层工作面发生改变。但是在绝大多数情况下，上方被采空或下方被采空的平巷与相应采煤工作面的相互位置，是由所采用的准备方式决定的，在继续开采中这种相互位置实际上是不能改变的。

应当注意，把巷道布置在距采空区周边距离很远处是不利的。因此，实际上平巷可能改变的位置是很有限的。

为了解决合理布置平巷的一些实际问题，需要引入危险区或有害影响区的概念。

平巷变形量大于其允许极限值(简称极限值)的区间范围称为危险区。

平巷的极限变形量不是固定不变的，它与支架类型和结构、平巷的断面形状和影响区中支架附加载荷的作用时间等有关。

因而，危险区只是影响区的一部分。

危险区的边界由影响区的边界和平巷(巷道)极限变形量的绝对值共同决定。

因此，平巷布置的问题与确定危险区的边界问题是相互关联的。这是一个非常具体的问题，所以应对平巷下方采空和上方采空的条件进行区别对待。

平巷下方采空是很普遍的一种现象，它不仅可能发生在岩巷准备方式和在顶板(上覆岩层)中布置平巷的条件下，而且还可能发生在本煤层中布置平巷的条件下，但是本煤层中的平巷受采煤工作面支承压力的作用。

开采煤层群时，无论是在分层准备，还是在联合准备的条件下，都可能发生平巷下方一次采空或多次采空的情况。决定下方采动强度的主要因素有：开采深度(水平)，煤层间距，岩层结构，岩石性质(强度和弹性性质)，下方采空的时间，巷道服务年限，煤层倾角、厚度和性质等。

根据位置，平巷可能受支承压力的多次影响。按运输平巷和回风平巷所在的位置，受影响的次序为：

① 运输平巷先受本煤层支承压力的影响，而后受下方采空的影响；

② 回风平巷先受本煤层支承压力的附加影响，而后受下方采空的影响；

③ 在某些情况下，运输平巷和回风平巷，在下方采空前或在下方采空以后，还可能受上部煤层开采的上方采空影响。

采煤工作面前方危险区与上覆岩层的悬臂长度和采煤工作面的终采时间等因素有关，并在很大的范围内发生变化，因此采煤工作面前方危险区尺寸的确定也是一个多因素的复杂问题。工作面的终采时间可用技术-经济计算方法确定(即确定采区、盘区或井田的长度)，这与基本顶和上覆岩层各岩桥的垮落步距毫无联系。

对位于煤层边缘部分下方底板岩层中的平巷，危险区的有害影响表现在受岩层支承压力的压缩作用，岩层中的平巷周边缩小，即平巷的高度和宽度减小。因而，在其他条件相同的情况下，平巷的状态是围岩变形的函数。围岩变形量将随着岩石的孔隙率和裂隙程度的增大而增加。同样，变形量随着支承压力的增大也增加。

在图 2-80 所示条件下，应力扩散规律决定着平巷支架上的压力增量与距上方采空区垂距的关系，如图 2-83 所示。

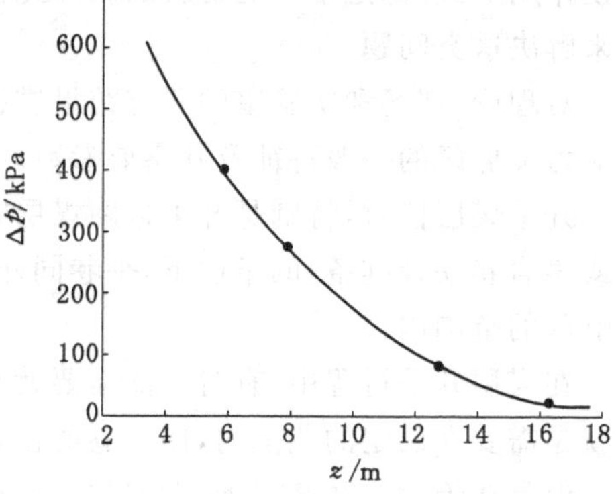

Δp—支架载荷集度增量；z—煤层间距。

图 2-83　圆形巷道支架上的压力增量与距上方采空区垂距的关系

从图 2-83 中可以看出，在此情况下巷道与上方采空区的极限间距 $z_{\max}=18$ m。

除与上方采空区间距以外，从平巷到煤层边缘区的距离也起着很大作用。

作为实例，在图 2-84 中给出距上方采空区垂距、距上方采空区煤壁水平距离与平巷顶板压力增量间的关系曲线。从图中可以看出，在距上方采空区垂距为 6 m 时，巷道在采空区煤壁后方 10 m 和煤壁前方 3.5 m 范围内，顶板绝对压力增量的波动幅度为 850 kPa(250～1 100 kPa)。

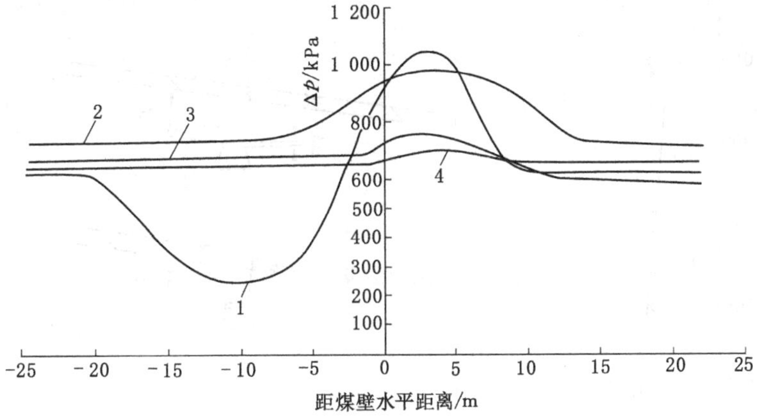

1—z=6 m；2—z=9.5 m；3—z=13 m；4—z=16 m；Δp—支架载荷集度增量。

图 2-84　煤层底板巷道位置与平巷顶板压力增量间关系曲线

图 2-85 所示为在同等垂距条件下，平巷距上方煤壁水平距离与相应平巷顶板、底板和两帮的压力增量的关系曲线。从图中可以看出，在上方采空的条件下，巷道顶板受到的增值压力为最大，底板为中间，两帮为最小。

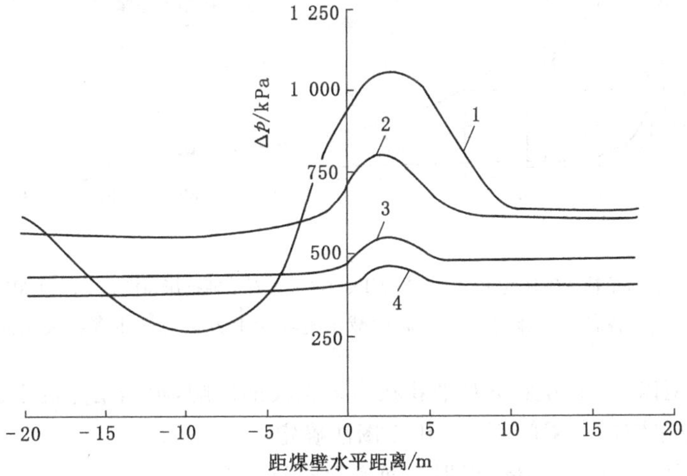

1—平巷顶板；2—平巷底板；3，4—平巷两帮；Δp—支架载荷集度增量。

图 2-85　平巷不同部位受到的压力增量与距煤壁水平距离间的关系曲线

平巷周边的相对收缩量和平巷高度的相对减小量是衡量影响区中平巷状态的重要指标。由于平巷高度在较小的范围内变化，即在 2.5～3 m 的范围内，而其高度的绝对减小量又很小，通常小于 300 mm，在很多条件下，用平巷高度的绝对减小量 Δh 来描述其状态，精度是足够的，也是容许的。

根据现场研究资料,对中等强度的底板岩石(单轴抗压强度为 20～70 MPa)和上方开采煤层的四种平巷位置情况作出关系曲线 $\Delta h=f(z)$,如图 2-86 所示。

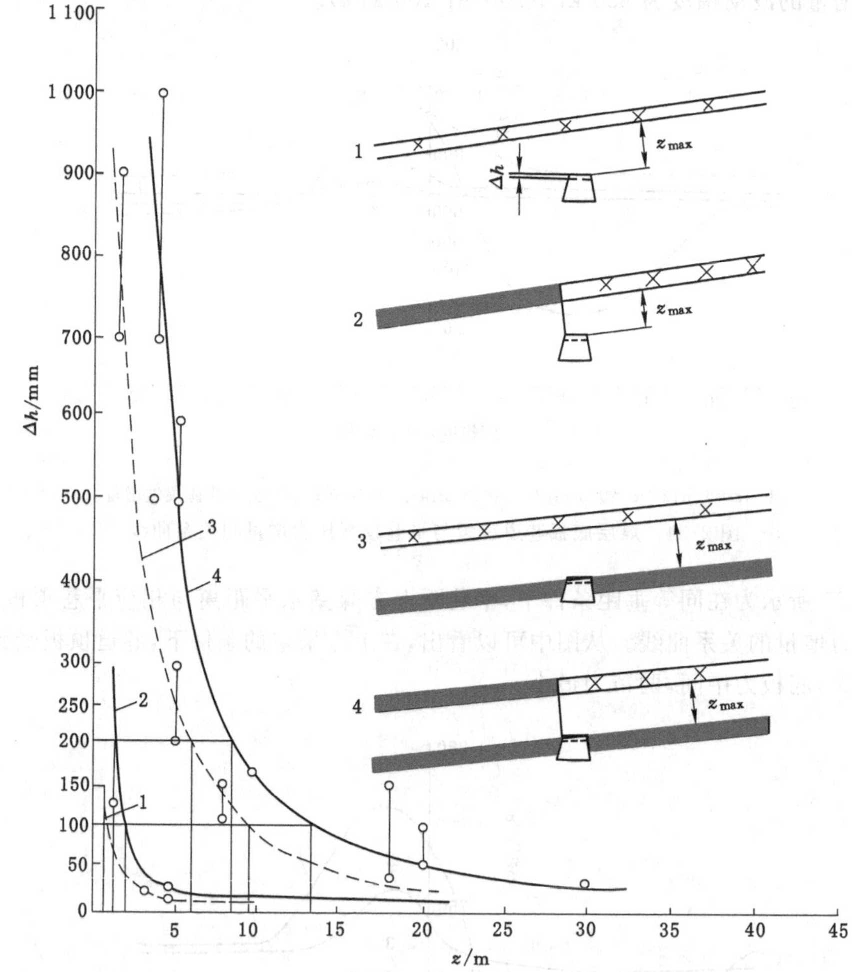

1,2—岩石单轴抗压强度 $\sigma_c=50\sim70$ MPa;3,4—岩石单轴抗压强度 $\sigma_c=2\sim4$ MPa。

图 2-86　各种岩石条件下平巷高度减小量与距上方采空区距离的关系曲线

超过极限间距以后,上方采空对平巷状态将无大的影响,根据给定的上方采空平巷高度减小量,平巷上方采空的极限间距 z_{max} 用作图法确定。

平巷高度的允许极限减小量,根据下面实际资料获取:

① 框形金属可缩性支架 $\Delta h=300$ mm;

② 框形木支架 $\Delta h=150$ mm。

将这些平巷高度的允许极限减小量标在坐标纵轴上,如图 2-86 所示。由图中可得到不同平巷位置和不同岩石的与上方采空区的极限间距 z_{max}。

对与上述条件不同的情况,确定 z_{max} 时,还要进行一些补充研究。

下面将由总结现场研究所得的与开采深度和底板岩石强度性质有关的大致数值 z_{max} 列于表 2-11。

表 2-11　距上方采空区的极限间距取值表

开采深度/m	中等强度的岩层 z_{max}/m	高强度的岩层 z_{max}/m
<250	6～10	2～3
200～500	8～13	3～6
500～750	13	6

图 2-87 所示为煤层底板中危险区位置的一般示意图。

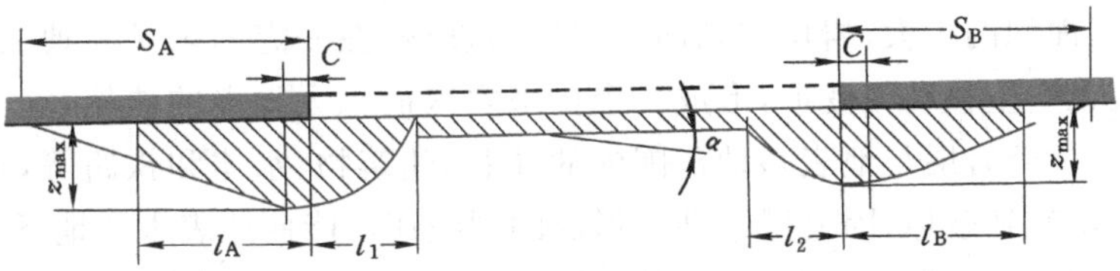

S_A，S_B—支承压力带宽度；C—边缘区压酥带宽度；l_A，l_B，l_1，l_2—危险区宽度。

图 2-87　煤层底板中危险区位置的一般示意图

边缘区压酥带宽度一般可取 $C=0.5+3M$（M 为采高）；采空区侧危险区宽度 l_1，l_2 为 10～15 m。经验表明，采空区底板能够形成支承压力集中区，因此采空区下方的危险区深度可取 4～5 m。

在上方已经采空的岩层中掘进平巷时，同样应当将平巷布置在危险区范围以外。

在开采煤层群时，特别是在开采近距离煤层群时，平巷可能不只是受上方采空的作用。这取决于所采用的准备方式（联合的或分层的），以及运输平巷是否兼作回风平巷。

下行顺序开采煤层时，运输大巷在服务期间，可受上部煤层开采的上方采空作用，而以后在开采中又受本煤层支承压力的作用，有时还受后续下部煤层开采的下方采空的影响。

回风大巷在服务期间，可能不止一次受上方采空的作用，而且后续还将受本煤层附加支承压力的作用（当开采下阶段时），此外它还可能受下部煤层开采的下方采空的影响。

总的来讲，关于平巷上方采空的问题，并不比下方采空的问题简单。

由于没有计算危险区尺寸的可靠方法，只好针对具体条件采用模型方法。

建议在可能的条件下，将上方被采空的平巷布置在坚硬岩层中，但是这个问题应当根据充分的技术经济计算，并考虑掘进巷道的附加费用、掘进平巷的增加费用和平巷维护费用的变化来决定。

建议不要将平巷直接布置在厚度大而坚硬煤层下方的软岩中，这是因为在多数情况下，支架此时要承受很高的变形载荷。

解决预测矿山压力显现的问题，可以提高开采的经济效益，及时地预防事故险情，即可以防止采掘计划被打乱，避免人身事故和不必要的冒险，以及减少其他形式的损失。

直到现在，对矿山压力显现现象的预测方法，研究得还很不够。尽管某些预测方法得到了应用，但还是有很大的局限性。

在文献中会常常论及像地面工程结构问题一样，对采场矿压问题进行计算预测，无疑这是朝着解决问题的最终目标采取的某些步骤。但在这些见解中，有些确实能够解决工程问题，而多数却偏离实际甚远。

第七节 采场上覆岩层的断裂与移动

工作面煤层被采出后，在采空区形成较大的空间，岩层原有的力学平衡系统被破坏，由此引起载荷的重新分配，直至达到新的平衡。这是一个十分复杂的物理、力学变化过程，是岩层产生移动和破坏的过程，通常又把这一过程和现象称为岩层移动。

岩层移动是指地下矿体采出后，采空区岩层因失去应力平衡而产生变形与破坏的现象。

随着采空区面积的扩大，岩层移动向上覆岩层发展，在一定的采矿和地质条件下，可波及地表，使地表也产生移动与变形，形成一个比采空区面积大得多的洼地，这一过程和现象称为地表移动。位于岩层与地表移动范围内的井巷、建筑物、水体和铁路等，将会受到不同程度的影响，甚至遭到破坏；因岩层移动而形成的裂缝还可能使地表水和地下水大量流入井下，直接威胁采矿工作的安全。根据岩层移动规律，从开采技术、建筑物和井巷结构等方面采取相应措施，或在岩层移动影响范围内的建筑物下、水体下、铁路下和井巷周围留设保护煤柱，可防止或减轻这种危害。

全部垮落法开采时，根据开采煤层的厚度、倾角，上覆岩层的具体结构，开采深度，围岩性质、裂隙发育程度，以及工作面长度，采区长度，回采方向等因素，固结性层状岩石组成的覆盖岩层的变形和破坏过程，可能在很大范围内发生变化。

下面分析水平赋存的中厚煤层的最简单情况，即一翼的长度很长，不再划分采区，平巷随采随废的情况。

最普遍的情况是，覆盖层由各种不同刚度的岩层组成，并包括一些岩桥。

根据裂隙发育程度不同，从直接顶开始，一直到表土下方的岩层为止，这些覆盖层的变形和破坏都与连续板，或非连续板，或一些自然分层的组合板相类似(图 2-70 和图 2-71)。

岩层的变形和破坏是从直接顶开始，从下向上扩展的，破坏时，直接顶最下部岩层的碎胀性最大。因此，基本顶和所有覆盖层的下沉量一般都比煤层的开采高度要小。

由于顶板悬露面积增大，覆岩可离层成为一些单独层和自然分层组，在其上部可赋存厚度、强度和刚度都较大的岩层。这里所说的自然分层组中的各小分层都可独立地变形和破坏，有各自的挠度极限和垮落步距。它们像一些单独的岩层一样，可按其刚度来划分。岩层的刚度状况可以决定变形期间跨距中部的离层情况，并且可以决定破坏以后支点附近形成的离层情况。

在力学机制上，离层是各岩层间变形不协调的突出表现。同时，离层是固结性层状岩石覆盖层共同变形和破坏的最有特征性的特点之一，也是最重要的规律之一。可用各岩层的强度、变形量、刚度、载荷、正应力、剪应力、岩层接触表面上的黏结力等的比值，来确定岩层的离层位置。还可根据各岩层及其自然分层之间挠度之比来确定离层位置。

当岩层中自然分层接触面上有足够大的黏结力时，离层不会发生，且呈现为板的力学特征。

覆盖层的运动状态，同样像直接顶和基本顶的状态一样，可分为两种状态，即开始运动和稳定运动的状态。

通常，在基本顶初次垮落时，部分覆盖层也发生垮落。其余部分的覆盖层，根据其组成情况，在工作面继续推进时，可按一层或若干层自然分层，或单独垮落。

沿采空区的全部周边，将形成支承压力。支承压力按岩层或自然分层，一层一层地向下传递，一直传到被开采的煤层上，并最终传递到底板岩层中。支承压力将引起开采煤层周边产生变形。

在稳定运动状态中，覆盖层的变形和破坏（图 2-70 和图 2-71）同样从下向上扩展。首先，直接顶发生破坏（由于放顶的结果），而后，由于回采推进，经过若干个直接顶的垮落步距，基本顶将发生顺序垮落，同时有部分覆盖层也一起随之垮落。再过一些时间，覆盖层的其余部分可按单独的自然分层或整个岩层，相互有一定滞后地发生断裂与下沉。支承压力可使煤壁边缘区破坏（被压酥），并可以扩展到底板岩层中相当的深度。此深度与很多因素有关，可达 70 m 或更大。在这种状态下，在直接顶中，直接顶和基本顶之间，或在覆盖层的岩石中，同样可以发生离层。离层的位置可以用相邻岩层或岩层自然分层的挠度差别来确定。

当工作面和一翼的长度很长时，覆盖层的破坏过程可以发展到地表。当工作面长度不太长时，破坏可能达不到地表。破坏发展到有足够大的厚度和强度的岩层处，能够阻止所形成的悬露面积和载荷所引起的破坏时，便停止发展。从这一层开始向上，岩层只产生弯曲变形，而不发生破坏。

如图 2-71 所示，已断裂岩层和未断裂岩层之间存在明显的分界面。这些分界面在横剖面中并不是平面。这些单独自然分层的破断角或垮落角为 45°～80°。在纵剖面（图 2-70）中，甚至在工作面终采后，破断面也具有较复杂的特征。

总之，破断面的特征与岩层的交替性、厚度和性质等有关。并且在具体条件下，特征的变化也是很大的。这些破断面不可能近似为平面。必须注意，这些破断面（垮落面）的倾斜角不能与解决岩层移动问题中所涉及的各种边界角混淆起来。

当工作面终采并经过一段时间后，上覆岩层将趋于稳定。一般情况下，此时可按岩层的破坏和变形特征，将上覆岩层划分为垮落带、裂缝带和弯曲下沉带。

一、垮落带

垮落带是指用全部垮落法控制顶板时，采煤工作面放顶后引起煤层直接顶岩层产生破坏的范围。垮落带内岩层破坏的特点如下。

(1) 不规则性

随着煤层的开采，其直接顶岩层在自重力的作用下发生法向弯曲，当岩层内部的拉应力超过岩层的抗拉强度时，便产生断裂、破碎成块而垮落，垮落岩块大小不一，顺序堆积在采空区内。按照库兹涅佐夫铰接岩块假说，垮落带可区分为不规则垮落带和规则垮落带两部分。在不规则垮落带内，岩层完全失去原有的层位，在靠近煤层底板处，岩石破碎、堆积紊乱。在规则垮落带内，岩层基本上保持原有层次，位于不规则垮落带之上。在初次采动的情况下，岩性坚硬、岩层厚度较大时，垮落岩石块度大；岩性软弱、岩层厚度较小时，垮落岩石块度小。在厚煤层分层开采的情况下，垮落岩块再次垮落，块度变小。分层采动次数越多，块度越小。垮落岩块的不规则性，是影响顶板再生性和垮落岩块隔水性能的重要因素。

(2) 碎胀性

顶板岩层垮落到采空区后，其体积较未垮落前增大，这是垮落带内岩块的另一显著特点。根据柴里、邢台、四营等煤矿用直接观测法在长壁全部垮落采煤法工作面测定的结果，垮落岩块在初次采动及未承受其上覆岩层压力的自由堆积状态时，其碎胀系数为1.10～1.99，平均为1.40～1.62(表2-12)。在自由堆积状态下，垮落岩块的碎胀系数是影响垮落带高度和垮落现象能够自行停止的基本参数。

表2-12　自由堆积状态岩石碎胀系数实测结果

矿　名	工作面号	顶板岩性	碎胀系数 K_p	观测剖面数/个	观测年份
柴里煤矿	301面第一分层	泥质、硅质中细砂岩	1.20～1.86(平均1.58)	31	1967年
邢台煤矿	7303(冲)面第一分层	厚层状泥质中细砂岩	1.22～1.98(平均1.62)	136	1977年
四营煤矿	3301,3302面	薄层状硅质石英砂岩与微薄层黏土岩互层	1.10～1.99(平均1.40)	505	1979年

在厚煤层分层开采时，由于多次垮落，垮落岩块反复受到破坏，块度变小，破碎性增加，碎胀系数减小。

(3) 可压缩性

垮落岩块间的空隙随着时间的延长和采动程度的加大，在一定程度上可得到压实，一般是稳定时间越长，压实性越好，但不会恢复到原岩体的状态。

垮落岩块堆积的密实性是衡量垮落带透水、透砂能力的重要指标。密实性与垮落岩石块度，开裂、离层岩层的张开度，岩性及稳定时间有密切关系。垮落岩石块度及其级配适当，开裂、离层岩层张开度小，岩性软弱，垮落带的透水、透砂能力较差，特别是在采空区经过灌浆处理后，垮落带能够形成密实的再生顶板，甚至可能局部地恢复其原有的隔水能力。稳定时间越长，密实性越好。

下面确定垮落带的最大高度。

设煤层一次采厚为M，回采面积达到相当大以后(走向和倾斜方向都足够大)，垮落带最大高度为$H_{垮}$(图2-88)，垮落岩块的碎胀系数为K_p。当垮落岩块的体积等于开采空间和已垮落的岩层本身空间之和时，开采空间全部消失。同时，上覆未垮落岩层受到垮落岩块的支承，垮落过程停止。随着垮落的岩块堆被压实，上覆未垮落岩层出现下沉、弯曲，并产生开裂性破坏。上述垮落过程可以表示为

$$M + H_{垮} = H_{垮} K_p$$

或

$$H_{垮} = \frac{M}{K_p - 1} \tag{2-72}$$

式中　$H_{垮}$——垮落带高度，m；

M——单一煤层的采厚或厚煤层分层开采的累计采厚，m；

K_p——垮落岩块的碎胀系数。

由此可见，单一煤层覆岩垮落带的最大高度与采厚呈线性函数关系，同时也受岩石碎胀系数的影响。但是，现场观测资料表明，除极坚硬的顶板岩层外，在覆岩垮落的发生、发展过程中，上覆岩层一般会不断地发生下沉，这就等于缩小了开采空间，减少了填满开采空间所需要的垮落岩块体积，从而导致垮落高度的降低。覆岩岩性越软弱，稳定性越差，这种下沉现象越明显，开采空间缩小和垮落带高度降低的程度也越明显。因此，在多数情况下，各类

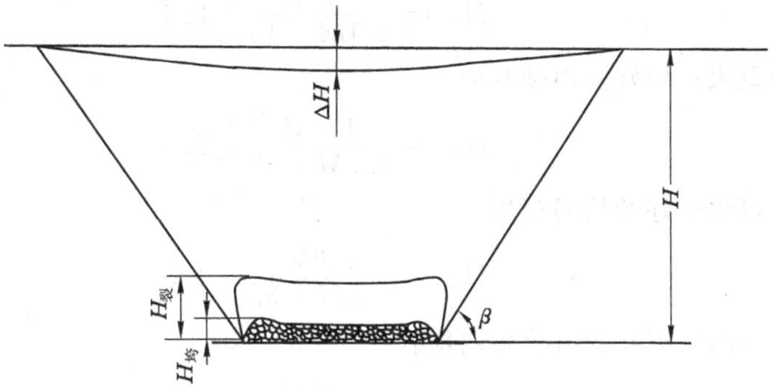

H—采深；ΔH—地表下沉量；$H_{垮}$—垮落带高度；$H_{裂}$—导水裂缝带高度；β—主要影响角。

图 2-88　水平煤层覆岩垮落带和导水裂缝带分布示意图

覆岩的垮落带最大高度可表示为

$$H_{垮} = \frac{M - \Delta M}{K_p - 1} \tag{2-73}$$

式中　ΔM——垮顶前因覆岩下沉而缩小的开采空间高度，m。

实测结果表明，采用倾斜分层方法开采厚煤层时，随着分层层数的增加，顶板和地表的下沉速度相应地增加。由表 2-13 可以看出，在大多数情况下，从第二或第三分层起，地表的最大下沉速度比第一分层增加 1～2 倍。因此，在分层重复采动过程中，上述公式中的 ΔM 亦相应地增加。于是，第一分层后每采一个分层增加的垮落带高度越来越小。垮落带高度增长与累计采厚的这种关系为近似的分式函数关系，其表达式为

$$H_{垮} = \frac{M}{aM + b} \tag{2-74}$$

式中　a，b——表征碎胀系数及覆岩性质的系数。

表 2-13　地表最大下沉速度与开采分层层数的关系　　单位：mm/d

分层层数	柴里煤矿 301 面	鹤岗兴安台矿	峰峰羊渠河矿 6236 面	峰峰通二矿 0210 面	峰峰四矿 4207 面	鹤壁五矿 107 面	鹤壁八矿 103 面	鹤壁二矿 129 面
第一分层	20	30～31	41.3	29.4	36.3	3.8	1.2	2.7
第二分层	54		56.1	38.7	49.2	3.8	4.2	7.5
第三分层	55	80～100				7.5	5.3	8.8
第四分层		70～80				6.4		7.4
第五分层		50～60						
第六分层		50～60						

根据邢台、枣庄等矿区 7 个工作面开采缓倾斜煤层覆岩垮落带高度的 72 个观测钻孔的实测值，采用最小二乘法分别得出坚硬、中硬、软弱和风化软弱四种类型覆岩垮落带最大高度的计算式如下。

① 对于隔水性不好的坚硬覆岩

$$H_{垮} = \frac{100M}{2.1M + 16} \pm 2.5 \tag{2-75}$$

② 对于隔水性较好的中硬覆岩

$$H_{垮} = \frac{100M}{4.7M + 19} \pm 2.2 \tag{2-76}$$

③ 对于隔水性好的软弱覆岩

$$H_{垮} = \frac{100M}{6.2M + 32} \pm 1.5 \tag{2-77}$$

④ 对于隔水性很好的风化软弱覆岩

$$H_{垮} = \frac{100M}{7.0M + 63} \pm 1.2 \tag{2-78}$$

二、裂缝带

裂缝带是指位于垮落带上方的产生断裂或裂缝并保持其原有层位的岩层范围。现场实测表明，裂缝带内岩层的破坏状况不同于垮落带的显著特点是，断裂裂缝的形式及分布有一定的规律性。无论是在缓倾斜煤层还是在急倾斜煤层条件下，一般都产生垂直或近似垂直于层面的裂缝，即岩层全部断开的断裂和部分断开的开裂。岩层的断开程度，除取决于岩层的变形量以外，还与岩性、层厚及空间位置有密切关系。靠近垮落带的岩层，断裂严重；远离垮落带的岩层，断裂轻微。脆性薄层状砂岩会发生断裂，韧性薄层状石灰岩则会发生弯曲缓慢下沉。除了垂直或近似垂直于层面的裂缝外，还产生顺层面脱开的离层裂缝。

垮落带和裂缝带合称为"两带"，在解决水体下采煤问题时，称两带为导水裂缝带。两带之间没有明显的分界线，均属于破坏性影响区。一般情况下，上覆岩层离采空区距离越大，破坏程度越小。当采煤工作面的长度较短和岩层稳定性较强时，可能不出现垮落带和裂缝带，只存在弯曲下沉带。当工作面长度很大时，即使在开采深度很大的情况下，裂缝带也可以达到地表。

根据现场实测结果分析，导水裂缝带的表达式可以表示为以下两种形式，即裂高与累计采厚的近似分式函数关系式和裂高采厚比与分层层数的近似双曲线函数关系式。

1. 导水裂缝带最大高度与累计采厚的近似分式函数关系式

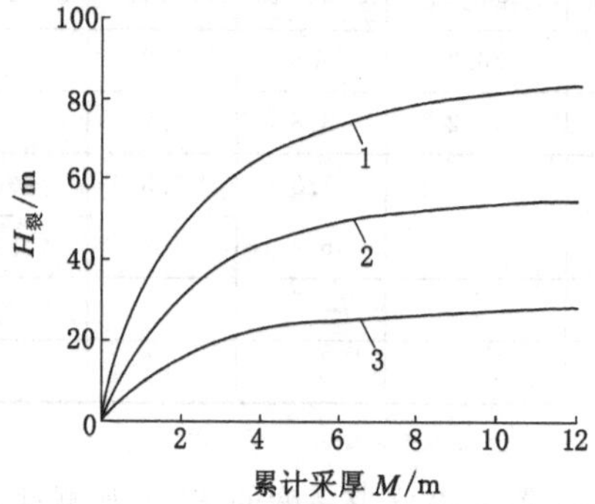

1—坚硬覆岩；2—中硬覆岩；3—软弱覆岩。

图 2-89 覆岩导水裂缝带最大高度与累计采厚的关系曲线

由现场实测结果及图 2-89 可以看出，在厚煤层分层开采的情况下，各类覆岩的导水裂缝带最大高度 $H_{裂}$ 与累计采厚呈近似分式函数关系，即

$$H_{裂} = \frac{M}{cM + d} \tag{2-79}$$

式中 M——单一煤层的采厚或厚煤层分层开采的累计采厚，m；

c,d——与覆岩性质有关的系数。

根据枣庄、邢台、淮北、辽源、肥城、本溪等矿区 27 个煤矿 30 多个工作面开采缓倾斜煤层约 200 个观测钻孔的现场实测值，采用最小

二乘法分别得出坚硬、中硬、软弱、风化软弱四种类型覆岩导水裂缝带最大高度的下列计算式。

① 对于隔水性不好的坚硬覆岩

$$H_{裂} = \frac{100M}{1.2M + 2.0} \pm 8.9 \tag{2-80}$$

② 对于隔水性较好的中硬覆岩

$$H_{裂} = \frac{100M}{1.6M + 3.6} \pm 5.6 \tag{2-81}$$

③ 对于隔水性好的软弱覆岩

$$H_{裂} = \frac{100M}{3.1M + 5.0} \pm 4.0 \tag{2-82}$$

④ 对于隔水性很好的风化软弱覆岩

$$H_{裂} = \frac{100M}{5.0M + 8.0} \pm 3.0 \tag{2-83}$$

2. 裂高采厚比与分层层数的近似双曲线函数关系式

由现场实测结果及图 2-90 可以看出，在厚煤层分层开采的情况下，各类覆岩的裂高采厚（累计采厚）比与分层层数呈近似双曲线函数关系，即

$$\frac{H_{裂}}{M} = \frac{1}{en + f}$$

或

$$H_{裂} = \frac{M}{en + f} \tag{2-84}$$

式中　n——分层层数；

e,f——与覆岩性质有关的系数。

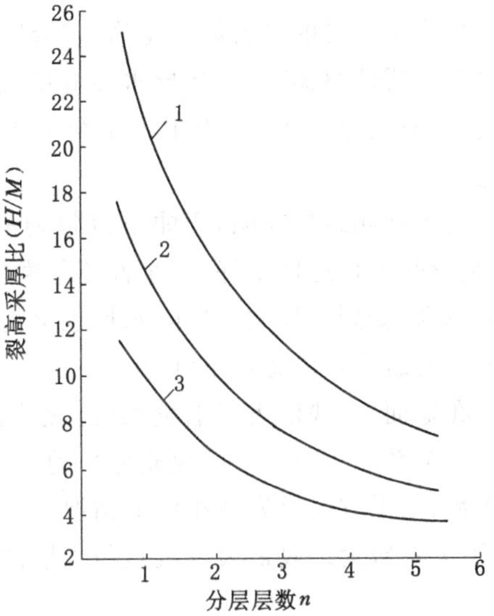

1—坚硬覆岩；2—中硬覆岩；3—软弱覆岩。

图 2-90　裂高采厚比与分层层数的关系曲线

根据枣庄、邢台、淮北、辽源、肥城、本溪等矿区开采缓倾斜煤层约 200 个观测钻孔的现场实测值，采用最小二乘法分别得出坚硬、中硬、软弱、风化软弱四种类型覆岩导水裂缝带最大高度的下列计算式。

① 对于隔水性不好的坚硬覆岩

$$H_{裂} = \frac{100M}{2.4n + 2.1} \pm 11.2 \tag{2-85}$$

② 对于隔水性较好的中硬覆岩

$$H_{裂} = \frac{100M}{3.3n + 3.8} \pm 5.1 \tag{2-86}$$

③ 对于隔水性好的软弱覆岩

$$H_{裂} = \frac{100M}{5.0n + 5.2} \pm 3.5 \tag{2-87}$$

④ 对于隔水性很好的风化软弱覆岩

$$H_{裂} = \frac{100M}{7.0n + 7.5} \pm 4.0 \tag{2-88}$$

如图 2-88 所示，导水裂缝带范围的形态，在走向及倾向剖面上均为马鞍形。这种形态表明，裂缝带岩层在支承边界上方部位承受负弯矩，岩层上表面产生张性断裂，在跨中的破断裂缝因岩层弯曲下沉而受挤压产生闭合，在整体上表现为板的弯曲效应。

三、弯曲下沉带

弯曲下沉带是指裂缝带之上直至地表的产生弯曲下沉的岩层范围。根据采深、采厚、岩性、地层结构及采煤方法与顶板控制方式等的不同，裂缝带以上岩层，如果以坚硬、中硬和坚硬、中硬、软弱岩层相间为主时，可能会表现为由下而上逐层弯曲变形；如果以软弱岩层为主，则可能表现为沿支承边界呈倒梯形的整体剪切错断，错断面为压密型断裂面。但不管何种变形类型，弯曲下沉带岩层基本上处于水平方向上的双向受压缩状态，因而其密实性及塑性变形能力得到提高。特别是当岩层为页岩、泥岩等软弱岩层和土层时，其塑性变形能力更会得到提高。因此，弯曲下沉带内的岩层，一般情况下具有较好的隔水性能，成为水体下采煤的良好保护层。

弯曲下沉带的显著特点是岩层移动的整体性，特别是软弱岩层及松散土层的整体性更为显著。所谓整体性，是指导水裂缝带顶部边界以上至地表的岩层移动是分层、整体性地发生的，在垂直剖面上，其上下各部分的下沉差值很小，中间部分，特别是中上部不存在离层裂缝。

现场观测结果表明，弯曲下沉带内的岩层有时也可能产生裂缝。但裂缝微小，数量较少，裂缝间的贯通性不好，导水性能很微弱。而且随着移动过程的发展，岩层受挤压的程度越来越高，受到破坏的岩层隔水性也会得到恢复。因此，对于水体下采煤来说，弯曲下沉带内岩层的裂缝可以忽略不计。

在地面，反映地表沉陷量和波及范围的两个特征参数是下沉系数 η 和主要影响角 β。

下沉系数 η 一般是反映充分采动条件下地表最大下沉量与采厚关系的一个量度。在采动次数、采煤方法及岩性相同的情况下，它在数值上是比较稳定的。在开采水平或倾斜煤层时，下沉系数为地表最大下沉量与煤层法线采厚在铅垂方向投影长度的比值，即

$$\eta = \frac{W_{max}}{M\cos\alpha} \tag{2-89}$$

式中 η——下沉系数；

W_{max}——地表最大下沉量；

M——煤层法线采厚；

α——煤层倾角。

我国部分煤矿用垮落法开采时的地表下沉系数 η 值见表 2-14。由表 2-14 可以看出，下沉系数 η 的变化范围为 0.40～0.95，它与上覆岩层性质的关系是十分密切的。岩性坚硬时，η 值小；岩性软弱时，η 值大。这里引用覆岩综合评价系数 P(表 2-14)来反映覆岩岩性对下沉系数的影响。分析实测资料表明，覆岩综合评价系数 P 取决于覆岩岩性及厚度，可用式(2-90)表示。

$$P=\frac{\sum_{1}^{n} m_j Q_j}{\sum_{1}^{n} m_j} \tag{2-90}$$

式中　m_j——j 分层的法线厚度，m；

Q_j——j 分层岩性评价系数，由表 2-15 查得。

表 2-14　我国部分煤矿实测下沉系数的变化范围

岩　性	P	η	观　测　实　例
坚　硬	0～0.3	0.4～0.6	蛟河五井、湖南连邵牛马司矿、开滦唐山矿、枣庄矿、包头大磁煤矿、阜新清河门矿、北票三宝四坑、鹤壁一矿、本溪彩屯矿、开滦唐家庄矿、峰峰四矿
中　硬	0.3～0.7	0.6～0.8	徐州韩桥矿、徐州夏桥矿、双鸭山岭东矿、阳泉矿区、阜新清河门矿、鹤壁二矿、开滦林西矿、苏州西山矿、开滦岳各庄矿、淮北张庄矿、平顶山矿区、枣庄田屯矿、焦作演马庄矿、淮南谢二矿、淮南李嘴孜矿、徐州青山泉矿、徐州庞庄矿、本溪彩屯矿、北票冠山矿二井、云南羊场矿
软　弱	0.7～1.0	0.8～0.95	峰峰通二矿、淮南谢一矿、焦作冯营矿、开滦范各庄矿、扎赉诺尔矿区、枣庄柴里矿、山东黄县煤矿

注：1. 表中 η 值的变化范围系引自各矿区或矿井的实测成果，并不意味该矿区或矿井的 η 值已完全确定；

2. 表中 η 值的变化范围多系第一次重复采动，即开采了两个分层的观测结果；

3. 本表未包括极坚硬顶板（如大同矿区）的 η 值。

表 2-15　分层岩性评价系数

岩　性	坚固性系数 f	岩　石　名　称	初次采动 Q^0	重复采动 Q^1	重复采动 Q^2
坚　硬	≥9	很硬的砂岩、石灰岩和黏土页岩、石英矿脉、很硬的铁矿石、致密花岗岩、角闪岩、辉绿岩	0	0	0.1
	8	硬的石灰岩、硬砂岩、硬大理石、不硬的花岗岩	0	0.1	0.4
中　硬	7	较硬的石灰岩、砂岩和大理石	0.05	0.2	0.5
	6	普通砂岩、铁矿石	0.1	0.3	0.6
	5	砂质页岩、片状砂岩	0.2	0.45	0.7
	4	硬黏土质片岩、不硬的砂岩和石灰岩、软砾岩	0.4	0.7	0.95
软　弱	3	各种页岩（不坚硬的）、致密泥灰岩	0.6	0.8	1.0
	2	软页岩、很软石灰岩、无烟煤、普通泥灰岩	0.8	0.9	1.0
	1	破碎页岩、烟煤、硬表土-粒质土壤、黏土（致密的）	0.9	1.0	1.1
	<1	软砂质黏土、黄土、腐殖土、软砾石、松散砂层	1.0	1.1	1.1

注：1. 表中的 f 值系指未受采动影响的原始岩石坚固性系数；

2. 当无实测的 f 值时，Q^0 值可利用表 2-16 查得。

表 2-16 初次采动的分层岩性评价系数 Q^0

<table>
<tr><th rowspan="2">岩性</th><th colspan="10">Q^0</th></tr>
<tr><th>震旦纪、寒武纪、奥陶纪地层</th><th>志留纪地层</th><th>泥盆纪地层</th><th>石炭纪地层</th><th>二叠纪地层</th><th>三叠纪地层</th><th>侏罗纪地层</th><th>白垩纪地层</th><th>古近纪、新近纪地层</th><th>第四纪地层</th></tr>
<tr><td>砂　岩</td><td>0</td><td colspan="2">0.05～0.15
(0.10)</td><td>0.15～0.30
(0.22)</td><td>0.30～0.50
(0.40)</td><td>0.40～0.60
(0.50)</td><td>0.50～0.70
(0.60)</td><td>0.70～0.85
(0.78)</td><td>0.85～0.95
(0.90)</td><td>0.95～1.00
(0.98)</td></tr>
<tr><td>泥灰岩*</td><td>0</td><td colspan="2">0.10～0.30
(0.20)</td><td>0.30～0.50
(0.40)</td><td>0.50～0.70
(0.60)</td><td>0.60～0.80
(0.70)</td><td>0.70～0.85
(0.78)</td><td>0.85～0.95
(0.90)</td><td>0.85～0.95
(0.90)</td><td>0.95～1.00
(0.98)</td></tr>
<tr><td>砂质页岩</td><td>0</td><td colspan="2">0.10～0.20
(0.15)</td><td>0.20～0.40
(0.30)</td><td>0.40～0.60
(0.50)</td><td>0.50～0.70
(0.60)</td><td>0.60～0.80
(0.70)</td><td>0.80～0.90
(0.85)</td><td>0.85～0.95
(0.90)</td><td>0.95～1.00
(0.98)</td></tr>
</table>

注：* 此泥灰岩系指如淮南矿区二道河地区的泥灰岩组；括号内的数值为平均值。

于是，地表下沉系数又可表示为

$$\eta = 0.5(0.9 + P) \tag{2-91}$$

或用图 2-91 表示。

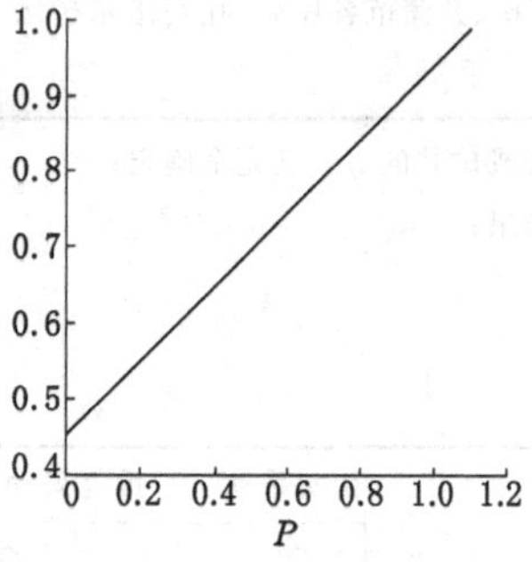

图 2-91 地表下沉系数与岩性综合评价系数关系曲线

在重复采动的影响下，覆岩的下沉系数 η 值增大，即通常所说的"活化"。因此，可以把重复采动视为岩性（P 值）的变化。实测资料表明，重复采动时 η 值的增大幅度随着岩性的不同而异，但其变化范围是有限的。

表 2-17 是国外有关下沉系数、最大水平位移与最大可能下沉量间比例系数的统计情况。

地表的移动和变形主要集中于开采边界上方宽度为 $2r$（$r = H\cot\beta$，图 2-88）的范围内。连接主要影响范围边界点与开采边界的直线与水平线所成的夹角 β 称为主要影响角（图 2-88）。实测资料的分析结果表明，$\tan\beta$ 值随岩性、开采深度和煤层倾角的变化而变化（图 2-92 和图 2-93）。通常，坚硬岩层的 $\tan\beta = 1.0 \sim 1.8$，中硬岩层的 $\tan\beta = 1.5 \sim 2.5$，软弱岩层的 $\tan\beta = 2.2 \sim 3.5$。当岩性相同时，$\tan\beta$ 值随开采深度的增加而增大。开采水平煤层的 $\tan\beta$ 值与岩性和采深的关系可用式(2-92)表示

$$\tan\beta = D + 0.003\,2H \tag{2-92}$$

式中　D——岩性影响系数，其数值与综合评价系数 P 的关系见表 2-18。

表 2-17 下沉系数和最大水平位移与最大可能下沉量之比率

煤田及充填方法	下沉系数	比　率
英国各矿区		
实体充填	0.45	0.16
条带充填或垮落法	0.90	0.16

表 2-17(续)

煤田及充填方法	下沉系数	比 率
德国鲁尔矿区		
风力充填	0.45	0.35～0.45
其他实体充填	0.50	0.35～0.45
垮落法	0.90	0.35～0.45
法国北部矿区和帕斯德加拉矿区		
水力充填	0.25～0.35	0.40
风力充填	0.45～0.55	0.40
垮落法	0.85～0.90	0.40
波兰上西里西亚矿区		
水力充填	0.12	
垮落法	0.70	
美国		
东部(房柱)	0.10～0.60	
中部(长壁)	0.50～0.60	
中部(房柱)	0.10～0.40	
西部	0.33～0.65	

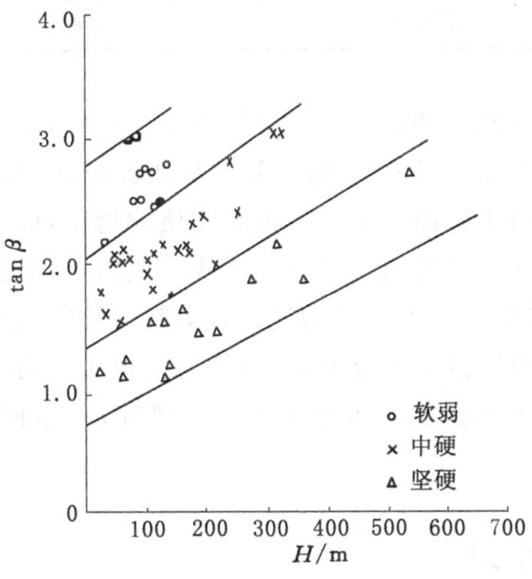

图 2-92 主要影响角正切值 tan β 与岩性和采深的关系

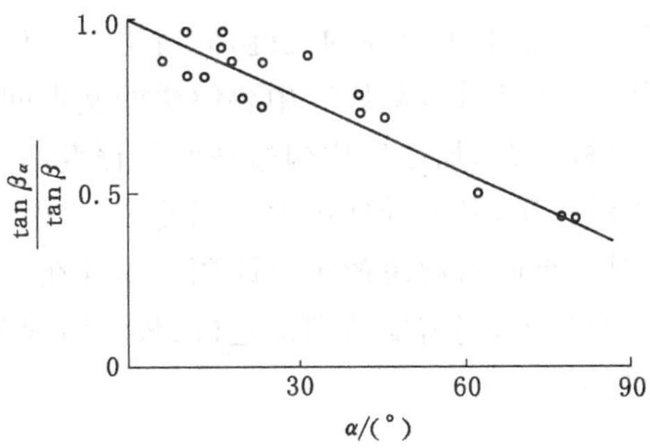

图 2-93 主要影响角正切值 tan β 与煤层倾角 α 的关系

表 2-18 覆岩综合评价系数 P 与岩性影响系数 D 的对应关系

坚硬岩层	P	0	0.03	0.07	0.11	0.15	0.19	0.23	0.27	0.30
	D	0.76	0.82	0.88	0.95	1.01	1.08	1.14	1.20	1.26
中硬岩层	P	0.30	0.35	0.40	0.45	0.50	0.55	0.60	0.65	0.70
	D	1.26	1.35	1.45	1.54	1.64	1.73	1.82	1.91	2.00

表 2-18(续)

软弱岩层	P	0.70	0.75	0.80	0.85	0.90	0.95	1.00	1.05	1.10
	D	2.00	2.10	2.20	2.30	2.40	2.50	2.60	2.70	2.80

实测资料还表明，$\tan\beta$ 值与煤层倾角有密切关系。采深相同时，水平煤层的 $\tan\beta$ 值最大。倾角越大，$\tan\beta$ 值越小。$\tan\beta$ 值与煤层倾角的关系为

$$\tan\beta_\alpha=(1-0.0038\alpha)\tan\beta \tag{2-93}$$

式中 $\tan\beta$——水平煤层的主要影响角正切值；

α——煤层倾角，(°)；

$\tan\beta_\alpha$——倾斜煤层的主要影响角正切值。

$\tan\beta$ 值与岩性、采深和煤层倾角的综合关系式为

$$\tan\beta_\alpha=(1-0.0038\alpha)(D+0.0032H) \tag{2-94}$$

表 2-19 给出了一些国家和地区的主要影响角取值范围。

表 2-19　一些国家和地区的主要影响角取值范围

国别(地区)	主要影响角/(°)	国别(地区)	主要影响角/(°)
荷　兰	45～55	英　国	55～65
德　国	45～60	美国东部	63～75
法国北部	55	美国中部	81.5～90
苏联	60	美国西部	74～78

“三下”开采的实践证明，搞清煤层开采中覆岩破坏和运动规律及最终稳定状态，是评价“三下”开采的可能性的关键，同时也是设计方案安全实施的关键。覆岩及地表破坏的最大可能性，是开采沉陷研究中要解决的基本问题。由于矿山岩层是一种非均质的物质，成分不均，结构复杂，加之地质构造破坏的程度不同，物理力学性质差异很大。浅部地层受风化、水蚀等的作用，其差异性更大。因此，寻求确定开采引起的覆岩运动规律和最终的稳定状态问题，是一个亟待解决的重要课题。尽管在许多方面取得了重要成果，但这与工程实际的要求还相距甚远，仍需要从理论建模、数学力学分析、工程试验等各个方面进行研究，不断提高，逐步完善。

提示与练习

1. 采场矿压基本概念：顶板、底板、采场；伪顶、直接顶、基本顶、顶板上覆岩层的结构特征和载荷特征。
2. 直接顶岩层的初始运动过程和稳定运动过程。
3. 直接顶初次垮落步距。
4. 基本顶岩层的初始运动过程和稳定运动过程。
5. 基本顶初次来压步距、初次来压强度。
6. 基本顶周期来压步距、周期来压强度。

7. 基本顶初次垮落步距。

8. 顶板分类的工程意义。

9. 库兹涅佐夫铰接岩块假设的基本思想、理论价值和工程价值。

10. 薄板矿压理论的基本假设、力学模型、理论价值和工程价值。

11. 支架初撑力在采煤工作面顶板管理中的重大意义。

12. 顶板离层对工作面安全和支架危害的影响，如何预防。

13. 采煤工作面顶板压力空间分布规律。

14. 以本章第五节“十三”中工作面顶板来压强度计算举例为例，改变个别参数，如 M，K_p，σ_t，K_2，H，β，JRC，JCS，分组进行长壁工作面顶板初次来压步距和初次来压强度设计计算。

15. 采煤工作面支承压力分布规律（图 2-68）。

16. 采场支承压力“三区”、顶板上覆岩层“三带”划分（图 2-70 和图 2-71）。

17. 近距煤层开采中，上方采空区残留煤柱对本煤层开采的影响。

18. 垮落带高度计算方法。

19. 导水裂缝带高度计算方法。

20. 地表下沉系数计算方法。

21. 试论述覆岩、围岩和支架在地下工程结构可靠度分析中的力学关系。

第三章 煤层冲击地压

第一节 引　　言

煤矿冲击地压，是指由于采掘工程扰动，积聚在巷道或采煤工作面围岩内的弹性能瞬间释放所产生的动力现象。在广义上，采场顶板岩层大面积来压(垮落)、矿震、煤层突出和煤与瓦斯突出等，都属于冲击地压的范畴。

监测结果显示，冲击地压的震动频率在 $1\sim10^4$ Hz 以上，最大震级可达 3.8 级以上，甚至在地面的几千米范围内都有震感；冲击地压发生前一般没有明显的宏观预兆，发生过程短暂，持续震动时间不超过几十秒。冲击地压发生时，可能伴随有冲击波、煤粉云或悬浮煤尘产生以及瓦斯的涌出。

顶板岩层大面积来压是指坚硬顶板条件下，采空区顶板岩层大面积瞬间失稳的动力现象。对于房柱式开采的采空区，瞬间垮落面积可达数万平方米。如 1975 年大同马脊梁矿 2 号煤层 402 盘区，采空面积达到 15 万 m^2 时，发生顶板大面积来压，顶板垮落时造成岩层强烈震动，地面地震台网测得震级为 3.2 级，烈度为 4～5 度，地面有明显震感。顶板垮落时井下形成暴风，风速估计达到 100 m/s，吹开 3 座 2 m 厚的密闭墙，44 型溜槽被吹出 16 m 远。井下发生顶板大面积垮落后，地面形成一个约 7 万 m^2 的塌陷坑，裂缝宽达 3 m，最大落差达 0.7 m。对于长壁工作面，坚硬顶板初次来压步距可达 100 m 左右，初次来压(垮落)时的采空区悬顶面积可能超过一个标准足球场的面积。

矿震也属采矿过程中出现的一种动力现象。矿震指在井巷或采煤工作面煤层或顶底板岩层中，突然在瞬间发生伴有巨响和冲击波的震动。震动是矿震的明显标志，但它不出现大量煤岩体被抛出的现象。矿震多发生在开采深度大、岩层坚硬和地质条件复杂的情况下。多数矿震是由于开采活动引起的岩层沉降或断层错动造成的。矿震对井巷工程的破坏多集中于煤层底板和巷道穿过的断层处。

煤层突出是指大量煤体从巷道或采煤工作面煤壁以突然、剧烈的形式被挤出，其动力来源于煤层失稳产生的弹性能的释放。煤层突出抛掷出的碎煤可能会堆至巷道顶板，一次抛出的煤量可能达数吨到数百吨。在某些情况下，煤体会被从顶底板岩层间向外整体推移 3 m 以上，且不发生煤体脱落和煤体原始状态的改变，尽管煤体可能出现微弱的松动。

煤与瓦斯突出(或瓦斯突出，下同)是矿山压力显现的一种剧烈形式。据观测，发生煤与瓦斯突出时，除有大量煤体被抛掷和大量瓦斯涌出外，往往还伴有煤粉喷出，并多在煤层与顶板岩层间形成“舌形口袋状”的空洞。

煤与瓦斯突出是矿山压力和瓦斯压力对煤体共同作用的结果，是固体煤层和流体瓦斯形成固流耦合而产生的一种力学效应。

瓦斯的孔隙应力可降低煤层的有效应力，并对煤层的稳定性产生影响。当煤层稳定时，高压瓦斯被封存于煤体的孔隙内；煤层一旦发生失稳，侧限应力被消除，则会出现有效应力小于零(孔隙应力大于侧限应力)的情况。此时，封存于煤体孔隙内的高压瓦斯会炸裂其包裹体，并可能在某些局部区域将煤颗粒碎裂为粉末喷出。由此可见，煤层失稳是固体物质弹性能的释放；瓦斯突出是流体物质压力能的释放。煤与瓦斯突出是一种瓦斯裹挟碎裂煤体、煤粉抛掷喷射的动力现象。其动力过程首先是煤层失稳，其次是瓦斯突出。煤与瓦斯突出的规模和危害都远高于煤层突出。

煤层突出和煤与瓦斯突出的区别在于，前者没有或只有少量瓦斯涌出，低含量瓦斯对冲击地压不产生作用；而后者，瓦斯是冲击地压发生过程中能量释放的重要方面。通常还把煤与瓦斯突出统称为瓦斯突出(我国称之为煤与瓦斯突出)。

煤与瓦斯突出由于具有普遍性、危害性、复杂性和不可预测性，长期以来受到生产部门和研究部门的高度关注。

第二节　煤层冲击地压危害

我国已发生冲击地压灾害的实际条件极为复杂。在自然条件上，除褐煤外的各煤种都有冲击现象的记录，采深从 200 m 至 1 000 m，地质构造从简单到复杂，煤层从薄层到特厚层，煤层倾角从水平到急倾斜，顶底板岩层涉及砂岩、石灰岩和页岩。在生产技术条件方面，不论旱采、水采，各种采煤方法中都有冲击地压发生。在同一矿井，甚至同一采区，在几乎相同的自然地质条件和开采技术条件下，有的煤层发生冲击地压，有的则不发生。

在煤矿，冲击地压以煤层突出最常见，也有顶板冲击和底板冲击。冲击地压发生时多数没有前兆而突然发作，甚至持续冲击，并伴有强烈震动和冲击波。冲击地压会造成巷道片帮、煤体移动、冒顶、底鼓、支架损坏、巷道堵塞、设备被掀翻等严重后果。

巷道内发生冲击后，如图 3-1 所示，在煤层与顶板岩层层面处，往往会出现因强烈滑动摩擦而形成的呈透镜状分布的粉末带，最厚区可达 200 mm；其下为破碎带，此带内煤层结构已经破坏，变得松散易落。

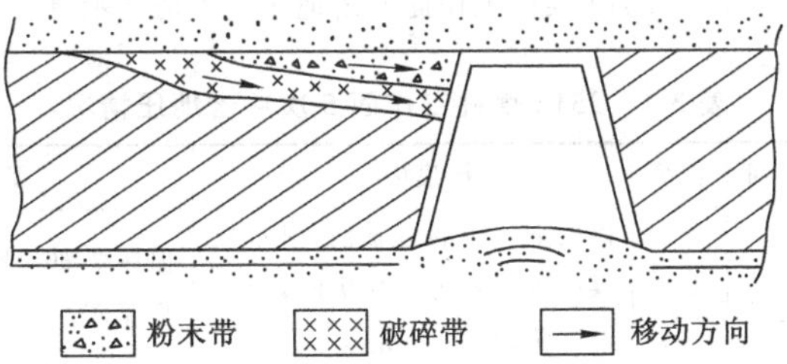

图 3-1　煤体冲击造成的粉末带和破碎带

在采煤工作面，冲击地压多集中于新采区的首采工作面，占 60%以上；且多数发生在某项采煤工序进行时期，特别是爆破以后。对于长壁工作面，绝大多数发生在工作面前方

10～100 m 的上、下平巷或前方老巷内。冲击不仅发生在工作面两侧，也可能来自工作面前方或上方，有时也来自底板，大多数发生于正在推进的工作面支承压力带附近。冲击范围可达几米到几十米，严重时地面也有震感。冒顶高度可达几米，突出煤量可达几吨到几百吨，甚至更多。摧毁的巷道长度可达几米到几十米。

图 3-2 所示为陶庄煤矿 2512 煤柱工作面的 5 次冲击地压的发生位置和煤体移动擦痕方向。表 3-1 记述了每次冲击地压的擦痕情况和危害后果。图中擦痕方向与冲击来源的方向一致。图中Ⅰ号区冲击地压如箭头所指从巷道一侧冲出，且该侧棚全部被折断推倒。Ⅱ号区为掘进头冲击，擦痕沿掘进方向深入煤壁 4 m。Ⅴ号区冲击地压的主移动面在 3 个箭头一侧，而在相反方向附近的一条巷道里也发生小范围的煤体移动。总体表现出冲击能量在就近煤壁自由面释放的特点。

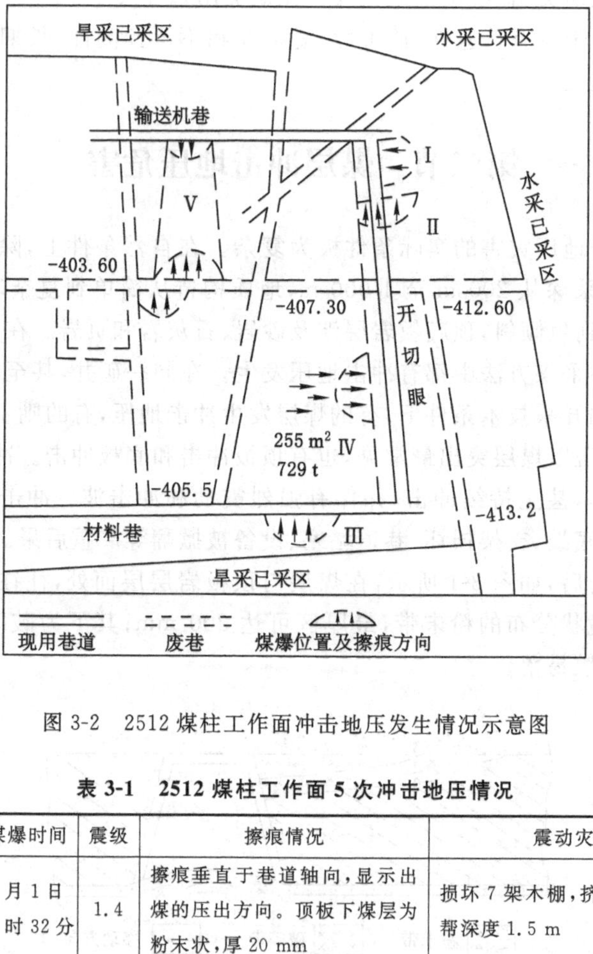

图 3-2　2512 煤柱工作面冲击地压发生情况示意图

表 3-1　2512 煤柱工作面 5 次冲击地压情况

序号	位置	煤爆时间	震级	擦痕情况	震动灾害	触发原因
Ⅰ	开切眼掘进 5 m 处	7 月 1 日 21 时 32 分	1.4	擦痕垂直于巷道轴向，显示出煤的压出方向。顶板下煤层为粉末状，厚 20 mm	损坏 7 架木棚，挤出煤 3 t，片帮深度 1.5 m	掘进爆破
Ⅱ	开切眼掘进 13 m 处	7 月 14 日 8 时 42 分	1.4	煤层由巷道正面挤出，擦痕与巷道轴向大致平行，煤壁内 3～4 m 有擦痕	损坏 17 架一梁四柱棚，挤出煤 7 t，煤块抛出 4～5 m 远	爆破
Ⅲ	材料巷 100 m 处	7 月 31 日 13 时 21 分	1.4	顶板破碎，未见擦痕	损坏 57 架棚，顶板岩层碎落堵住 4 人，经抢救全部脱险	清理老硐触发

表 3-1(续)

序号	位置	煤爆时间	震级	擦痕情况	震动灾害	触发原因
Ⅳ	采煤工作面推进 3.2 m,距上出口 15 m	8 月 25 日 14 时 03 分	1.6	煤壁内 17 m 都有擦痕,宽 13～14 m,顶板下煤层变为粉末状,厚 20～30 mm,原结构破碎厚度达 200 mm	损毁木垛 3 个,上出口巷道损坏 15 m,震倒金属支柱近 100 根,44 型溜槽有 15 m 侧立,并侧移 1 m 远	回采爆破
Ⅴ	中间出口距工作面 32 m	8 月 29 日 16 时 48 分	1.6	擦痕垂直于巷道轴向,两侧煤壁破坏	损坏 21 架台棚,由中间出口波及输送机巷,冲击波将 20 m 之外的风墙推倒	不详

第三节　煤层发生冲击地压的力学系统

含煤地层在总体上呈现层状介质力学特征,煤层强度等力学指标通常都低于其顶底板岩层的力学指标。煤层发生冲击地压的动力表现,可归结为被夹持煤层发生“挤压抛射”的失稳现象,其力学模型通常用煤层及其顶底板岩层的夹持摩擦力学系统来表示。

如图 3-3 所示,被夹持煤层受到竖向的支承压力、水平力和层面摩擦力的共同作用,在极限平衡状态下满足下列条件。

$$M(\sigma_x+\mathrm{d}\sigma_x)=M\sigma_x+2f\sigma_y\mathrm{d}x \tag{3-1}$$

$$M\mathrm{d}\sigma_x=2f\sigma_y\mathrm{d}x \tag{3-2}$$

式中　M——煤层采高;

f——煤层与其顶底板岩层层面间摩擦系数。

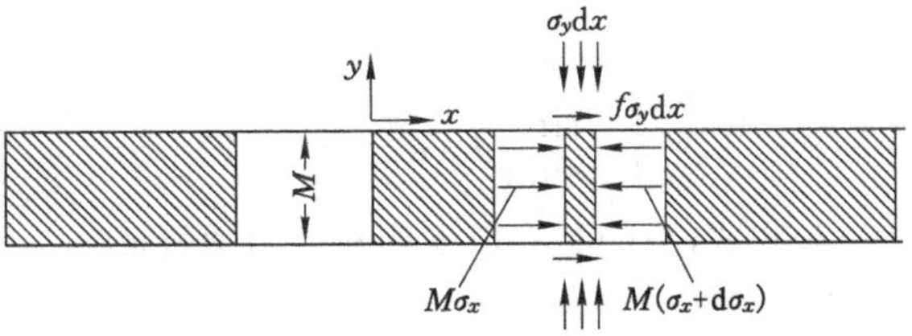

图 3-3　煤层及其顶底板岩层的夹持摩擦力学模型

假定夹持煤层的极限平衡状态满足库仑准则,即

$$\sigma_y=\frac{1+\sin\varphi}{1-\sin\varphi}\sigma_x+\sigma_c \tag{3-3}$$

或

$$\sigma_x=\frac{1-\sin\varphi}{1+\sin\varphi}(\sigma_y-\sigma_c) \tag{3-4}$$

对式(3-4)微分得

$$\mathrm{d}\sigma_x=\lambda\mathrm{d}\sigma_y \tag{3-5}$$

式中,$\lambda=\dfrac{1-\sin\varphi}{1+\sin\varphi}$。

将式(3-5)代入式(3-2)得

$$M\lambda \mathrm{d}\sigma_y = 2f\sigma_y \mathrm{d}x \tag{3-6}$$

$$\frac{\mathrm{d}\sigma_y}{\sigma_y} = \frac{2f}{M\lambda}\mathrm{d}x$$

积分得

$$\ln \sigma_y = \frac{2f}{M\lambda}x + C_1$$

$$\sigma_y = C\mathrm{e}^{\frac{2f}{M\lambda}x}$$

取 $x=0$ 时，$\sigma_y=\sigma_c$，有 $C=\sigma_c$。

由此得

$$\sigma_y = \sigma_c \mathrm{e}^{\frac{1+\sin\varphi}{1-\sin\varphi}\frac{2f}{M}x} \tag{3-7}$$

另外，将式(3-3)代入式(3-2)得

$$M\mathrm{d}\sigma_x = \frac{2f}{\lambda}(\sigma_x + \lambda\sigma_c)\mathrm{d}x \tag{3-8}$$

$$\frac{\mathrm{d}\sigma_x}{\sigma_x + \lambda\sigma_c} = \frac{2f}{M\lambda}\mathrm{d}x$$

积分得

$$\ln(\sigma_x + \lambda\sigma_c) = \frac{2f}{M\lambda}x + C_1$$

即

$$\sigma_x + \lambda\sigma_c = C\mathrm{e}^{\frac{2f}{M\lambda}x}$$

$$\sigma_x = C\mathrm{e}^{\frac{2f}{M\lambda}x} - \lambda\sigma_c$$

当 $x=0$ 时，$\sigma_x=0$，则 $C=\lambda\sigma_c$。

由此得

$$\sigma_x = \frac{1-\sin\varphi}{1+\sin\varphi}\sigma_c\left(\mathrm{e}^{\frac{1+\sin\varphi}{1-\sin\varphi}\frac{2f}{M}x} - 1\right) \tag{3-9}$$

显然，解析表达式(3-7)和式(3-9)具有以下明显的力学特征。

① 由式(3-9)有

$$\sigma_x = \frac{1-\sin\varphi}{1+\sin\varphi}\left(\sigma_c \mathrm{e}^{\frac{1+\sin\varphi}{1-\sin\varphi}\frac{2f}{M}x} - \sigma_c\right) \tag{3-10}$$

比较式(3-7)有

$$\sigma_x = \frac{1-\sin\varphi}{1+\sin\varphi}(\sigma_y - \sigma_c) \tag{3-11}$$

即表达式(3-4)。证明煤壁支承压力 σ_y 和 σ_x 的极限平衡条件满足库仑准则(初始假定)。

② 极限平衡条件下，煤壁支承压力分布规律由解析表达式(3-7)和式(3-9)决定；煤壁支承压力 σ_y 和 σ_x 呈指数规律分布，且 $\sigma_y > \sigma_x$；煤壁支承压力 σ_y 和 σ_x 成比例，且共同维系极限平衡力学系统。

③ φ, f, M 是指数函数的幂，属高敏感度因子；支承压力影响距离 x 可由实测确定。

④ 表达式(3-7)和式(3-9)反映了煤的单轴抗压强度 σ_c 对支承压力主应力差的影响，即 σ_c 值越高，主应力差越大，煤体越易产生脆性破坏，说明主应力差会对煤层冲击倾向性产

生至关重要的影响。我国在煤层冲击倾向性分类中，已把煤的单轴抗压强度作为煤层冲击倾向性指标之一。

关于岩石试件端面与压板间的约束问题，人们做过许多研究。L. N. G. Filon(1902)和J. J. Kotte、Z. G. Berczes、J. Gramberg、T. R. Seldenrath(1969)细致地分析了单轴压缩状态下圆柱体试件在弹性限度内的应力分布状态，并得出了有价值的成果。

Meikle(1965)、Peng(1970)、Johnson(1972)和Khair(1986)通过实验室试验证明，煤层与顶底板岩层界面的约束条件不同或摩擦系数不同时，同样的岩样或煤样将产生不同的极限强度(单轴或三轴强度)。

在岩石标准试件单轴压缩试验中，由于压板与试件端面间的摩擦效应，试件两端的一定范围内处于三轴应力状态，在摩擦约束影响范围以外的(中间)部分处于单轴应力状态。工程实际中，增加煤柱的高宽比，会导致煤柱强度的降低。

除煤层与顶底板岩层界面的摩擦因子外，顶底板岩层相对煤层的强度和刚度等其他条件也是重要影响因素。煤质硬而性脆不是发生冲击地压的必要条件，冲击地压可能发生在顶底板坚硬的软煤层中。与厚煤层相比，在较薄煤层中可能会发生严重的冲击地压。这可能也是由于端面效应反映出的在弹性能储存量级上的差异。Brauner(1994)指出，强度为10.5～14.8 MPa、刚度为1 050～1 680 MPa的中低强度煤具有强冲击倾向性，且冲击能量指数为衡量煤层冲击倾向性的可靠指标。Brauner(1994)指出，发生冲击地压的煤层，其挥发分为12%～38%，平均为23%，挥发分低于10%的煤层不发生冲击地压；发生冲击地压的煤层单轴抗压强度为5～50 MPa。

Holland(1958)指出，在冲击地点常见到顶板褐变点(细煤粉)和光滑面，这表明在煤层与顶板或煤层与底板界面间发生了相对移动。因此，Holland提出某些活动可能导致煤层与相邻岩层间的摩擦系数发生变化，从而引发冲击地压。Meikle(1965)通过实验室试验证实，当界面的摩擦力减小时，煤的强度也会减小。该试验结果说明，当煤柱在约束条件下载荷接近极限强度时，由于各种因素(如水分渗透、割煤等)的扰动，界面约束突然消失，会造成煤柱强度突然降低，诱发冲击地压。红色物质在许多冲击地压位置都被发现，研究人员采用多个专业术语对其进行了描述，包括“红煤喷粉”“红粉尘”“红褐色煤”和“浅红色痕迹”，如图3-4所示。

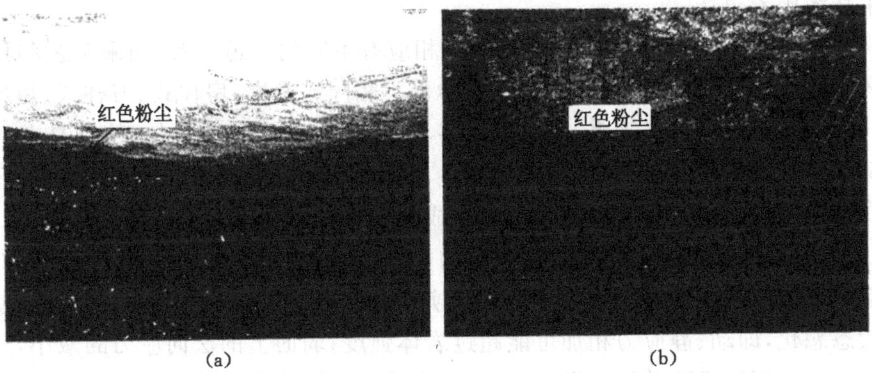

图3-4　冲击地点煤层与顶板接触面处出现的红色粉尘

第四节 煤层发生冲击地压的影响因素

采掘工程打破煤层的天然平衡状态后，煤壁往往会出现不同程度的剪切破断、剪切滑移和片帮等过载现象。此类矿压显现结果说明，煤壁已经在一定范围内处于极限应力状态。在此情况下，一旦有其他扰动应力的叠加，势必引起新一轮的支承压力重新分配以及支承压力带和煤壁破裂范围的相应扩展，以达到新的平衡。由此，在采动影响和其他工程扰动下，煤壁始终处于某种动态平衡过程中。煤层冲击地压正是煤壁从失稳向相对平衡过渡时产生的一种剧烈的过载反应形式。

煤层冲击地压的力学机制和影响因素可借助解析表达式(3-7)和式(3-9)进行简单分析。

① 采掘过程中，当局部煤层组成结构（节理、层理、夹矸层等）发生突变时，煤层内摩擦角（敏感因子）φ 会随之发生改变，它有可能使得处于极限平衡状态下的支承压力带煤壁发生冲击性破坏；煤层采高 M 和层面摩擦系数 f 两个敏感因子的突变，也会导致冲击。

② 采掘过程中，本工作面或相邻工作面采掘工程引起的突加载荷，会使得支承压力带的极限平衡系统由于动载作用发生冲击性破坏；竖向应力或水平构造应力的急剧变化，也会打破处于极限平衡状态的力学系统，并可能导致冲击。

③ 采掘过程中，岩层震动和采煤工作面顶板来压期间的顶板反弹，可能会使层面间的摩擦力瞬间降至零，从而诱发煤层冲击性破坏。

就发生冲击地压的影响因素而言，可概括为自然地质因素和开采技术因素两个方面。

自然地质因素包括：

① 煤层物理力学性质：煤的冲击倾向性，煤的强度、刚度、脆性等力学性质；煤的孔隙率、含水率，煤层组成结构等物理性质。

② 顶底板岩层物理力学性质：上覆坚硬岩层和下伏坚硬岩层的厚度、强度、冲击倾向性和煤层层面间的黏结程度等。

③ 地质构造、原岩应力状态（自重应力、构造应力等）、瓦斯和水的孔隙压力、煤层厚度、煤层倾角等。

开采技术因素包括：

① 不适当的开采方式。不同的开采方式相应有不同的巷道布置、回采工艺和顶板控制方式，由此产生的矿山压力的大小和分布规律也不相同。通常，房柱式、刀柱式、短壁式等采煤方法，开掘巷道多，巷道交叉多，遗留煤柱多，形成多方支承压力叠加，特别是在大面积悬顶的情况下会形成很强的压力集中，极易产生冲击地压。尤其是在上覆煤层采空区残留大量煤柱，并对下伏邻近煤层进行开采时，所造成的冲击地压比例会更高。

② 采掘工程引起的能量转换和对煤层的突加载荷。在第四章专门讨论采掘工程中的能量转换及其对工程稳定性的影响。能量转换中会产生的三种逆反应形式都可能使矿场周边围岩状态恶化，即动、静应力相加可能超过岩体强度；弱面上的法向应力的减小，可降低结构面的抗剪力并可能导致结构面滑动；可能产生拉应力而引起岩体结构的局部松动，其中也包括爆破震动引起的扰动和顶板岩层卸载引起的反弹等。另外值得注意的是，根据矿压观测结果分析，长壁工作面煤壁在采长方向上的支承压力会随工作面推进呈波状动态分布，这

也可为解释工作面发生局部冒顶和局部冲击现象提供一定的依据。

总之，所有的自然地质因素和开采技术因素都会随采掘工程的推进而发生变化，支承压力带煤层会始终处于极限平衡—失稳—极限平衡的动态过程中。煤层是否发生冲击，取决于支承压力带煤层力学系统对边界条件急剧变化的响应程度。

第五节　煤层冲击倾向性测定及分类

煤层冲击倾向性是指煤体所具有积蓄变形能并产生冲击式破坏的性质。煤层冲击倾向性根据煤的冲击倾向性试验指标来衡量。通常采用标准试件的动态破坏时间 t_d、弹性能量指数 W_{et}、冲击能量指数 K_e 和单轴抗压强度 σ_c 指标来评价煤层冲击倾向性。

动态破坏时间 t_d：单轴压缩状态下，煤的标准试件从极限载荷开始，到完全破坏所经历的时间，如图 3-5 所示，单位以毫秒(ms)计。

弹性能量指数 W_{et}：煤的标准试件在单轴压缩状态下，当受力接近破坏载荷时卸载，其弹性变形能 Φ_{se} 与塑性变形能（塑性变形所消耗的能量）Φ_{sp} 的比值（图 3-6），即

$$W_{et}=\frac{\Phi_{se}}{\Phi_{sp}} \tag{3-12}$$

$$\Phi_{sp}=\Phi_c-\Phi_{se} \tag{3-13}$$

式中　W_{et}——弹性能量指数；

Φ_{se}——弹性变形能，其值为卸载曲线下的面积；

Φ_{sp}——塑性变形能，其值为加载曲线与卸载曲线所包络的面积；

Φ_c——总变形能，其值为加载曲线下的面积。

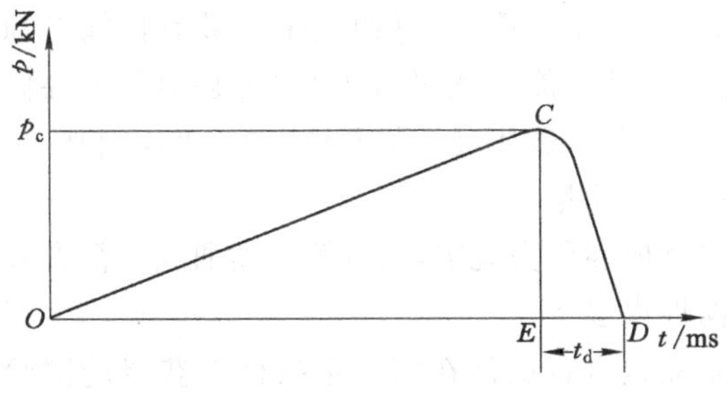

OC—加载过程；CD—破坏过程；ED—破坏时间。

图 3-5　煤的动态破坏时间

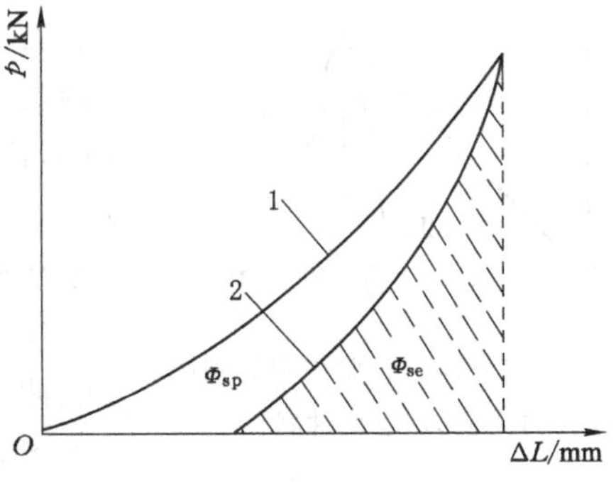

1—加载曲线；2—卸载曲线。

图 3-6　弹性能量指数计算示意图

卸载条件应满足

$$0.7p_c'\leqslant p_c\leqslant 0.9p_c' \tag{3-14}$$

式中　p_c'——试件破坏载荷，kN；

p_c——卸载时载荷，kN。

冲击能量指数 K_e：采用电液伺服试验机或刚性试验机，在单轴压缩条件下，标准试件的全程应力-应变曲线峰值 C 前所积聚的应变（或变形）能 A_s 与峰值后所消耗的应变（或变

形)能 A_x 之比值(图 3-7),即

$$K_e=\frac{A_s}{A_x} \tag{3-15}$$

式中 K_e——冲击能量指数;

A_s——峰值前积聚的变形能,等于 OC 曲线下的面积;

A_x——峰值后消耗的变形能,等于 CD 曲线下的面积。

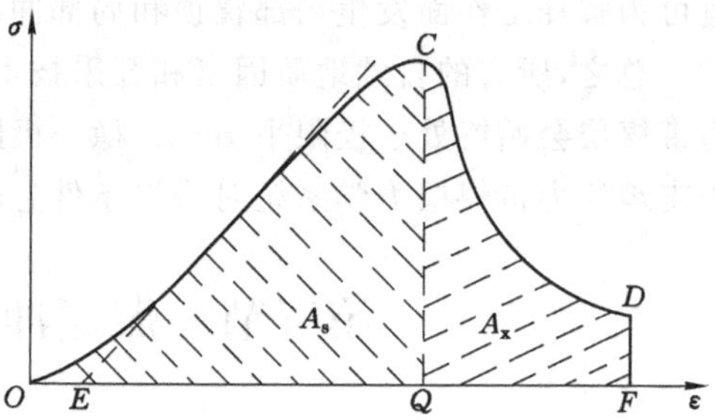

图 3-7 冲击能量指数计算示意图

冲击能量指数计算采用试件全程应力-应变曲线,直观和全面地反映了蓄能、耗能的全过程,反映了冲击倾向的物理本质。

表 3-2 所列为煤的冲击倾向性分类、名称及指标。

表 3-2 煤的冲击倾向性分类

类别		1类	2类	3类
冲击倾向性		无	弱	强
指标	动态破坏时间 t_d/ms	$t_d>500$	$50<t_d\leqslant500$	$t_d\leqslant50$
	弹性能量指数 W_{et}	$W_{et}<2$	$2\leqslant W_{et}<5$	$W_{et}\geqslant5$
	冲击能量指数 K_e	$K_e<1.5$	$1.5\leqslant K_e<5$	$K_e\geqslant5$
	单轴抗压强度 σ_c/MPa	$\sigma_c<7$	$7\leqslant\sigma_c<14$	$\sigma_c\geqslant14$

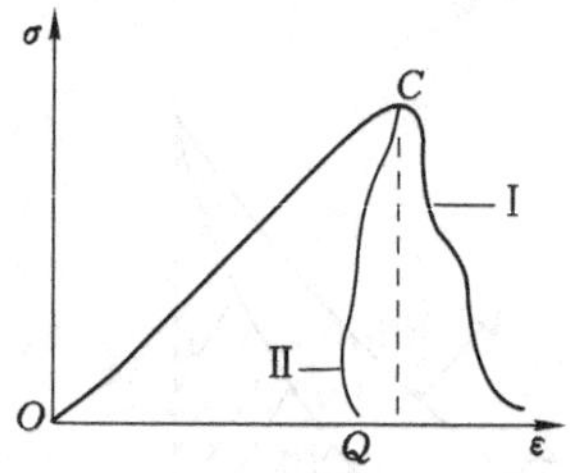

图 3-8 单轴压缩试验中观测到的两类应力-应变性状

W. R. Wawersik 和 C. Fairhurst(1970)在研究不同类型岩石破裂机理时发现,所研究的岩石峰值后的性状可分为两类,如图 3-8 所示。第一类(曲线Ⅰ),破裂传播是稳定的,这指的是当承载能力逐级减小时,还必须对试件做功。第二类(曲线Ⅱ),破坏过程是不稳定的,为控制破裂,必须从材料中吸收能量。

煤的冲击倾向性分类规定,具有第二类曲线特征者属于强冲击倾向性煤层。

图 3-9 是完整岩石试件在实验室条件下获得的试验结果,试件的高径比 L/D 分别为 2.0,1.5,1.0 和 0.5。试验结果表明,岩石峰后刚度(绝对值)随 L/D 的减小而降低,即冲击倾向性指标会随之降低。

图 3-10 是鲕状石灰岩三轴试验及体积应变试验测试结果。试验测试结果表明,围压($\sigma_2=\sigma_3$)除对岩石峰后刚度产生影响外,对岩石的体积应变 ε_V 也产生影响。类似单轴压缩情况,在峰值之前(低围压条件下)会很快出现一个体积应变从压缩到开始膨胀的点,这是岩石内部破断裂隙扩展所引起的。在峰值后的范围内,膨胀继续发展。岩石体积膨胀量(或体积应变)随围压的增加而减小。在非常高的围压下(通常超出工程实际应用范围),在整个试验过程中,岩石的体积膨胀会因体积应变保持收缩而完全被抑制。

此外,岩石体积应变会随围压的降低而增加。巷道开挖或工作面割煤,改变了煤层的原

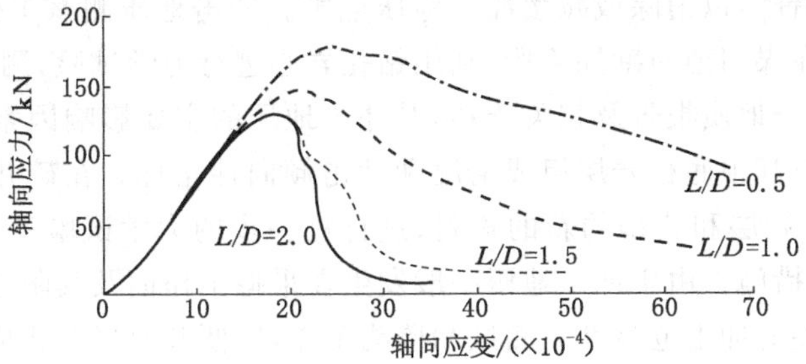

图 3-9　不同高径比(L/D)的田纳西(Tennessee)大理岩试件应力-应变曲线
(据 A. M. Starfield 和 W. R. Wawersik,1972)

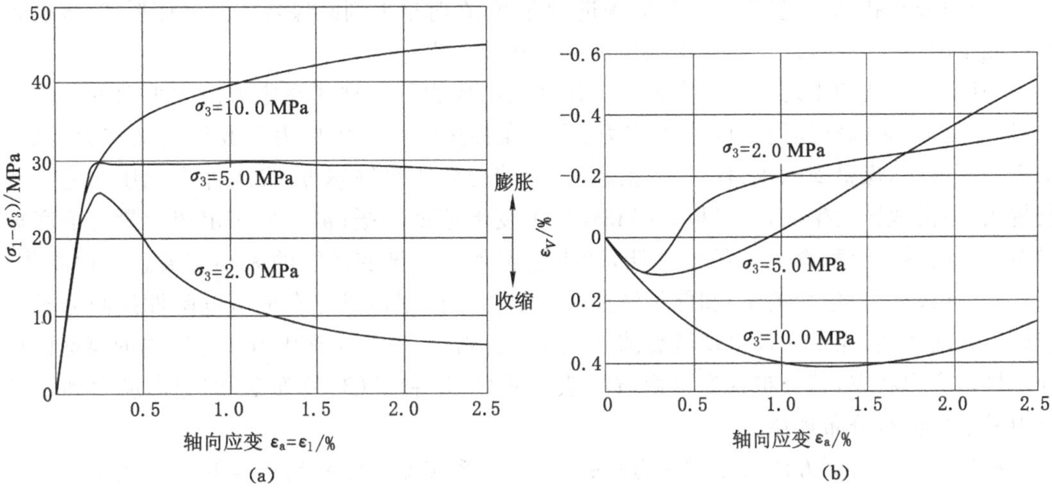

图 3-10　鲕状石灰岩三轴试验及体积应变试验测试结果(据 G. M. Elliott,1982)

有应力状态,使得原有的高围压状态转变为低围压状态,甚至使得煤壁表层一定范围内处于单轴受压状态,这为煤层发生体积膨胀提供了条件。

由此推断,煤柱几何尺寸和煤壁应力状态都会对煤层的冲击倾向性产生重要影响,当煤壁支承压力带因过载而发生破坏时,会伴随煤体的体积膨胀,并产生高强度的膨胀应力。由于煤层支承压力的作用和应力状态的改变,煤壁的压缩变形(体积压缩)和破坏诱发的体积膨胀相互依存,甚至伴随高压瓦斯的助力等,这些因素的叠加,最终导致煤与瓦斯突出的冲击地压发生。

第六节　煤层冲击地压现场监测

冲击地压现场监测是煤层冲击地压防治工作的重要组成部分。冲击地压的测试(或监测)包括持续时间、范围和规模的测试。冲击地压测试涉及实验室煤岩冲击倾向性测定和采掘过程中对煤层的冲击危险性进行测试。所谓冲击危险性,是指发生冲击地压的可能性和危害性。

查明矿区冲击地压煤层分布状况,有利于矿区规划、矿井设计和指导采掘过程中在危险区域及时采取治理措施，以消除或减缓冲击地压危害。冲击地压测试工作可根据工程进展情况分阶段进行。在煤田地质勘探阶段，利用钻孔岩心进行力学试验，测定煤岩冲击倾向性指标；利用详查和精查地质报告及相关资料，对冲击地压的主要影响因素进行评价，包括采深、地质构造、煤层及其顶底板岩层组成情况和冲击倾向性指标。在矿井建设阶段，利用井巷工程揭露的煤层、岩层和获得的新的资料，进行进一步的力学试验和煤岩冲击倾向性评价，制定相应的防范措施。由于冲击地压一般发生在采掘工作面及其附近地段，由此在生产过程中要进行经常性的冲击危险性的测试和监测工作，以便及时采取相应的技术措施，保证安全生产。

冲击地压测试及监测方法基于对冲击地压发生机理和影响因素的认识，围绕煤层的应力边界条件、几何边界条件和能量条件等进行推理，试图通过对煤层及其顶底板岩层的应力水平、应力分布状态、能量积蓄与释放等进行探测，在时空上判断煤岩体的破坏形式、规模和释放能量的量级，并以此来对冲击地压进行推断和预测。

一般情况下，冲击地压发生在采掘工作面的高应力区。这些高应力由大采深的荷重应力、构造应力、采掘空间周边的集中应力、残留煤柱边缘的集中应力和其他附加应力组成。工程实测表明，煤壁支承压力区的峰值越大、峰值位置距煤壁越近，发生冲击地压的危险性就越大；冲击地压发生前，顶底板岩层和煤壁的变形速度减缓；被产生一定闭合量的顶底板岩层夹持的煤层会积聚大量的变形能，冲击危害程度与该变形能的大小有关。这种载荷-位移关系（或应力-应变关系）和能量转换关系的力学机制构成冲击地压危险性探测分析的基础。如前所述，煤壁一旦出现微裂隙甚至发生片帮，则说明支承压力带范围内的煤壁已经处于极限应力状态，其分布状态可由解析表达式(3-7)和式(3-9)确定，即竖向应力和水平应力呈指数曲线分布规律。

冲击地压的监测方法大体可分为经验类比法、系统监测法和局部探测法。经验类比法是对矿井以往发生过的冲击地压作出规律性的总结，并用于指导本矿或类似条件的其他矿井冲击地压煤层安全开采的方法。系统监测法是在一定区域内布置冲击地压信号传感器网络，对冲击地压信号进行持续监测，通过信号分析，对冲击地压进行预测预报的方法，其包括地音系统监测法、微震系统监测法以及其他地球物理方法（地温、地电、地磁等）。局部探测法是对采掘工程局部区段发生冲击地压的可能性和危害性进行探测的方法，目前较广泛采用的是钻屑法。

钻屑法基于发生冲击地压的两个基本条件进行探测：一是煤层的冲击倾向性；二是应力集中情况，即支承压力的峰值及其位置距煤壁的距离。如果煤层具有冲击倾向性，且支承压力带的应力平衡达到极限状态，那么冲击地压就有可能发生。在此情况下，煤层的冲击倾向性指标可通过实验室测定，而支承压力带参数的测定一般多采用钻屑法。

钻屑法是通过在煤壁中打直径为 42～50 mm 的钻孔，根据排出的煤粉量及其变化规律、相关动力效应等与冲击有关的因素，综合分析和鉴别煤层的冲击危险性。

理论分析和工程实测均表明，煤壁支承压力峰值及其位置距煤壁边缘的距离对煤层冲击危害程度起着决定性的作用（如前所述，煤壁支承压力区的峰值越大、峰值位置距煤壁越近，发生冲击地压的危险性就越大）。但是直接测定煤层应力状态相当困难，且尚没有可靠的方法，通常采用间接测量方法对煤层冲击危险性进行相对评价。钻屑法是工程中普遍采用的一种间接测量方法。

工程测试分析表明，煤壁支承压力分布规律与探测钻孔的钻屑排量变化、煤屑粒度变化和钻进过程中的声响强度变化等力学效应密切相关，如图 3-11 所示。测试中把钻屑排量、大粒径($\phi \geqslant 3$ mm)煤屑含量和声响强度的分布规律确定为煤壁支承压力的分布规律；把钻屑排量峰值、大粒径($\phi \geqslant 3$ mm)煤屑含量峰值和声响强度峰值的部位确定为煤壁支承压力峰值的位置；支承压力(应力)的大小可通过实验室的对比试验进行标定，即同等应力和钻屑排量条件下的载荷集度(三轴应力下的最大主应力值)。

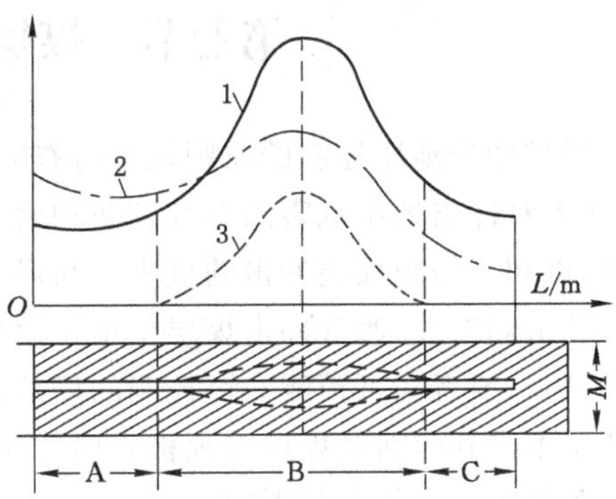

1—钻屑排量变化(kg/m)；
2—大粒径($\phi \geqslant 3$ mm)煤屑含量变化；
3—打钻过程中声响强度变化。

图 3-11　钻孔力学效应示意图

图 3-11 中，B 区为高支承压力区，A 区为低支承压力区。以峰值点为界，左侧属极限应力区，右侧属弹性应力区。C 区以远为原岩应力区。通常煤壁边缘至 A 区间还存在宽度约 1 m 的裂隙带，属于残余强度维持下的极限平衡区，该区域内钻屑量的离散度较大，测试中不计入统计范围。

实测结果表明，在具有冲击危险性的煤层中，钻孔的每米钻屑量变化剧烈。一种情况是钻屑量随钻孔深度的增加而增加，达到峰值后逐渐减小，并趋于某个量而稳定下来；另一种情况是钻孔深度达到 2～3 m 时出现钻屑量的峰值，而后逐渐降低并趋于稳定。在被保护层或注水后的冲击危险性煤层中，钻孔的每米钻屑量变化比较平稳，较少出现高峰。

根据某矿区现场实测的 176 个探测钻孔资料统计分析，在冲击危险性(未注水)煤层中，最大钻屑量多在 3 kg/m 以上，且峰值位置集中于孔深为 2～6 m 处。2～4 m 深孔的钻屑量峰值为 2.5～6.5 kg/m，4～6 m 深孔的钻屑量峰值为 3.5～9.0 kg/m，并把钻屑量为 4～5 kg/m 划定为冲击危险的临界值，钻屑量超过 5 kg/m 者确定为有严重冲击危险的钻屑量，把最大钻屑量低于 3.5 kg/m 者确定为无冲击危险的钻屑量。从冲击地压发生区域看，冲击地压几乎全部发生在未注水煤层，且支承压力峰值位置距煤壁距离多在 6 m 以内，说明应力集中点越靠近煤壁越危险，6 m 以远不易发生冲击。实测表明，在发生冲击地压后的煤层中施工的钻孔，钻屑量明显降低到 3.5 kg/m 左右，钻进过程中一般无动力现象；煤层注水后钻屑量通常可降到 4.0 kg/m 以下。在钻屑粒度方面，该矿区把大粒径($\phi \geqslant 3$ mm)煤屑含量高于 30%者划定为具有冲击危险的煤层。

在钻孔过程中，孔壁周围煤体被破碎而挤入孔内，且往往伴有冲击声响，并引起钻杆跳动，严重时造成卡钻，甚至出现钻杆被卡死的情况。通常把这种钻进过程中出现的动力现象称作动力效应。在施工方法正确的情况下，如果出现钻杆被卡持的情况，说明已进入高支承压力区。由此把钻杆被卡死的现象作为鉴别冲击危险性的一个重要指标。

由于煤层及其顶底板岩层物理力学性质、煤层赋存条件和开采技术条件的差异，煤层冲击危险性探测必须针对具体矿井煤层进行专门测试。另外，利用钻屑法鉴别煤层冲击危险性是带有经验性的，只有根据足够多的探测钻孔的测试结果进行分析才能作出有效的判断。

第七节　煤层冲击地压控制措施

煤矿冲击地压控制的原则是及时查明具有冲击危险性的煤层及区域，采取综合技术措施，实现对冲击地压危害的有效预防和治理。在规划设计方面，采用合理的开拓布置和开采方式，以利于缓减煤层冲击的危害。在局部的控制技术方面，设法降低冲击煤层及其顶板岩层的冲击倾向性，改善冲击煤层支承压力分布状态，以减缓煤壁变形或破坏时能量释放的速率和量级；或者在可预测和可控制的局部范围内进行诱发爆破，对煤层冲击进行人为干预。这些基本措施包括对煤层或顶板岩层预注水、煤层钻孔卸压、煤层松动爆破卸压、煤层诱发爆破和顶板岩层的强制爆破等。

(1) 采用合理的开拓布置和开采方式

在冲击地压煤层开采中，合理的开拓布置和开采方式应是尽可能避免形成高应力集中和弹性能大量积聚的开拓布置和开采方式。在高构造应力区，主要开拓和准备巷道(煤巷)的轴向应尽可能与主构造应力方向一致，使巷道受力更加合理，以减缓或消除煤层冲击的发生。对于煤层群的开拓布置，要先开采无冲击危险或危险性小的煤层，并以此作为保护层，且优先开采上保护层。

不同采煤方法引起的煤壁支承压力强度和分布规律差异性很大。房柱、刀柱等柱式开采，掘进巷道多，采空区残留煤柱多，顶板岩层不能及时充分垮落，煤壁和煤柱的应力集中程度远高于长壁式开采。

(2) 工作面煤层预注水

煤层预注水是指通过回采巷道或邻近巷道向工作面煤层内打注水钻孔(孔径 50～60 mm，孔深 20～50 m)，在工作面回采前进行高压(压力在 20 MPa 左右)持续注水，目的是通过增加煤层的含水率来降低煤层的强度、刚度和冲击倾向性指标，并改善煤层支承压力的分布状况。图 3-12 所示是某矿煤层注水前后支承压力分布规律的有限元分析结果。注水前支承压力的峰值为 30 MPa，峰值位置距煤壁 7 m；注水后支承压力分布曲线变得平缓，峰值降至约 21 MPa，峰值位置距煤壁 10 m。

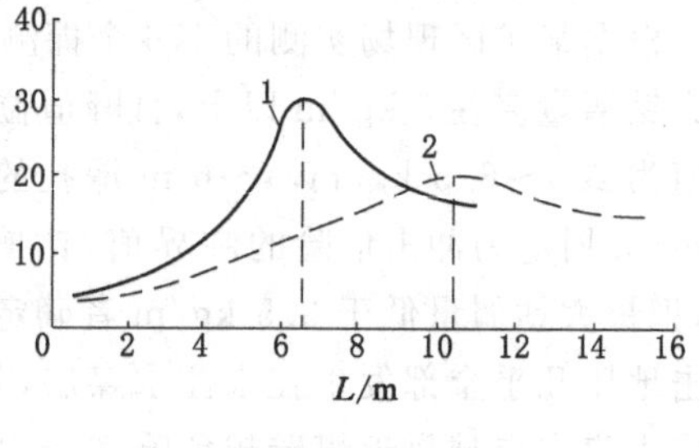

1—注水前；2—注水后。

图 3-12　煤层注水前后支承压力分布规律变化情况

(3) 煤层钻孔卸压

煤层钻孔卸压是采用在煤壁上钻孔的方式消除或减缓煤层的冲击危险性的措施。钻孔卸压原理如图 3-13 所示，未打卸压钻孔前支承压力峰值位置靠近煤壁，打卸压钻孔后支承压力峰值位置向煤壁内转移，且峰值强度也有所减小。这是由于当钻孔通过处于极限平衡状态的支承压力带时，不仅要在钻孔周围产生新的集中应力，而且势必扰动该区域原有的极限平衡状态，煤层的刚度和支承能力降低并产生新的变形和释放弹性能，从而消除或减缓煤层的冲击危险性。

钻孔卸压在德国等国家被认为是最为有效的方法。考虑钻孔直径对减缓煤层冲击的有效性和施工的方便性，通过对 95 mm，145 mm 和 200 mm 钻头的试验认为，考虑在高应力带钻孔时卡钻的趋势以及减轻质量和便于操作等因素，一般选用 95 mm 直径钻头较为适中。德国在《预防冲击地压规程》中规定：打卸压钻孔前一定要用钻屑法探清支承压力带的范围和强度。只允许在低应力区域开始施工卸压钻孔，且要由低应力区向高应力区逐步过渡。详细记录每米钻孔的钻屑量、动力学效应等异常情况。卸压钻孔必须使用远距离操纵的钻机进行施工。钻孔的最小直径为 95 mm，孔距不得超过 10 m。对采掘工作面，钻孔深度为采高（巷高）的 3 倍；巷帮钻孔深度为巷高的 4 倍；要求钻孔尽可能打在高支承压力区。工程实际中，卸压钻孔的布置方式和参数应根据具体情况确定。

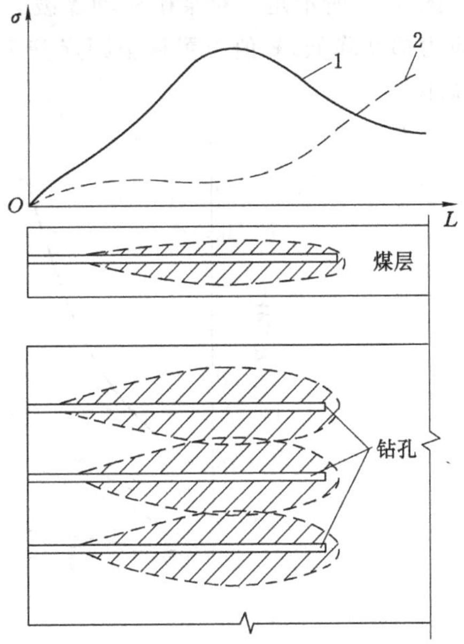

1—卸压前；2—卸压后。

图 3-13　钻孔卸压原理示意图

(4) 煤层松动爆破卸压

松动爆破卸压是对具有冲击倾向性煤层采用深孔爆破方式来减缓煤壁支承压力强度的一种煤层冲击地压控制措施。松动爆破会在煤层内产生大量裂隙，使煤层的力学性质发生改变，煤层冲击倾向性指标降低，煤层冲击危险性消除或减缓。图 3-14 所示为松动爆破卸压钻孔布置示意图。

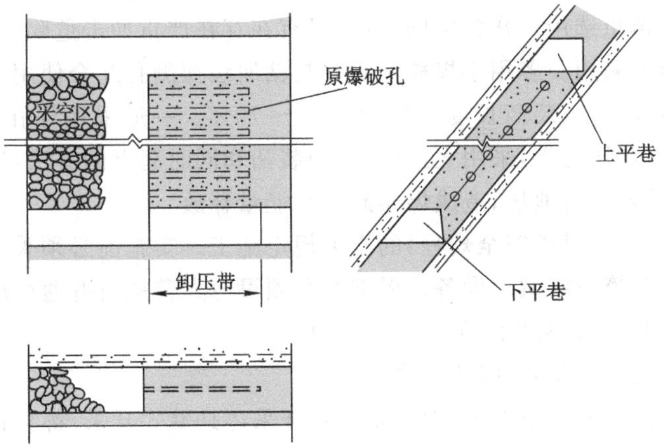

图 3-14　松动爆破卸压钻孔布置示意图

爆破钻孔深度取决于卸压带宽度（通常卸压带宽度大于采高的 3 倍），孔径为 50～55 mm（ϕ42 mm 钻头），孔距为 4～10 m，装药长度系数通常不超过 50%，导爆索引爆。实施爆破卸压前必须先进行钻屑法探测，确认有冲击危险性才进行爆破卸压，爆破后应用钻屑法检验卸压效果，如果没有达到预期效果，则应进行二次爆破。

图 3-15 所示是针对某矿松动爆破卸压的理论计算结果。分析结果表明，爆破卸压使煤壁应力梯度降低，峰值位置移至距煤壁 7 m 以远，屈服区比爆破前增大近 1 倍，能量密度明显减小。

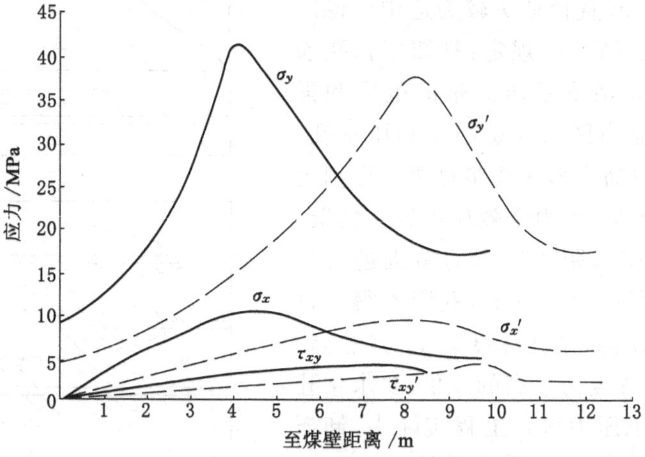

$\sigma_x,\sigma_y,\tau_{xy}$—爆破前应力；$\sigma_x',\sigma_y',\tau_{xy}'$—爆破后应力。

图 3-15　松动爆破卸压与应力分布变化情况

(5) 煤层诱发爆破

诱发爆破是在探测到煤层有冲击危险性的情况下，采用多药量进行爆破，人为诱发冲击地压，使冲击地压发生在一定的时间和地点，从而避免更多损害的一种煤层冲击地压控制措施。

诱发爆破必须慎重选用。作为辅助手段，只有在存在严重冲击危险的情况下，其他方法无效或无法实施时才采用。多用于煤柱回收并与钻屑法探测孔配合使用。孔距 2～5 m，孔深按冲击危险区范围确定，装药长度系数为 50%～75%。一般采用深孔爆破法，钻大量较深的钻孔，直达高支承压力带，采用大药量、集中装药和同时起爆的方法，以使煤层及其顶底板岩层强烈震动，诱发冲击地压，造成煤层卸压和能量释放。

实施诱发爆破应按《煤矿安全规程》的有关规定施工。实施前必须采用钻屑法确定冲击危险地点，加固支架，掩护或撤出设备。爆破时必须设专人警戒所有通往爆破点的通道。躲炮半径不得小于 150 m，躲炮时间在 30 min 以上。

(6) 厚层状坚硬顶板岩层冲击控制措施

在厚层状坚硬顶板岩层条件下，无论是柱式开采还是壁式开采，都会在采空区形成大面积悬顶，由此在支承煤壁和顶板岩层内产生高强度的应力集中和能量的大量积聚。积聚能量会在顶板断裂与垮落或煤壁过载失稳时瞬间释放，这会引起煤层冲击地压的发生。为了消除由于采空区大面积悬顶而引发煤层冲击地压危险，要对厚层状坚硬顶板进行处理。目前较为有效的方法是对顶板岩层注水和爆破。

采用顶板岩层注水方式处理采空区顶板时，通常是在工作面两侧回采巷道向顶板岩层打注水钻孔并进行预注水。钻孔直径为 60～90 mm，孔距在 30 m 左右(渗透半径为 15 m)，孔深根据顶板岩层厚度、位置、钻孔角度和处理顶板的范围确定(通常可达 50～100 m)。顶板注水的前提条件是顶板岩层具有强度弱化性质和完整不漏水特征。

采用爆破方式处理采空区顶板时，也多是在工作面两侧回采巷道向顶板岩层预打爆破钻孔。在爆破钻孔位于工作面支架后方时，对顶板岩层实施爆破，以减小顶板岩层的断裂步距和悬顶面积，降低由于采空区悬顶面积过大而引起煤壁的高支承压力和高能量积聚，以消除或减缓冲击地压危害。另外，在坚硬顶板条件下，来压（初次来压、周期来压）期间普遍存在顶板“反弹”现象，这也有可能诱发煤层冲击。

提示与练习

1. 煤层冲击地压的危害、影响因素、控制措施及煤层冲击倾向性指标。

第四章　采掘工程中的能量转换及其对工程稳定性的影响

第一节　能量转换的力学关系

众所周知，在普通力学中，构件上的冲击载荷在整个系统中产生瞬时应力，它比最终的静态应力大。同时也充分证实了，测定冲击载荷作用下的瞬时应力和应变最有效的方法是分析系统中的能量变化。事实上，一特定构件可能积聚或消耗的能量总和在力学计算中常常是一个重要判据。一个在工作中受到快速加载的构件必须具有某一技术要求，使其能反映构件作为一个瞬时能量吸收器的功能。从采矿的意义上讲，有理由认为，由于支承岩石被快速移掉，以及由此而产生的表面牵引力的快速作用，开采期间，巷道围岩将受到一个大于静态平衡应力的瞬时应力作用。这也意味着，瞬时效应可以通过已建立的方法进行充分研究，这种方法解释了系统中能量的变化。

采掘工程中，常用钻眼爆破法挖去岩石以形成一新的开挖面。虽然化学炸药是给岩体输入能量的能源，但这不是本章所涉及的问题，这里只讨论应变能的转换。如图 4-1 所示，在垂直于该平面方向上取出一单位厚度岩体，图 4-1(a)表明岩体开挖前的状态，其中有两个由中间矿柱隔开的矿房待挖。开挖后的状态示于图 4-1(b)。为简化起见，假定开挖前的应力场是单向的，铅垂方向，大小为 p_{zz}。开挖后，以前由岩石作用到围岩 $ABCD$ 和 $EFGH$ 面上的支承载荷平均地分配到矿柱和两边矿体上。由于每个矿房跨度为 s，则诱发的轴向矿柱载荷 p_z 为

$$p_z = s p_{zz}$$

假定诱发载荷在整个矿柱面上均匀分布，那么，矿柱对采矿的反应可以用刚性基础上的岩石支柱来代替，如图 4-1(c)所示。

首先考虑 $ABCD$ 和 $EFGH$ 逐步开挖的情况相当于表面支承力的逐步移去和矿柱上诱发载荷的逐渐施加。如图 4-2 所示，其响应为矿柱的轴向静态压缩量 u_z（$u_z = u_{zst}$），它随 p_z 的增长而呈线性变化。开挖过程中，根据能量守恒，诱发载荷所做的功 ΔW 为

$$\Delta W = \int_0^{u_{zst}} p_z \mathrm{d}u_z = \frac{1}{2} p_z u_{zst} = \Delta U_{st} \tag{4-1}$$

式中　ΔU_{st}——矿柱中增加的弹性能。

施加矿柱载荷后，可根据岩石的弹性特征建立诱发应力 σ_{zz} 和轴向静态压缩量 u_z 之间的关系。即

$$\sigma_{zz} = \frac{p_z}{A} \tag{4-2}$$

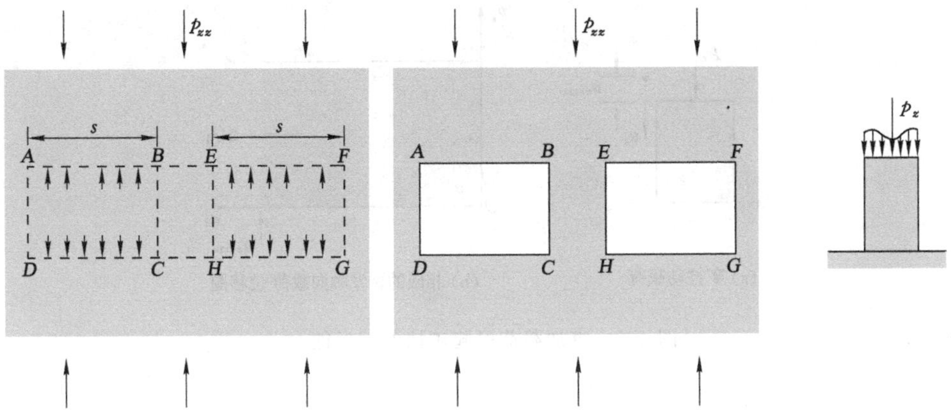

图 4-1　开挖引起能量转换原理图

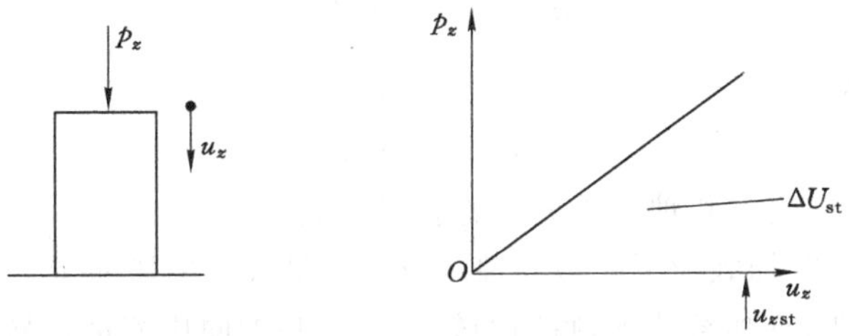

图 4-2　静载荷引起矿柱的变形能

或
$$p_z=\sigma_{zz}A$$
和
$$u_{zst}=\varepsilon_{zz}L=\frac{\sigma_{zz}}{E}L \tag{4-3}$$

式中　A,L——矿柱的面积和高度；

E——矿柱弹性模量。

由式(4-1)、式(4-2)和式(4-3)得

$$\Delta U_{st}=\frac{1}{2}\frac{\sigma_{zz}^2}{E}AL=\frac{\sigma_{zz}^2}{2E}V \tag{4-4}$$

式中　V——矿柱体积。

在相邻坑道突然开挖的情况下，全部诱发载荷，以实加载荷的方式快速地作用到矿柱上。图 4-3 所示为在达到最大轴向压缩状态时，矿柱突加载荷变形[图 4-3(a)]以及相应的载荷-位移图[图 4-3(b)]。可以看到，矿柱载荷 p_z 在整个矿柱轴向变形段内是常数，最大轴向压缩量由下式给出

$$u_{z\max}=\varepsilon_{zz}L=\frac{\sigma_{zz\max}}{E}L$$

此时，应变能的增量等于载荷系统所做的有效功(静载所做的功)，即

$$\Delta U_{st}=\Delta U_d$$

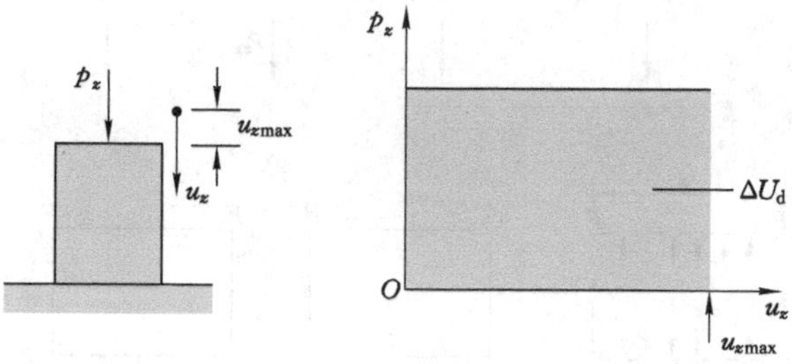

(a) 矿柱动载荷　　(b) 相应的诱发轴向载荷-位移图

图 4-3　突加载荷引起矿柱的变形能

故

$$\frac{\sigma_{zz\max}^2}{2E}AL = p_z u_{z\max} \tag{4-5}$$

或

$$\sigma_{zz\max} = \frac{2p_z}{A} = 2\sigma_{zz} \tag{4-6a}$$

也可用式(4-6b)表示

$$u_{z\max} = 2u_{zst} \tag{4-6b}$$

式中　σ_{zz}，u_{zst}——轴向应力和轴向压缩量的静态峰值；

$\sigma_{zz\max}$，$u_{z\max}$——突加载荷下的最大轴向应力和最大轴向压缩量。

式(4-6)再次证明，突加载荷下，瞬间的轴向应力和轴向压缩量是静载时的 2 倍。

讨论矿柱中从最大轴向压缩回弹并达到静平衡状态时能量的分配是有益的。所述问题的几何形态如图 4-4 所示。因为系统中能量守恒，所以在达到静平衡状态的过程中，突加载荷产生的总应变能 ΔU_d 以其他能量形式分配如下

$$\Delta U_d = U(\text{重力势能}) + U'(\text{动能}) + \Delta U_{st}(\text{静态应变能})$$

即由式(4-5)和式(4-6)得出

$$2p_z u_{zst} = p_z u_{zst} + U' + \frac{1}{2}p_z u_{zst}$$

或

$$U' = \frac{1}{2}p_z u_{zst} \tag{4-7}$$

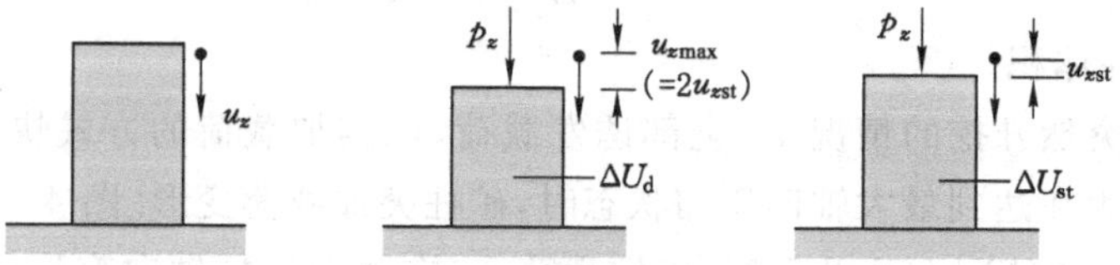

(a) 初始状态，$p_z=0$　　(b) p_z 为突加载荷　　(c) p_z 为静载荷

图 4-4　动载作用下矿柱的能量分配示意图

与静态载荷情况对比，矿柱中的动能[可以看出它的大小等于静态应变能的增量，式(4-1)]表示系统中多余的能量。事实上，在震动时这部分多余能量通过向邻近围岩的传

递以及在内摩擦阻力作用中的消耗而损失在矿柱中。

第二节　能量转换对工程稳定性的影响

地下开采，一般来说是在处于多轴应力作用下的岩体介质中进行的。为了便于说明问题，现只考虑受双轴应力作用的二维问题，其解也可简单地扩展以适用于多轴应力场中三维问题。下述内容是 N. G. W. Cook(1967)，M. D. G. Salamon(1974)和 J. W. Bray(1977)等所提概念的详尽内容。

上述矿柱加载问题的基本概念，可以扩展到任意形状开挖边界上的能量转换。如图 4-5 所示，开挖前在 S 面上任一点受 t_x，t_y 力的作用，在 S 面范围内逐渐开挖的情况下，面上牵引力逐渐降至零，开挖面周围产生诱发应力区，如图 4-5(b)所示。用式(4-4)推导出的应变能密度正比于应力分量的平方和。因而，诱发应力区也就是应变能密度增长区，把诱发应变能函数对诱发应力区进行积分就得到静态应变能增量 ΔW_s，它积储在开挖面周围。

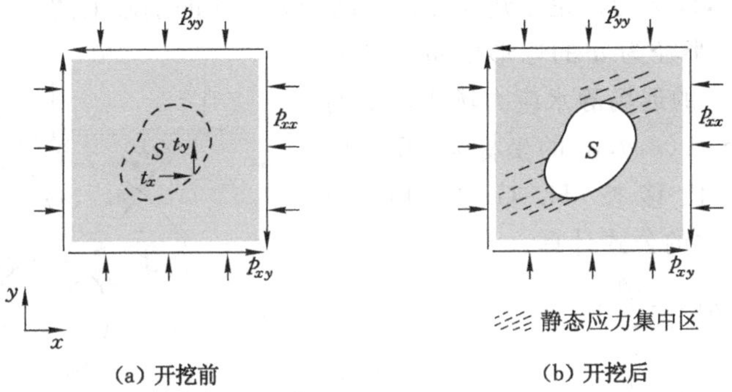

图 4-5　双轴应力作用下介质中的静力状态

在预测硐室性态时，可以假定岩体的局部反应取决于岩体中出现诱发应力的范围以及影响范围内应力分量的大小和分布。这两点在实际应用上是一致的，并体现在静态应变能增量 ΔW_s 中。

当硐室几乎是瞬时形成时，在如图 4-5(a)所示的 S 面上，开挖前的牵引力突然降至零。S 面逐渐降低的牵引力对 S 面外部围岩所做的功表现为开挖面上的多余能量，随后即释放或传播到周围介质中，因而称为释放能 W_r。这一过程中，在最终平衡位置附近，开挖面处于某种形式的振荡运动，其动应力与瞬态位移场有关。所释放的能量大小可以很容易地理解为与动应力的强度及影响范围有关。由于释放能量瞬时集中于该区，可以预料动应力在紧邻开挖边界处达到最大值。事实上，开挖边界起着应力波波源的作用，应力波通过岩体介质而传播。

由有关的动应力与静态平衡应力的局部叠加可以理解能量释放对工程稳定性的影响。即使在局部静应力集中不足以导致岩体破裂的情况下，与能量释放有关的动应力叠加也可能足以在介质中导致相反的力学反应。可以立即辨明三种简单的逆反应形式：动、静应力相加可能超过岩体强度；弱面上法向应力的减小，降低了结构面的抗剪力，并有可能导致滑动；可能产生拉应力而引起岩体结构的局部松弛。所有这一切都可能使矿场周边围岩状态恶化。

以上讨论意味着在地下硐室设计中，开挖边界和影响区内，静、动应力两方面都应当予以考虑。虽然采用静力计算方法易于确定硐室周边静应力分布，但是不那么容易计算动应力。然而，用开挖诱发的牵引力和位移容易计算能量释放，并可作为动应力的实用指标。结论是，静应力和能量释放共同构成巷道设计的基础，这一原理似乎特别适用于采矿工程，这是因为静应力在这种条件下常常接近围岩的现场强度，或者现场围岩已处于极限平衡状态。

第三节　静水应力场中的球形硐室

本节内容用于检验与开挖硐室有关的静、动应力的相对大小，以及建立动应力与能量释放的关系。选择一个球形硐室来研究使这一问题在解析上容易处理。由于缺少作用于硐室内表面压力逐级增长问题的严密解，所以不能有效地处理圆柱形巷道一类的二维问题。H. G. Hopkins(1960)，S. P. Timoshenko 和 J. N. Goodier(1970)以及 J. W. Bray (1979)等曾经考虑过球形硐室，以下的讨论是建立在他们的研究工作的基础上的。

图 4-6 所示为一半径为 a 的球形硐室的径向剖面，它处于压力为 p 的远场静水应力场作用下的介质中。相对球坐标系(r,θ,ϕ)的坐标轴，开挖后的总应力及诱发位移按 H. G. Poulos 和 E. H. Davis(1974)建立的公式计算。

$$\begin{cases}\sigma_{rr}=p\left(1-\dfrac{a^3}{r^3}\right)\\ \sigma_{\theta\theta}=\sigma_{\phi\phi}=p\left(1+\dfrac{a^3}{2r^3}\right)\\ \sigma_{r\theta}=\sigma_{r\phi}=\sigma_{\theta\phi}=0\end{cases}\tag{4-8}$$

$$\begin{cases}u_r=-\dfrac{pa^3}{4Gr^2}\\ u_\theta=u_\phi=0\end{cases}\tag{4-9}$$

式中　G——剪切模量。

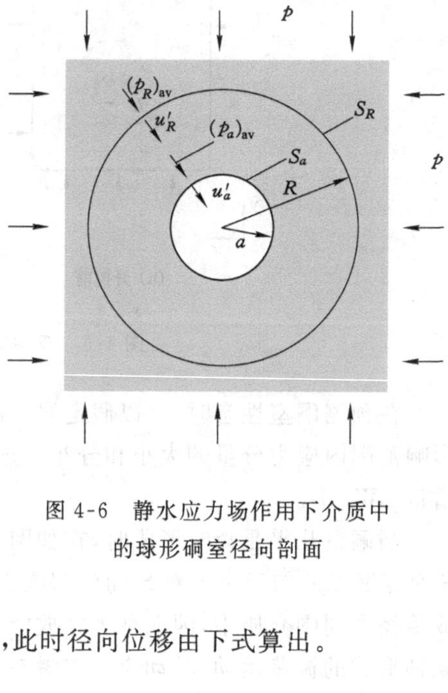

图 4-6　静水应力场作用下介质中的球形硐室径向剖面

确定与硐室开挖有关的能量变化，需要估计表面力通过诱发位移所做的功。首先考虑逐步开挖的情况，在开挖面 $S_a(r=a)$上，径向压力由 p 降到零，此时径向位移由下式算出。

$$u_r=-\frac{pa}{4G}$$

即诱发位移沿径向发生，方向朝里。

S_a 面逐渐降低的牵引力对 S_a 面所做的功 W_1，等于平均径向力和位移的乘积，即

$$W_1=4\pi a^2\cdot\frac{p}{2}\cdot\frac{pa}{4G}=\frac{\pi p^2a^3}{2G}\tag{4-10}$$

由开挖引起的位移在远离硐室表面处虽然变得很小，但受影响的区域很大，故不能不考虑它所做的功。设想介质中有一个半径为 R 并与硐室同心的球面 S_R，硐室开挖过程中，球面上的径向应力从 p 降至 $p(1-a^3/R^3)$，相应的径向位移 u_R 为 $-pa^3/(4GR^2)$。在产生诱

发位移过程中，外部岩石在 S_R 面上所做的功为 W_2，它由平均径向力和位移的乘积所确定，即

$$W_2=4\pi R^2\times\frac{1}{2}\left[p+p\left(1-\frac{a^3}{R^3}\right)\right]\times\frac{pa^3}{4GR^2}=\frac{\pi p^2a^3}{G}\left(1-\frac{a^3}{2R^3}\right) \tag{4-11}$$

对于远处的面，即当 $R\to\infty$ 时，式(4-11)变为

$$W_2=\frac{\pi p^2a^3}{G} \tag{4-12}$$

巷道周边静态应变能增量 ΔW_s，由远处表面上对岩石介质所做功和介质抵抗支护力所做功的差值而定，即

$$\Delta W_s=W_2-W_1=\frac{\pi p^2a^3}{2G} \tag{4-13}$$

在球形硐室突然形成的情况下，S_a 面在径向变形过程中将不做功。存在于硐室周边岩石中的多余能量 W_r，以球面应力波表示，它从硐室向外传播，其结果是介质中的最终状态与逐渐开挖情况的最终状态相同。因此，静态应变能增量 ΔW_s 与由式(4-13)给出的值相等。同时，在远处表面 S_R 上所做的功 W_2 与硐室开挖方法无关。因而，与球面应力波有关的多余能量 W_r 可由式(4-12)和式(4-13)得出，即

$$W_r=\frac{\pi p^2a^3}{G}-\frac{\pi p^2a^3}{2G}=\frac{\pi p^2a^3}{2G} \tag{4-14}$$

确定释放能量的公式(4-14)和确定逐步开挖时抵抗逐渐降低的支护力所做功 W_1 的公式(4-10)是等同的[结果类似式(4-1)与式(4-7)]。因而，可进一步证明 W_r 是由作用在岩石内表面上并形成了无拉力开挖面的突然卸荷所造成的能量不平衡所引起的。

为建立释放能量和突然开挖引起的动应力之间的关系，有必要详细分析弹性介质中波的传播。与静态问题相对应的平衡微分方程组就是动态问题的运动微分方程组。对于球对称问题只有一个运动方程，即

$$\frac{\partial^2u_r}{\partial r^2}+\frac{2}{r}\frac{\partial u_r}{\partial r}-\frac{2u_r}{r^2}=\frac{1}{v_P^2}\frac{\partial^2u_r}{\partial t^2} \tag{4-15}$$

式中 v_P——纵波速度，定义为

$$v_P=\left[\frac{G}{\rho}\left(\frac{1-\mu}{0.5-\mu}\right)\right]^{1/2}$$

式中 ρ——介质视密度。

对散射波，亦即沿径向向外传播的波，方程式(4-15)的通解为

$$u_r=\frac{1}{r}f'(r-v_Pt)-\frac{1}{r^2}f(r-v_Pt) \tag{4-16}$$

式中，函数 f 根据满足特定问题的初始条件和边界条件而选定。

J. A. Sharpe(1942)给出了在改变作用于半径为 a 的球形硐室表面上的压力 $p(t)$ 的情况下，方程式(4-16)的一个解答。内压力按下式呈指数降低。

$$p(t)=p_0e^{-\alpha t}$$

J. A. Sharpe 发现，满足方程式(4-16)的函数 f 由式(4-17)给出。

$$f=e^{-\alpha_0T}(A\cos\omega_0T+B\sin\omega_0T)-Ae^{-\alpha T} \tag{4-17}$$

式中

$$\alpha_0=\frac{v_P}{a}\left(\frac{1-2\mu}{1-\mu}\right)$$

$$\omega_0=\frac{v_P}{a}\frac{(1-2\mu)^{1/2}}{1-\mu}$$

$$T=t-\frac{r-a}{v_P}$$

$$A=\frac{p_0 a}{\rho[\omega_0^2+(\alpha_0-\alpha)^2]} \tag{4-18}$$

$$B=\frac{A(\alpha_0-\alpha)}{\omega_0} \tag{4-19}$$

在承受静水压力 p 作用的介质中突然形成球形硐室，此时，令 $p_0=-p$ 及 $\alpha=0$，可从 Sharpe 的解中确定诱发位移场。满足所要求的边界条件，即 $t>0$ 时，开挖边界无拉力。对 $\alpha=0$ 的情况，简化其表达式，由式(4-18)和式(4-19)得出

$$A=-a^3p/(4G)$$

$$B=-(1-2\mu)^{1/2}a^3p/(4G)$$

此时，f 的表达式由方程(4-17)可变为

$$f=\frac{-a^3p}{4G}e^{-\alpha_0 T}[\cos\omega_0 T+(1-2\mu)^{1/2}\sin\omega_0 T]+\frac{a^3p}{4G} \tag{4-20}$$

确定球形硐室周边位移和应变分量所需的函数 f 的各阶偏导数如下

$$f'=-(1-2\mu)^{1/2}\frac{a^2p}{2G}e^{-\alpha/e-\alpha_0 T}\sin\omega_0 T \tag{4-21}$$

$$f''=\frac{(1-2\mu)ap}{2(1-\mu)G}e^{-\alpha_0 T}[\cos\omega_0 T-(1-2\mu)^{1/2}\sin\omega_0 T] \tag{4-22}$$

由于径向位移为

$$u_r=\frac{1}{r}f'-\frac{1}{r^2}f$$

故球对称问题的应变分量为

$$\varepsilon_{rr}=-\frac{\partial u_r}{\partial r}=\frac{2}{r^2}f'-\frac{1}{r}f''-\frac{2}{r^3}f \tag{4-23}$$

$$\varepsilon_{\theta\theta}=-\frac{u_r}{r}=\frac{1}{r^3}f-\frac{1}{r^2}f' \tag{4-24}$$

介质中的总应力，通过应力-应变关系和应力场叠加，直接由诱发应变得出，即

$$\sigma_{rr}=\lambda\Delta+2G\varepsilon_{rr}+p \tag{4-25}$$

$$\sigma_{\theta\theta}=\lambda\Delta+2G\varepsilon_{\theta\theta}+p \tag{4-26}$$

式中

$$\Delta=\varepsilon_{rr}+2\varepsilon_{\theta\theta}$$

将 ε_{rr} 和 $\varepsilon_{\theta\theta}$ 的表达式代入式(4-25)及式(4-26)，再将所得结果代换函数 f 及其导数式(4-21)及式(4-22)，经化简得出

$$\sigma_{rr}=pe^{-\alpha_0 T}\left[\left(\frac{a^3}{r^3}-\frac{a}{r}\right)\cos\omega_0 T+\left(\frac{a}{r}+\frac{a^3}{r^3}-\frac{2a^2}{r^2}\right)(1-2\mu)^{1/2}\sin\omega_0 T\right]+p\left(1-\frac{a^3}{r^3}\right) \tag{4-27}$$

$$\sigma_{\theta\theta}=pe^{-\alpha_0 T}\left[-\left(\frac{\mu}{1-\mu}\frac{a}{r}+\frac{a^3}{2r^3}\right)\cos\omega_0 T+\right.$$

$$\left(\frac{\mu}{1-\mu}\frac{a}{r}-\frac{a^3}{2r^3}+\frac{a^2}{r^2}\right)\times(1-2\mu)^{1/2}\sin\omega_0 T\Big]+p\left(1+\frac{a^3}{2r^3}\right) \tag{4-28}$$

考查式(4-27)和式(4-28)可看出，硐室开挖后经过较长时间，指数项逐渐消失，又恢复到弹性静力解。式(4-27)还表明，$r=a$ 时 σ_{rr} 恒等于零，证明上述解答满足球形硐室表面的边界条件。同时需指出，在式(4-27)和式(4-28)中，右边第一项对应动应力，第二项对应静应力。由式(4-27)和式(4-28)可以直接看出动应力的大小及时空变化，参数 T 为介质中某点的局部参考时间，定义为

$$T=t-\frac{r-a}{v_{\mathrm{P}}}=\frac{a}{v_{\mathrm{P}}}\left(\frac{v_{\mathrm{P}}t}{a}-\frac{r}{a}+1\right)$$

因而式(4-28)中的参数 $\alpha_0 T$ 和 $\omega_0 T$ 可改写为

$$\alpha_0 T=\left(\frac{1-2\mu}{1-\mu}\right)\left(\frac{v_{\mathrm{P}}t}{a}-\frac{r}{a}+1\right)$$

$$\omega_0 T=\frac{(1-2\mu)^{1/2}}{1-\mu}\left(\frac{v_{\mathrm{P}}t}{a}-\frac{r}{a}+1\right)$$

有人曾以 $a=1$ m，$\mu=0.25$ 为例，求出切向边界应力的瞬时变化，以及球形硐室快速形成后在各瞬时径向应力和切向应力沿径向的变化。边界应力比值的瞬时变化用曲线示于图 4-7 中，它表明硐室形成后，$\sigma_{\theta\theta}/p$ 立即降低。随后，边界应力比值在某时刻迅速增长到最大值1.72，这一时刻正是硐室表面径向向内位移达到最大值的时刻。随后边界应力比值以类似于有阻尼的弹性振荡形式下降至静态值1.50。边界上的瞬时超应力大约为最终静态值的15%。由图 4-7 还可观察到开挖边界上的瞬时效应在刻度大约为 8 的时刻全部完成，若 $v_{\mathrm{P}}=5\ 000$ m/s，则相当于约 1.6 ms 的实际时间间隔。

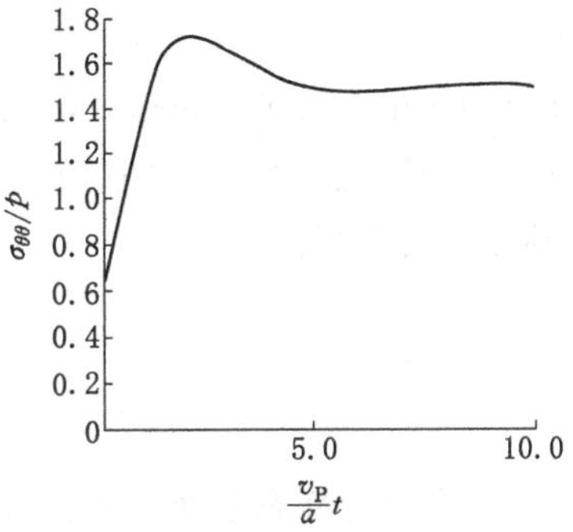

图 4-7　静水应力场中突然开挖的球形硐室周边应力的瞬时变化

径向应力和切向应力的比值随径向距离的变化如图 4-8 所示，它证实了开挖过程在硐室表面产生一应力波。在硐周径向应力和切向应力分布完成以前，它以纵波速度穿过介质。这一总的见解，即由于表面力突然降低而局部产生的多余能量必定传播到远处以达到局部平衡，与早期所讨论的采矿诱发能量转换的理论是完全一致的。

上述讨论指出了存在于突然形成的硐室周围介质中的瞬时低应力和超应力作用以及在开挖表面形成的释放能量之间的关系。同时也认为，了解了硐室周围静应力分布，在硐室设计中就不必考虑储存于介质中的静态应变能增量 ΔW_s。事实上，对于那些只能采用二维几何形态来分析的问题，在确定 ΔW_s 方面存在着概念上的困难。

对突然形成的球形硐室的分析表明，超量弹性应变能是以应力波的 P 波速度径向传播的。对任意形状的坑道，能量传播特性必定更复杂。

任意形状硐室由于开挖而导致的能量释放需利用适当的计算方法求解。边界元法是理想的，因为解题过程是根据采矿诱发的开挖面上的牵引力和位移公式表达的。另外的优点是，在求解区域不像有限元法和有限差分法那样要引入随意面。因此，计算得出的能量转换完全适合无限体或半无限体。

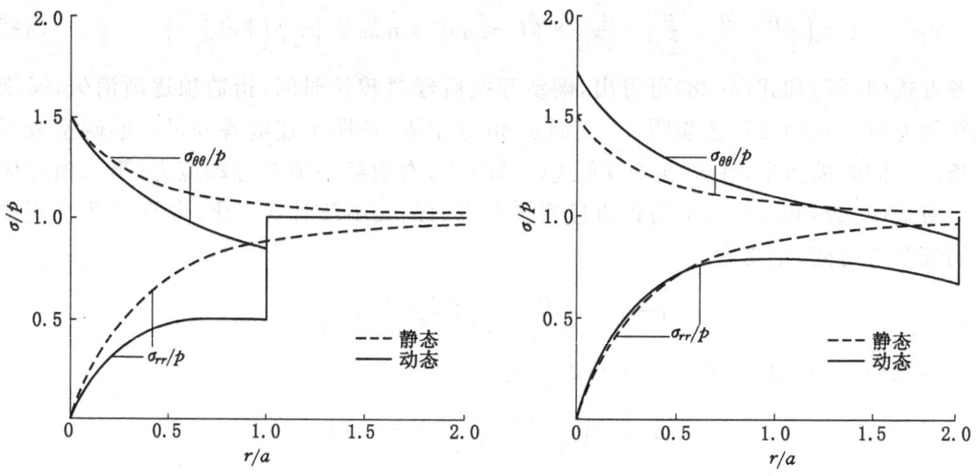

(a) 消逝时间为 a/v_P　　(b) 消逝时间为 $2a/v_P$

图 4-8　静水应力场中突然开挖的球形硐室周围径向应力和切向应力的分布

S. L. Crouch 和 C. Fairhurst(1973)研究了煤矿冲击地压的起因。他们的结论表明,冲击地压与矿柱屈服时的能量释放有关,建议采用类似于面单元法的边界单元法来分析不同采矿顺序的各自优点。

提示与练习

1. 动应力与静态平衡应力的局部叠加,可能导致的三种简单的逆反应形式。

参考文献

[1] 鲍里索夫. 矿山压力原理与计算[M]. 王庆康,译. 北京:煤炭工业出版社,1986.

[2] 布雷迪,布朗. 地下采矿岩石力学[M]. 冯树仁,译北京:煤炭工业出版社,1990.

[3] 蔡美峰. 岩石力学与工程[M]. 北京:科学出版社,2002.

[4] 长江水利委员会长江科学院. 水利水电工程岩石试验规程:SL/T 264—2020[S]. 北京:中国水利水电出版社,2020.

[5] 陈炎光,陆士良. 中国煤矿巷道围岩控制[M]. 徐州:中国矿业大学出版社,1994.

[6] 陈炎光,钱鸣高. 中国煤矿采场围岩控制[M]. 徐州:中国矿业大学出版社,1994.

[7] 郭海书,李彦苍. 锚杆预紧扭矩与初锚力关系研究及应用[J]. 河北煤炭,2001(2):32-33.

[8] 贾喜荣. 浅析坚硬顶板的下沉与断裂[J]. 山西矿业学院学报,1984(1):58-70.

[9] 贾喜荣. 关于原岩应力场力学模型的讨论[J]. 中国矿业学院学报,1984(4):49-54.

[10] 贾喜荣,刘国利. 试论采场支架与围岩的关系[J]. 山西矿业学院学报,1990(4):414-418.

[11] 贾喜荣,刘国利,徐林生. 缓倾斜煤层长壁工作面顶板分类方案探讨[J]. 矿山压力与顶板管理,1992(1):53-55,102.

[12] 贾喜荣,刘国利,徐林生. 采场矿压计算分析方法[J]. 煤炭学报,1993,18(5):13-19.

[13] 贾喜荣,杨永善,杨金梁. 老顶初次来压后的矿压袭隙带[J]. 山西煤炭,1994,14(4):21-22.

[14] 贾喜荣. 矿山岩层力学[M]. 北京:煤炭工业出版社,1997.

[15] 贾喜荣,冯秋喜. Coulomb 准则与 Griffith Mohr 准则的一致性及其应用[J]. 太原理工大学学报,1998,29(5):468-470.

[16] 贾喜荣,李海,王青平,等. 薄板矿压理论在放顶煤工作面中的应用[J]. 太原理工大学学报,1999,30(2):179-183.

[17] 贾喜荣. 岩层巷道剪胀锚固理论[C]//中国岩石力学与工程学会. 第十届全国岩石力学与工程学术大会论文集. 北京:中国电力出版社,2008:92-96.

[18] 贾喜荣. 岩石力学与岩层控制[M]. 徐州:中国矿业大学出版社,2010.

[19] 贾喜荣,刘明银,王丽. 长壁工作面顶板压力三维动态分布规律实测与分析[J]. 太原理工大学学报,2010,41(3):238-240.

[20] 贾喜荣. 岩层控制[M]. 徐州:中国矿业大学出版社,2011.

[21] 贾喜荣,王丽. 回采巷道煤柱临界宽度理论计算方法[J]. 2011,42(1):102-103.

[22] 贾喜荣,弓培林. 岩石力学[M]. 2 版. 徐州:中国矿业大学出版社,2018.

[23] 贾喜荣,刘跃东,刘畅,等. 基于岩石单轴抗压强度和抗拉强度的非线性 Coulomb 强度

准则[J]岩石力学与工程学报,2025,44(增1):1-9.
[24]《建筑结构静力计算手册》编写组.建筑结构静力计算手册[M].北京:中国建筑工业出版社,1975.
[25] 卡曹罗夫.岩石力学[M].聂孟荀,刘泽春,译.北京:煤炭工业出版社,1985.
[26] 矿山压力编辑部.第四届煤矿采场矿压理论与实践讨论会论文汇编[M].徐州:中国矿业大学出版社,1989.
[27] 李世平.锚杆应变的实测与分析[J].煤炭学报,1983,8(1):55-64.
[28] 李世平.岩石力学简明教程[M].徐州:中国矿业学院出版社,1986.
[29] 刘听成.岩石力学有关名词解释[M].北京:煤炭工业出版社,1981.
[30] 煤炭部矿山压力科技情报中心站.煤矿采场矿压理论讨论会论文选编[R].徐州:煤炭部矿山压力科技情报中心站,1982.
[31] 煤炭部矿山压力科技情报中心站.第二届煤矿采场矿压理论与实践讨论会论文汇编[R].徐州:煤炭部矿山压力科技情报中心站,1984.
[32] 煤炭部矿山压力科技情报中心站.第三届煤矿采场矿压理论与实践讨论会论文汇编[R].徐州:煤炭部矿山压力科技情报中心站,1987.
[33] 煤炭工业部矿山压力科技情报中心站.第五届煤矿采场矿压理论与实践讨论会论文汇编[R].徐州:煤炭工业部矿山压力科技情报中心站,1989.
[34] 煤炭科学研究院北京开采研究所.煤矿地表移动与覆岩破坏规律及其应用[M].北京:煤炭工业出版社,1981.
[35] 普雷斯,锡弗尔.地球[M].高名修,沈德富,译.北京:科学出版社,1986.
[36] 钱鸣高,刘听成.矿山压力及其控制[M].修订本.北京:煤炭工业出版社,1991.
[37] 任德惠.井工开采矿山压力与控制[M].重庆:重庆大学出版社,1990.
[38] 孙殿卿,高庆华.地质力学与地壳运动[M].北京:地质出版社,1982.
[39] 屠尔昌宁诺夫,约菲斯,卡斯帕亮.矿山岩石力学基础[M].刘听成,何新义,吴绍倩,译.北京:煤炭工业出版社,1981.
[40] 吴顺川.岩石力学[M].北京:高等教育出版社,2021.
[41] 徐秉业.弹性与塑性力学[M].北京:机械工业出版社,1981.
[42] 徐芝纶.弹性力学简明教程[M].北京:人民教育出版社,1980.
[43] 闫莫明,徐祯祥,苏自约.岩土锚固技术手册[M].北京:人民交通出版社,2004.
[44] 杨桂通.弹塑性力学[M].北京:人民教育出版社,1980.
[45] 杨双锁.回采巷道围岩控制理论及锚固结构支护原理[M].北京:煤炭工业出版社,2004.
[46] 尤明庆.岩石的力学性质[M].北京:地质出版社,2007.
[47] 张福范.弹性薄板[M].2版.北京:科学出版社,1984.
[48] 张少华,缪协兴,赵海云.试验方法对岩石抗拉强度测定的影响[J].中国矿业大学学报,1999,28(3):243-246.
[49] 赵本钧.冲击地压及其防治[M].北京:煤炭工业出版社,1995.
[50] 郑雨天.岩石力学的弹塑性粘性理论基础[M].北京:煤炭工业出版社,1988.
[51] 中国煤炭工业协会.煤和岩石物理力学性质测定方法:GB/T 23561—2024[S].北京:

中国标准出版社,2024.
[52] 中国水电顾问集团成都勘测设计研究院,水电水利规划设计总院,中国电力企业联合会.工程岩体试验方法标准:GB/T 50266—2013[S].北京:中国计划出版社,2013.
[53] BIENIAWSKI Z T.矿业工程岩层控制[M].孙恒虎,孙继平,马燕合,译.徐州:中国矿业大学出版社,1990.
[54] BIENIAWSKI Z T.工程岩体分类[M].吴立新,王建峰,译.徐州:中国矿业大学出版社,1993.
[55] BRADY B H G,BROWN E T. Rock mechanics for underground mining[M]. 3th ed. New York:Springer Publishing Company,2006.
[56] HOEK E,BROWN E T. Underground excavation in rock[M]. London:Institution of Mining and Metallurgy,1980.
[57] HOEK E,BROWN E T.岩石地下工程[M].连志升,田良灿,王维德,等,译.北京:冶金工业出版社,1986.
[58] HUDSON J A, HARRISON J P.工程岩石力学[M].冯夏庭,李小春,焦玉勇,等,译.北京:科学出版社,2009.
[59] JAEGER J C, COOK N G W.岩石力学基础[M].中国科学院工程力学研究所,译.北京:科学出版社,1981.
[60] JAEGER J C,COOK N G W,ZIMMERMAN R W. Fundamentals of rock mechanics [M]. 4th ed. [S. l. :s. n.],2007.
[61] MÜLLER L.岩石力学[M].李世平,译.北京:煤炭工业出版社,1981.
[62] PENG S S.煤矿地层控制[M].高博彦,韩持,译.北京:煤炭工业出版社,1984.
[63] PENG S S.煤矿围岩控制[M].翟新献,翟俨伟,译.北京:科学出版社,2014.
[64] TIMOSHENKO S, GERE J.材料力学[M].胡人礼,译.北京:科学出版社,1978.

